黄河水利委员会治黄著作出版资金资助出版图书

泰安市泰山文化传承与高质量发展推进委员会办公室推荐图书

东平湖历史演变与文化传承

张吉勇　等著

黄河水利出版社

· 郑 州 ·

图书在版编目(CIP)数据

东平湖历史演变与文化传承/张吉勇等著.—郑州：
黄河水利出版社,2023.10
ISBN 978-7-5509-3756-7

Ⅰ.①东… Ⅱ.①张… Ⅲ.①水利史-东平县Ⅳ.
①TV-092

中国国家版本馆 CIP 数据核字(2023)第 197641 号

策划编辑:岳晓娟　电话:0371-66020903　E-mail:2250150882@qq.com

责任编辑　乔韵青		责任校对　岳晓娟
封面设计　张心怡		责任监制　常红昕

出版发行　黄河水利出版社
　　　　　地址:河南省郑州市顺河路 49 号　邮政编码:450003
　　　　　网址:www.yrcp.com　E-mail:hhslcbs@126.com
　　　　　发行部电话:0371-66020550
承印单位　河南匠心印刷有限公司
开　　本　787 mm×1 092 mm　1/16
印　　张　23
字　　数　390 千字
印　　数　1—2 000
版次印次　2023 年 10 月第 1 版　　2023 年 10 月第 1 次印刷
定　　价　128.00 元

东平湖历史演变与文化传承

撰写委员会

主　　任：连志军

副 主 任：张玉国

审　　定：李遵栋

撰写单位：东平湖管理局

　　张吉勇，男，山东嘉祥人，1956年7月生人。1977年考入黄河水利学校（现黄河水利职业技术学院），1981年参加工作，2003年中共山东省委党校在职干部研究生班经济管理专业毕业，高级工程师，中共党员。曾任汶上湖堤修防段股长、副段长，东平湖堤修防段副段长，平阴出湖闸管理所所长，东平湖管理局梁山管理局局长（党组书记），山东黄河建筑材料局副局长，东平湖管理局编志办公室副主任等，2016年退休。在东平湖工作36年，对东平湖产生了情愫缱绻的感知。主编《东平湖志》获山东省档案学优秀成果一等奖、省优秀志书奖，曾参与《东平湖与黄河文化》《山东黄河记忆》《大河钩沉》的编写，以及《泰安市大汶河志》《东平通志》的编审。退而不休，积极参与黄河文化与地方文史研究，2019年受聘东平县党史（档案、史志）研究中心特邀专家，参与《东平文史研究》的审稿等。2020年完成了黄河东银铁路文化展馆升级改造和《一条为母亲河而生的铁路》历史文献纪录片的文稿编辑和制作，2020年被评为泰安市"最美老干部志愿者"，2023年被评为泰安市老干部助力黄河国家战略既发挥作用先进个人。

东平湖地标

山东省第二大淡水湖——东平湖

山东黄河第一大闸——石洼进湖闸

陈山口出湖闸

八里湾泄洪闸

司垓退水闸

庞口防倒灌闸

二级湖堤栅栏板混凝土护坡

汶上东平湖围坝堤顶道路

梁山黄河堤防、险工

大汶河下游——大清河

中国古老水利工程——戴村坝

南水北调东线八里湾泵站

东平湖管理局代建，东平湖工程局承建（现山东润泰水利工程有限公司）2018 年获得大禹奖

东平湖八里湾水利枢纽——泄洪闸、泵站、船闸

东平湖管理局机关旧址

（梁山县人民北路 11 号）

东平湖管理局机关新址

（泰安市东岳大街 22 号）

2023年梁山黄河河务局办公楼

2018年东平黄河河务局办公楼

1997年梁山管理局办公楼

2000年东平管理局办公楼

2022年汶上管理局办公楼

东平湖管理局下辖：梁山、东平黄河河务局，梁山、东平、汶上管理局

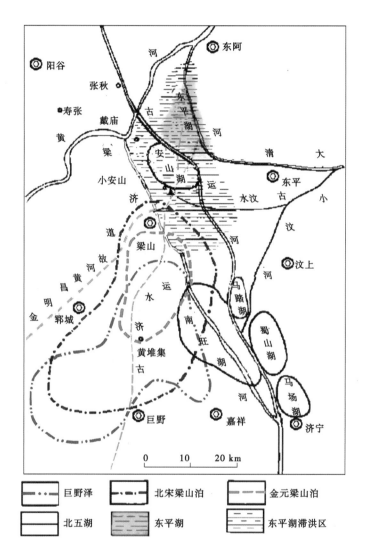

阳谷◎

张秋

寿张●

黄 戴庙

梁

小安山

济

道

昌 黄 故

金 明 河 郓城◎

济

黄堆集

古

巨野◎

东阿◎

东平湖

河

安山湖

运 东平◎

水汶 清 大

河 古 小

汶

马踏湖 汶上◎

运

水济 南 旺 湖

河 蜀山湖

马场湖

嘉祥◎ 济宁◎

0　　10　　20 km

| 巨野泽 | 北宋梁山泊 | 金元梁山泊 |
| 北五湖 | 东平湖 | 东平湖滞洪区 |

东平湖历史演变示意图

黄河东平湖大清河工程位置图

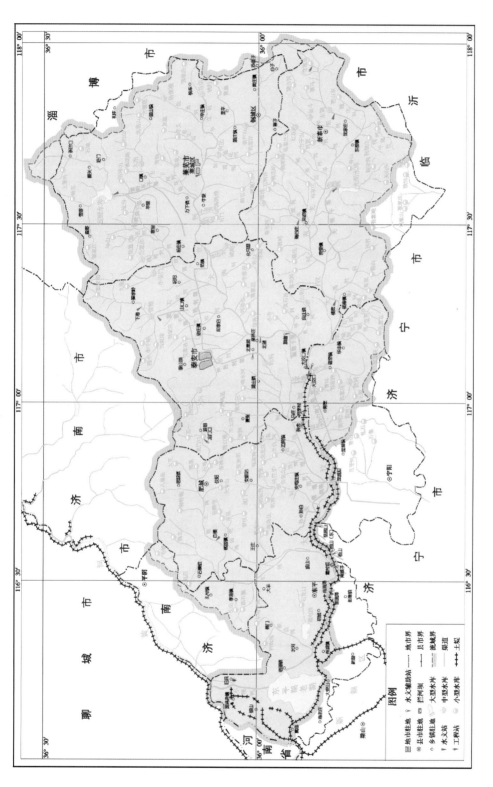

大汶河流域水系图

序

　　黄河是中华民族的母亲河，东平湖是静卧在母亲河岸边一颗耀眼的明珠，熠熠生辉。东平湖生长在古东原故地，由远古时期的大野泽、北宋时期的梁山泊、明清时期的北五湖，经过多次沧海桑田的更迭、演变而成为自然湖泊。

　　人民治黄以来，东平湖经过数次大规模的治理，即成为滞蓄黄河洪水、常年接纳汶河洪水的蓄滞洪区。

　　东平湖的前世今生极其复杂，黄河洪水多次入侵，元、明、清时期又承载着大运河航运的水源供给，现今发挥着"滞洪灌溉，调水蓄水，航运旅游"等多种功能的作用。东平湖有史以来，一直忍辱负重，默默奉献，奉行着有容乃大、厚德载物的精神。

　　东平湖历史悠久，文化深厚，战略位置重要，古时多水患，《禹贡》"大野既潴，东原底平"就是体现治理水患的最优历史文化成果。

　　《东平湖历史演变与文化传承》一书，全面展示了东平湖区域水系变迁与其相互间的依存关系，勾勒了东平湖历史演变的过程，记述了人民治黄以来，东平湖人以人为本的治理理念和筚路蓝缕，以启河湖，所取得的辉煌业绩，展现了东平湖各类水利工程措施和非工程措施在防洪运用中的重要作用，同时也记载了大汶河、位山枢纽、黄河东平湖段及梁济运河的治理情况，突出体现了东平湖在各河流间及近期南水北调东线的重要支撑作用，在治水历史文化传承上集中反映了东平湖人把东平湖建设成为平安湖、幸福湖的重要贡献。

　　张吉勇同志从事东平湖治理工作36年，对东平湖情感颇深，在基层工作从南到北，又从北到南走遍了东平湖。现退而不休，在多年潜心研究东平湖历史文化的基础上，编著了《东平湖历史演变与文化传承》一书，旨在传承黄河东平湖历史文化，续写东平湖新的篇章。

　　该书抚今追昔，鉴往知来，既有历史的观点，又有对历史观点的新认识，是东平湖管理局迄今为止唯一一部历史文化全书，其历史背景广阔，文化内涵深邃，现实意义深远，具有存史、资治的重要利用价值。

山东黄河河务局东平湖管理局党组书记、局长

李遵栋

2023 年 2 月

前 言

东原故地，水泊故里，有万顷碧波静卧在鲁西南群山与平原交际之处。临黄河，吞汶水，卧踞东原；连长江，奔渤海，烟波浩渺；滞黄洪，调汶峰，进出调控；调江水，蓄汶水，东输北送；建船闸，兴航运，南北通行；抗旱灾，排渍涝，安居民生；黄河安澜入海，交通欢畅运行，两岸经济腾飞，桑梓幸福，河湖安宁；人水和谐共建，致力黄河防洪安全、流域生态保护和高质量发展，使河湖共润齐鲁，助力山东经济繁荣。这，就是东平湖。

东平湖是鲁西南一处古老的自然湖泊，位于黄河下游右岸，山东省梁山、东平、汶上三县交界处，1958 年改建为东平湖水库，1963 年以后，随着水库使用功能的改变逐渐改称为东平湖蓄滞洪区，总面积为 626 平方公里，其中老湖区面积 208 平方公里，新湖区面积 418 平方公里。

东平湖历史悠久，文化灿烂，在几千年的历史发展变化中，历经沧桑巨变，由远古时期的大野泽、宋代时期的梁山泊、明清时期的北五湖（安山、南旺、马踏、蜀山、马场）等多个历史时期演变而来。自 1855 年黄河铜瓦厢决口夺大清河入海以后，黄河与安山湖以北洼地自然连通，即形成了东平湖。

从多个历史时期的演变过程中可以看出，由泽变泊，由泊变湖，这都是历史的选择；无论是由大变小，还是由小变大，体现的是顺应自然、能屈能伸、造福桑梓的精神；无论是吸纳古济水、汶水，还是滞蓄黄河洪水，体现的是厚德载物、有容乃大的境界；无论是元明清时期大运河的借道，还是南水北调东线的开通，体现的是助人为乐、甘于奉献的情怀。这，就是东平湖，她的前世今生彰显着母爱的情怀，大海的气度。

1946 年人民治黄以来，国家将东平湖纳入黄河统一治理规划。1950 年 7 月，被国家确定为黄河自然蓄滞洪区，1958 年修建为"综合利用"的反调节水库，1963 年改建为"以防洪运用为主""有洪蓄洪，无洪生产"的黄河蓄滞洪区。从此，东平湖儿女筚路蓝缕，开启河湖，相继增建、改建进出湖闸，加修二级湖堤，实行二级运用。为防超标准洪水运用，不断对东平湖水库进行改建、围坝工程除险加固，完善防洪工程体系和管理运行设施等建设，同时，强化非工程防洪措施。战胜了历年黄河、大汶河洪水，确保了山东黄河岁岁安澜和沿黄两岸人民生命财产安全。特别是进入 21 世纪初，随着南水北调东线工程的实施，东平湖蓄滞洪区成为集滞洪抗旱、蓄水调水、航运旅游于一身，多种功能逐步得到提升的幸福湖、平安湖。

东平湖一带由于水系发达，人类活动较早，具有 4 500 多年的历史，文化积淀深厚；三面环山，青山翠绿，碧水荡漾，自然环境优美，风景秀丽，人文景观、文物古迹众多。环湖一道道高耸、蜿蜒、雄壮的堤坝，有黄、湖、清、隔、金堤之分，形成了一条条"防洪保障线、抢险交通线、生态景观线"；沿河湖百余公里的堤防上坐落着 20 多座涵闸泵站，按其功能分为进、出、排、灌、泄、引、防、控、泵，可谓星罗棋布，应有尽有；进出湖闸群遥相呼应，承担着"分得进、守得住、排得出、防洪保安全"的光荣使命；雄伟壮丽的环湖水工程镌刻着东平湖儿女艰苦奋斗、治理河湖的奋斗史。八里湾分泄洪闸、提水泵站、船闸以及司垓退水闸、邓楼泵站、邓楼船闸枢纽南北连接，将再现明清时代大运河白天舳舻蔽水、帆樯林立，夜晚桅灯高照、渔火满天的漕运景象。一泓清水蕴含着东平湖经济繁荣、人文进步和丰富的历史文化内涵，更像一本历史书籍记载着她的过去和现在，赓续着美好的未来。

作　者

2023 年 1 月

目 录

第四篇　东平湖蓄滞洪区运用

第五篇　人民治河

第六篇　水闸工程

第七篇　位山枢纽工程

第一篇　区域水系变迁

　　远古时期，东平湖一带属大野泽的一部分，地势低洼，周边水系繁多。东平湖是古济、汶水交汇洼地，水系发达，河流纵横，大运河贯穿其间，1855 年黄河在兰考铜瓦厢决口，穿运河夺大清河入海，行走西北部边缘。随着黄河的进入，济水古道被黄河侵占，特别是 1958 年修建东平湖水库后，原来进入东平湖的所有水系都发生了根本性的改变。

第一章　黄　河

　　一条从高山源头涓流起步，连湖纳流，穿峡谷，跨高原，九曲奔腾入海的大河；一条哺育中华民族、润泽万物生灵的生命之河；一条带有中华民族符号的文化之河。它奔腾向前的气势，是中华民族自强不息、蓬勃向上精神的真实写照。这就是黄河，一条中华民族的母亲河。

一、黄河的形成与特点

　　黄河是一条古老的大河，大约形成于距今150多万年前，由于水浊色黄而得名。在我国很早的《汉书·沟洫志》中，黄河就被尊称为"四渎之宗，百水之首"。

黄河俯瞰形势图

　　黄河的形成与变迁是一个复杂的地质运动过程。早在第四纪（距今258万年）黄河流域分布着一些独立的湖泊，并互不连通。新生代以来，印度洋和亚欧大陆板块碰撞，导致我国地势从东高西低向西高东低演变。自中新生代以来，青藏高原的隆升，阻挡了印度洋暖湿气流的进入，造成内陆沙漠堆积。中更新世以来，地壳运动使青藏高原大幅度隆升，高原出现大范围冰川，季节性的冰川融化导致河川径流，为其贯通一些独立的湖泊奠定了水动力基础。距今约 60 万年前，黄河切穿李家峡，黄河上游贯通。距今约 15 万年前，黄河切穿龙羊峡进入共和盆地。末次间冰期气候变暖，使冰川融化加剧，黄河上、中游从各自独立的内流水系逐步相互连通，干流水量增加并汇集于古三门湖，湖水位逐渐升高，至晚更新世湖水开始从东部三门峡分水垭口向东溢流，并不断下切，切穿三门峡后，黄河干流进入黄淮海平原，最终形成东流入海的大河。

黄河是中华民族的象征，从大禹治水开始黄河已成为中国的母亲河。它从源头一路走来，沿途汇集了 40 多条主要支流和千万条溪川，形成了一泻千里、九曲回荡的滚滚长河，宛如一条巨龙奔腾在祖国辽阔的大地上。黄河流域内有水草丰美的天然牧场、壁立千仞的高山峡谷、束放相间的激流险滩、广袤辽阔的良田沃野，物产丰饶，资源富集，山川秀丽，景象万千，以巨大的魅力吸引和感召着世世代代的人们，勤劳勇敢的华夏祖先率先在这里披荆斩棘，渔猎农耕，繁衍生息，创造了灿烂绚丽的中华文明。

由于黄河流域横跨我国九省（区），其地质、地理、气候、植被等条件有所不同，形成了黄河水文、泥沙和河道变迁的多样性特点。曾以"善淤、善决、善徙"而著称于世，自公元前 602 年至 1938 年的 2 540 年间，黄河下游发生决溢灾害年份 543 年，决口 1 590 余次，大的改道 26 次，重大改道 6 次，被称为"三年两决口，百年一改道"的河流，是典型的地上"悬河"。决溢范围从郑州以下，北到天津、南达江淮，纵横 25 万平方公里。许多河流、湖泊、华北平原的地貌以及渤海、黄海一些海岸线的变迁，也都受到黄河泥沙淤积的巨大影响。

二、黄河的发源与河道特征

黄河是我国的第二大河，也是世界闻名的万里巨川，发源于青藏高原巴颜喀拉山北麓的约古宗列盆地，蜿蜒曲折东流入渤海。黄河流经青海、四川、甘肃、宁夏、内蒙古、山西、陕西、河南及山东九省（区），在山东省东营市垦利区入渤海，河流全长 5 464 公里，流域总面积 752 443 平方公里（不含内流区）。

由于黄河自上游至入海口，九曲弯行，横跨大半个中国，地质地貌复杂，河道特征十分明显。

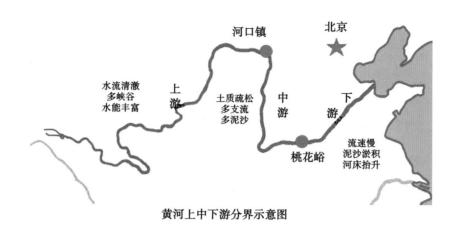

黄河上中下游分界示意图

上游自河源至内蒙古自治区托克托县的河口镇，长 3 472 公里，落差 3 846 米，流域面积 385 966 平方公里。水多沙少，河水较清，流量均匀，比降大，峡谷多，水力资源丰富。

中游从内蒙古自治区托克托县的河口镇至河南省郑州市桃花峪，长 1 206 公里，落差 890 米，流域面积 343 751 平方公里。水少沙多，流量四季不均，是下游洪水泥沙的主要来源区，峡谷河段，中间较为开阔。

下游从河南省郑州市桃花峪至山东省东营市垦利区入海，长 786 公里，落差 95 米，流域面积 22 726 平方公里。水势平缓，河道宽浅散乱，泥沙淤积严重，河床逐年升高，河道滩面一般高出两岸地面 2～5 米，有的达 10 米，是世界上著名的"地上悬河"。

三、黄河山东段

山东黄河现行河道是 1855 年河南省兰考县铜瓦厢决口改道后形成的。进入山东东明县呈北偏东流向，经菏泽、济宁、泰安、聊城、德州、济南、淄博、滨州、东营等 9 市的 26 个县（市、区），在东营市垦利区注入渤海，河道长 628 公里。

山东黄河河道的特点是上宽下窄，纵比降是上陡下缓，排洪能力是上大下小。根据河道特点分为四段：上界至高村长 56 公里，属宽浅游荡形河段，两岸堤距为 5～20 公里，纵比降 1∶6 000。高村至陶城铺长 156.3 公里，属过渡形河段，两岸堤距 2～8 公里，纵比降 1∶8 000。陶城铺至利津长 306.7 公里，属弯曲形窄河段，两岸堤距 0.5～4 公里，最窄处东阿艾山卡口宽度仅 275 米，纵比降 1∶10 000。利津至河口长 109 公里，两岸堤距 0.5～12 公里，纵比降 1∶10 000。利津以下为摆动频繁的河口尾闾段，泥沙不断堆积，平均年造陆面积为 25~30 平方公里。

由于黄河水含沙量大，下游河道淤积抬升快，山东黄河河床高于两岸地面 3~5 米，设计防洪水位高出两岸地面 8~12 米，已成为槽悬、滩高、堤根洼、堤外更低的"二级悬河"局面。

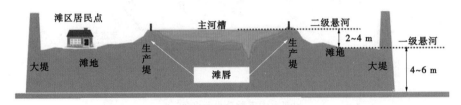

"二级悬河"示意图

四、黄河东平湖段

黄河自 1855 年夺大清河入海，从梁山县黑虎庙乡高堂村入境，至东平县旧县乡姜沟村西出境，河道长 67.3 公里，其中梁山县境内 30.2 公里，东平县境内 37.1 公里。两岸堤距 1.5~8 公里，最窄处位于十里堡分洪闸处，主河槽宽 250~600 米，河道纵比降 1∶8 000~1∶10 000，横比降一般约 1∶750。河道特点是上宽下窄，纵比降是上陡下缓，排洪能力是上大下小。该段河床一般高于背河地面 4~6 米，设计防洪水位高出背河地面 8~10 米，平滩流量 4 000 立方米每秒左右。

自 1855 年黄河改走现行河道至今，已行河 159 年（不含 1938 年国民党扒开花园口大堤，黄河南徙 9 年），本河段处于黄河下游宽河道向窄河道变化的过渡段，沿梁山和东平两县西北边境，呈西南东北走向。从河道特性上可分为两段，从梁山上界至阳谷陶城铺长 48.3 公里，为游荡型河段向弯曲型河段的过渡型河段。该河段修建了多处控导工程，缩小了主流摆动范围，主流河势基本得到控制，由于滩面比降大，并残存许多串沟与堤河相连，遇大洪水漫滩部分堤段有顺堤行洪的可能。陶城铺至东平姜沟控导工程下首长 19 公里，已基本上形成人工控制的弯曲型河段。

黄河从梁山县国那里至东平县姜沟段与东平湖相邻，相邻河道约长 37.9 公里，沿途堤防与山体相连，整个河段属弯曲型河段。左岸是河南台前、山东阳谷、东阿黄河堤防，右岸是梁山一小部分与东平大部分黄河堤防以及山体和山口隔堤，滩面由窄向宽渐变，至出境处（未有堤防，只有山体与自然高地）又突变窄。开始是与东平湖一堤（黄湖共用堤）之隔，到徐庄与东平湖相隔 3~8 公里的银山封闭圈（山体与山口隔堤作为封闭圈的屏障），至庞口与出湖河道相遇，然后过姜沟出境。

黄河一旦发生洪水，此段壅水严重，为确保黄河艾山站不超过10 000立方米每秒洪水，需开启（国那里堤防以北）石洼、林辛、十里堡进湖闸分洪进入东平湖，视黄河水位上涨和回落情况，通过出湖河道，经陈山口、清河门出湖闸及庞口防倒灌闸泄洪再入黄河，以缓解艾山以下河道防洪压力。

五、黄河的历史地位与作用

黄河是中华民族的摇篮，也是中华民族的根和魂。黄河在中国历史发展进程中占有十分重要的地位与作用。

华夏文明的第一缕圣火就是180万年以前在黄河岸边的西侯度燃起的，进入新石器时代，华夏祖先在这片土地上开始定居开辟农耕经济。在中华5 000年的文明史中，从夏商周到春秋战国至北宋3 000多年的历史，从长安到洛阳，以至开封，三大古都均围绕着黄河流域，黄河流域一直是我国政治、经济、文化的中心。几千年来，历代先贤们带领人们一直在治理和开发利用黄河，因此成就了"秦统天下""强汉盛唐""北宋富饶"的盛世。黄河流域勤劳勇敢的先人们创造了绚丽灿烂的历史文化，为我们留下了引以自豪的四大发明和浩瀚如烟的典籍，出现了不胜枚举的圣人贤达和文人志士，为推动人类进步和中华文明立下了不朽的功勋。

黄河流域是灌溉农业最早的发源地，黄河是我国最大平原——华北平原的主要塑造者。这条伟大的河流哺育了中华民族的成长，润泽了万物生灵，成就了"自强不息、坚韧不拔、一往无前"的中华民族品格，因而被尊崇为中华民族的母亲河。

黄河是一条桀骜不驯的河流，时而温顺，时而暴烈，既以肆意漫延的姿态孕育出人类赖以耕种生存的峡谷绿洲、平原沃土；也以其任性的唐突给两岸的人类带来深重的灾难。从大禹治水到中华人民共和国成立后的综合治理，正是在人与黄河的互动过程中，缔造出了中华民族伟大的"民族精神"和"黄河精神"。

数千年来，黄河以其生命之水哺育着中华民族生长、发育，促进了流域农业和其他一切经济活动的兴起和繁荣，黄河在人类的发展史上产生了积极的影响。黄河在给人类带来福祉的同时，也给人类带来极其深重的灾难，历次决口改道都泛滥成灾，造成庄稼被淹，房舍被毁，城市被湮灭，人们流离失所，无家可归。

当今的黄河已不是过去的黄河，也不是以"善淤、善决、善徙"而著称于世的黄河，更不是"三年两决口，百年一改道"的黄河。经过人民70多年的综合治理，逐渐从桀骜不驯的害河变为安常守分的利河。

从中华人民共和国成立至今，黄河对沿岸工农业生产和城市生活用水发挥了巨大作用，灌溉面积由最初的80万公顷发展到现在的800万公顷。随着流域内工农业生产的发展，黄河两岸年用水量由20世纪50年代的122亿立方米，猛增到90年代的300亿立方米左右。其中，农业用水约占92%，工业、生活用水约占8%。农业引黄灌溉面积达75.72万公顷，约占全流域耕地面积的31%，提供着占流域70%以上的粮食和大部分经济作物，引黄灌溉已成为黄河流域和下游沿黄地区经济发展必不可少的动力之一。1972—1999年的28年间，黄河下游有22年断流，而1996年、1997年、1998年连续三年的断流时间均超过100天，1998年则长达144天。从1999年3月17日开始对黄河流域供水实行统一调度管理和有计划的调配至2022年，黄河下游实现了年年不断流。通过引黄供水工程，确保了两岸工农业生产和城市生活用水以及河口的生态保水。自跨流域供水至今，共实施引黄济青（青岛）22次、引黄济津（天津）7次、引黄入冀（河北）18次，累计送水约204亿立方米。由于水资源调控措施的实施，从频繁断流到河畅其流，20多年来，累计引水量超过6 000亿立方米。引黄灌溉发展到今天，黄河以占全国2%的河川径流量，养育了全国12%的人口，灌溉了15%的耕地，支撑了全国14%的国内生产总值，有力地保障了流域及相关地区经济社会的发展。

党的十八大以来，在习近平生态文明思想的指引下，黄河生态调度"版图"不断扩展，首次控制全河生态调度，黄河的生态廊道功能得到增强，河口等生态脆弱区生态得到修复；实施引黄入冀（河北）补淀（白洋淀），助力雄安新区水城共融；向乌梁素海生态补水，助力打造北疆亮丽风景线；正在探索向库布齐沙漠生态补水，为沙漠"锁边"提供水资源保障；通过加强水资源刚性约束、"清四乱"等综合治理措施，还水于河，还地于河，河湖生态进一步复苏，生态环境质量显著改善。发挥黄河水的巨大能量，让黄河水逐渐成为造福各方的幸福水，让黄河成为造福人民的幸福河，已成为国家重大发展战略和全民的共识。

六、黄河的六次重大改道

黄河是一条桀骜不驯、喜怒无常的大河，以"善淤、善决、善徙"而著称于世，素有"三年两决口，百年一改道"之称。历史上改道北经海河入渤海，南达江淮入黄海。造成改道的根本原因，就是黄河搬运的泥沙不断地堆积堵塞河道引起的。据记载，公元前602年至1938年间，泛滥决溢达543年，决口1 590余次，大的改道26次，重大改道6次。

黄河历史变迁示意图

《尚书·禹贡》记载的河道为有史以来最早的黄河，这条河出河南孟津之后向东北流去，汇合今河南省和河北省交界处的漳河，然后向北流入河北邢台境内的古大陆泽中。大陆泽是华北平原历史上最大的湖泊，黄河曾多次流入湖泊中，直到20世纪70年代才消失。之后又分为几支，顺地势高低向东北方向流入大海，而这条河也就是大禹所治理的那条禹河，也是历史上第一次有文献记载的河道流经线路。

周定王五年（前602）黄河决口于滑县东北，河道从禹河向东迁移40公里，经今滑县、大名、夏津、清河，由沧州、黄骅入渤海，称"西汉河"，行河613年。

西汉末年王莽始建国三年（11）河决今濮阳西北，泛清河以东数郡，河道向东迁移80公里，经濮阳、南乐、聊城、临邑、惠民，至利津入渤海。因这条河地势有利，再加上东汉水利专家王景修建从濮阳城南至渤海的千里河堤，历经东汉、隋、唐、五代一直没有出现大的水患，行河1 037年，史称"东汉河"。虽然中间也有洪水发生，但一直没有发生大的改道。

宋仁宗庆历八年（1048），河决澶州商胡埽，在黄河两次南迁之后向北迁移 40~80 公里，经大名、馆陶、临清、夏津、景县、东光、南皮，由青县、天津入渤海，史称商胡"北流"。12 年后，黄河又在濮阳下游决口，分出一条支流，称"东流"，经朝城、馆陶、乐陵，由无棣马颊河入渤海，不过这条分流不到 40 年就断流了。自北宋亡数十年，黄河主流有时行东股，有时行北股，有时二股并行，还有决徙在二股以外。北宋既亡，华北平原落入女真族之手，黄河无人管理，淤积、决口后日渐向西发展，决流、乱流达 60 年之久。

南宋建炎二年（1128），东京（开封）留将杜充以水淹金兵为名，扒开黄河大堤，造成黄河向东南经今河南延津、封丘、长垣、兰考，山东曹县，安徽砀山，江苏沛县、邳州、宿迁、淮安、阜宁至今江苏响水县清云口云梯关入黄海。河道从北宋时期的北流、东流两支同入渤海，变成了北流、南流两支分别入渤海、黄海。北流微小，注入大野泽后经北清河（古济水）入渤海。南流是主流，注入大野泽后经南清河（古泗水）入黄海。南流摇摆不定，迁徙于泗水与颍水之间。至金明昌五年（1194）河决原阳，向东经商丘、徐州入泗水的古汴渠，成为黄河南流的主流，被称为第四次大迁徙改道，行水达 300 余年。

明孝宗弘治二年（1489），黄河在开封及荆隆口决口，形成南、东、北三股分流的局面。向南一支又分三股，一股入颍河，两股入涡河，统汇入淮；向北一支由长垣、封丘、兰阳、东明、曹州冲入张秋运河；向东一支由开封翟家口东出商丘，直下徐州，合泗入淮。明弘治六至七年（1493—1494）刘大夏筑黄陵冈，以塞荆隆口，修太行堤，断黄河北流之路，逼全河入淮，史称黄河第五次大改道。明代后期潘季驯治河后，黄河才基本被固定在开封、兰考、商丘、砀山、徐州、宿迁、淮阴一线，行水达 360 多年。

从明嘉靖后期至清咸丰四年（1854）的 300 年间，黄河基本上沿袭明代第五次大改道后的流路入海，其下游处于黄、淮、运三道合一的混乱局面，时常泛滥。虽经清代河官靳辅将黄、淮、运治理得井井有条，但终因河道长期固定，大量泥沙堆积，形成"悬河"，河南河段相对安流，而山东、苏北河段决口频发。清嘉庆以后，政治动荡，河政废弛，堤防残破。清代中期后，由于兰考以下河道纵比降异常平缓，导致水缓流慢，淤积严重，新的改道不可避免。清道光年间魏源曾提出黄河人工改道使其北流入渤海的主张，否则黄河就要自找去路。

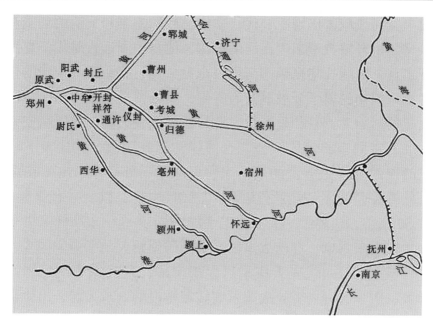

明弘治二年（1489）黄河决口流向示意图

果不其然，至清咸丰五年（1855），黄河在河南兰考铜瓦厢决口，开始时分成三股洪水，汇集至山东张秋穿运河汇入大清河，由利津入海，于是黄河下游结束了700多年夺淮入黄海的历史。此后的20年间，洪水在山东西南地区到处漫流，直到清光绪元年（1875）将全线河堤（山东巡抚丁宝桢始修南岸大堤）修复完成，黄河下游河道才趋于稳定。

除以上六次黄河重大改道外，还有一次人为决口就是1938年6月，蒋介石为阻止日军西侵，下令炸开黄河花园口大堤，全河又向南流，沿贾鲁河、颍河、涡河入淮河行河达八年之久，给豫、皖、苏三省人民造成重大灾难。1947年3月，黄河回归故道，从山东省东营市垦利区入渤海。自1946年开启人民治黄新纪元至今已70多年，在中国共产党的正确领导下，黄河伏秋大汛岁岁安澜，堤防工程固若金汤。

七、黄河流域人文荟萃

黄河流域是中华文明的主要发祥地，历史悠久，文化灿烂，源远流长。由于多次改道波及范围之广，西起郑州以下，北至天津，南达江淮，可谓是大半个中国。

黄河流域不仅物产丰富，经济发达，而且人文荟萃，名人辈出。出现了不少古代的圣贤和顶尖级精英，是他们带领着华夏儿女筚路蓝缕，开启山河，推动着历史的发展，创造了灿烂辉煌的华夏文明。

历史上黄河流域曾出现了一代代中华民族的先驱和文明的创造者。闻名华夏的人文始祖轩辕黄帝出生在河南新郑，他是中国远古时代华夏民族的共主，五帝之首，以统一华夏部落与征服东夷、九黎族而统一中华的伟绩被载入史册；商末周初的姜子牙被册封为齐侯，定都营丘，成为吕氏齐国的缔造者、齐文化的创始人；管仲是春秋时期的法家代表人物，虽祖籍安徽但生在齐国，与周王室同宗，辅佐桓公九合诸侯，强齐图霸，礼让天下开法家先驱；春秋时期的晏子是齐国的政治家、思想家、外交家，出生在山东高密市，他历仕齐灵公、庄公、景公堪称"三朝元老"，以"一代廉相"著称，辅政长达50余年，博得了"管晏"合称之美誉；春秋末期儒家思想的创立者孔子出生在山东曲阜；春秋战国墨家学派的创始人墨子为宋国人，长期生活在鲁国；道家学派的代表人庄子出生于宋国，是战国中期思想家、哲学家、文学家，庄学的创立者；战国末期儒家学说的继承人孟子出生在山东邹城；儒家学派的重要代表人物曾子出生在嘉祥；春秋末期的军事家孙武出生在山东博兴；三国时期著名的政治家、军事家诸葛亮出生在山东胶南；晋代书法家王羲之出生在山东临沂；唐代大诗人杜甫出生在河南巩义；北魏时期的农学家贾思勰出生在山东寿光；北宋时期的钱乙出生在东平，是中国医学史上第一个著名的儿科专家，被称为"儿科之圣""幼科之鼻祖"；南宋著名女词人李清照出生在山东章丘；清代文学家、《聊斋》的作者蒲松龄出生在山东淄川……

黄河流域文明先驱人才辈出，而且治河名人也是层出不穷。黄河在奔流不息，决口泛滥、河道变迁不断地造就华北大平原的过程中，也给人类带来了频发的灾难。为了根治黄河水患，在与洪水的博弈和相处当中，成就了一代代治水精英，为保护人类的生命财产安全，可谓是千方百计，排除千难万险，殚精竭力，励精图治。治理黄河历来都是一件十分了不起的事情，许多杰出人物为"除黄河之害，兴黄河之利"竭尽了自己的智慧和才能，为治理好黄河作出了巨大的贡献。一些成功的治河实践和具有丰富科学内涵的治河思想，长期影响着后人的治水活动。那么，在众多的古代治黄人物中，公认的治黄功臣首属大禹，按最早的有关黄河的地理著作《尚书·禹贡》记述，是大禹确立了有文字记载以来最早的黄河河道，称之为"禹河故道"，大禹治水的事迹长期影响着后人，如"禹河故道"历时1 600余年无河患，被世人视为黄河的最佳河道。历朝历代争论不休的分流、筑堤、蓄洪滞洪、沟洫拦蓄等治黄方略，也都源自大禹治水。另外，由于大禹治水是我国古代

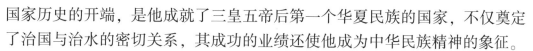

国家历史的开端，是他成就了三皇五帝后第一个华夏民族的国家，不仅奠定了治国与治水的密切关系，其成功的业绩还使他成为中华民族精神的象征。

大禹治水思想影响千秋，成就了战国时期的郑国，西汉时期的郑当时、张戎，东汉时期的王景、贾让，北宋时期的王安石，元时期的贾鲁，明时期潘季驯，清时期的靳辅等一代代治水功臣。他的治河经验和举措来源于实践，又服务于实践，为解救天下黎民百姓所受水患之苦，作出了重要贡献。

人类在与黄河洪水抗争和相处的过程中，不但产生了无数治水名人，同时，也孕育出了灿烂的历史文化，出现了不少文学大师。黄河的磅礴气势和奔流不息的精神，造就了不同时代诸多诗作名人的美诗梦圆。李白说："君不见黄河之水天上来，奔流到海不复回""黄河落天走东海，万里写入胸怀间""黄河西来决昆仑，咆哮万里触龙门"。刘禹锡说："九曲黄河万里沙，浪淘风簸自天涯"。王之涣说："白日依山尽，黄河入海流""黄河远上白云间，一片孤城万仞山"。王维说："大漠孤烟直，长河落日圆"。元好问说："黄河九天上，人鬼瞰重关"。杜甫说："黄河北岸海西军，椎鼓鸣钟天下闻"。张蠙说："白日地中出，黄河天外来"……以上这些诗句虽有些夸张，但张光年作词、冼星海作曲的《保卫黄河》却唱出了中华民族自强不息的伟大精神和不可战胜的力量，为赶走日本侵略者提供了无穷无尽的精神食粮。黄河的神秘和博大的气势无不被世人赞叹和讴歌，数千年来，引得无数诗人唱咏黄河、讴歌黄河，一展豪情。

第二章　济　水

　　一条贯穿东西、承载南北之运脉，滋润两岸之万物的大河，古时贡道，民之命脉，数千年来，生生不息，水润华夏；其性清明，受人敬仰。它因黄河而兴盛，又因黄河而湮灭，这，就是济水。

　　济水，古代是一条独流入海的大河，与长江、黄河、淮河齐名，共为"四渎"。《尔雅·释水》中说："江河淮济为四渎。四渎者，发源注海者也"。

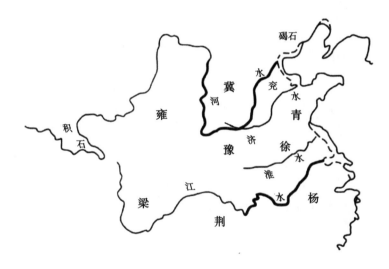

古四渎位置示意图

　　济水源于荒古，名于夏禹，盛于春秋至秦汉，断于隋唐，湮于宋金，是一条被黄河泥沙湮灭已久的河流。有史以来，济水在古代文明的发展史中处于人类活动的重要地带，在古人心目中地位崇高无比，一直被视为"北渎"水神，受到人们的祭祀和敬仰。

一、济水的发源与流向

　　济水发源于河南省济源市的王屋山，东南流至温县东，从黄河北岸上游注入，而从黄河南岸下游荥口（旧石门）溢出，溢于荥泽，东出陶丘北，又至菏泽，东入大野泽（今巨野），经梁山之东向北，经安民山南，须昌城西，折东北流入渤海。

济水形成于荒古，其年代不详，但名始于夏，史有记载。《尚书·禹贡》："导沇水，东流为济，入于河"。《水经》："水出王屋山为沇水，东至温县东北为济水"。济以黄河为界分为两段，大禹治水时将沇水人工疏导入黄河，此段称北济。"溢为荥，东出于陶丘北，又东至于菏，又东北会于汶，又东北入于海"，此段称南济。

据清人蒋作锦《东原考古录》记载："考济水发源王屋山，名沇水。西北注入泰泽……东穿太行，……至济源北，东西二源，重出为济，……至温县东入于河。逾河百余里……汇为荥泽，……至陶丘北，……东经大野，北注东原，会汶安民山南，北迳须句、须昌二城西，鱼山东，迤东迳历城、章邱，由安乐入海。自陶丘至海，……，过郡九，行千八百四十里（《汉书·地理志》）。由海溯沇，历豫、徐、青、兖四州，计程两千五百余里，此济水故道也"。详细记述了济水所经的地域、河程与流向。

济水原本就是一条独流入海的河道。历史、地理和考古学的资料表明，黄河下游大规模的改道，南北交替从黄海和渤海入海，至少从晚更新世就开始了。约距今1.2万年之前，当时黄河和沂沭河水网开始相互连通，形成黄河向东南流注入黄海的另一支入海通道。这时的济水是一条独立入海的河道。对此，张新斌先生所著的《济水与河济文明》（河南人民出版社2007年版）给出了科学解释：自更新世时期至全新世相当长的时间里，黄河以南流为主。距今0.5万年时，由于黄河冲积成多个泛道，黄淮平原多股并流时间较长，淤积严重，南下受阻，黄河北徙改道已成必然，打破了河济区域的水系格局，势必侵入沿太行山的济水水系而将其（济水）截断，从河北平原至天津入海。从此，济水被分为黄河的支流和支津。

随着时间的推移，支流和支津的相对位置也发生了变化。实际上北济支流入河与河同流，并不是济水潜入地下，穿过黄河而后又在荥阳出现的济水，实为济水与黄河汇合溢出后形成的支津，流经广武山以北，汇聚荥口旧石门（古敖仓城东北）附近发源出的荥渎而形成的一条大河，也就是南济。

济水在没有被黄河截断以前，不像黄河那样桀骜不驯，它源于济源山前盆地地表水汇流，居高临下，水流势急；济水被黄河截断后，济、河混流，裹含大量泥沙，水流缓慢，溢出黄河后，首先注入荥泽，经过荥泽的沉淀，河水逐渐变得清澈。而后，济水又从荥泽出发，分成北济、南济两支。北济在山东注入大野泽（今山东巨野县北），从大野泽流出，经梁山东、须昌城西，折东北经济南、济阳、广饶等地入渤海。南济则汇入菏泽，东流后改称菏水，东至鱼台汇泗入淮河，一同入黄海。

济水在有史以前，直到汉代还畅通无阻。据记载，它不仅连接着荥泽、菏泽、大野泽等众多古老湖泊，还汇集了濮、菏、汶、泺水等多个古老的河流流入渤海。数千年时光流逝，沧桑巨变，由于受黄河不断决溢、改道、泛滥淤积与人类活动的影响，自隋唐断流，到宋金淤废，这条被人们敬仰的大河已淡出人们的视野。然而，因济水而得名的济源、济阴（定陶）、济宁、济南、济阳等地名还在，似乎也能勾勒出济水流经的区域与走向。

二、济水的历史地位与作用

济水是一条古老的河流，流经华北平原，是古代文明重要的发祥地，历史地位崇高，对人类的进步与文明作用巨大。

（一）济水是连接九州的枢纽河流

大禹治水道九山、导九川、陂九泽、定九州。当时济水是沟通九州向冀州夏王都进贡的主要水路通道。据《禹贡》记载：兖州的贡品"浮于济、漯，达于河"，是指从兖州进贡的船只行于济水、漯水，到达黄河后运往冀州；青州的贡品"浮于汶，达于济"，是指从青州进贡的船只行于汶水到达济水；徐州的贡品"浮于淮、泗，达于菏"，是指从徐州进贡的船只行于淮河、泗水，达到菏泽；扬州的贡品"沿于江、海，达于淮、泗"，是指从扬州进贡的船只沿着长江、黄海到达淮水、泗水。这四个州中徐州、扬州的进贡船只虽然没有明写通往济水，但徐州、扬州运往冀州的贡品必须经淮河、泗水到达与济水相通的菏泽，才能最终到达冀州王都。从这些记述中不难看出，夏时的济水和黄河已相互交叉，舟楫可以互为通达。济水在唐代以前，与黄河、汴渠、淮河及其支流构成了我国最大的水运交通网络，在贯通东西南北水上交通运输中发挥了巨大的作用。

春秋末期吴王夫差北征，曾利用济水作军运，会晋平公于黄池（在今河南封丘西南），那时的济水是畅流的。晋人郭璞在《山海经》的注释中说："今济水自荥阳卷县东经陈留（今开封市陈留镇）至济阴（今定陶城西南 20 里❶处）北，东北至须城（今东平西北）北，经济南，至博昌（博兴）、乐安（广饶）县入海"。这也说明东晋初期黄河南岸的济水仍继

---

❶　1 里 = 500 米，全书同。

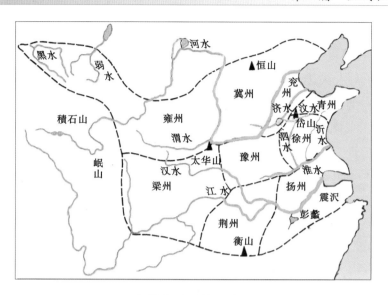

九州水系网络示意图

续流淌着。另外，东晋桓温北伐，在金乡、巨野开渠通济入河；南北朝时刘宋行军，亦自桓温渠入济。证明当时的济水仍可通航。但到刘宋元嘉七年（430）到彦之北伐循此水路行军时，已是浅涩难行。《资治通鉴》中说他的船队"日行才十里"。此时，济水淤塞的严重程度是显而易见的。北宋乐史编著的《太平寰宇记》中有"自复通汴渠以来，旧济遂绝"的记载。

汴渠是古代沟通黄、淮的骨干运河，也称汴河。实际上是唐、宋人所说的隋大业七年开通的通济渠，这说明早在 7 世纪初期，济水就已经淤塞得无法疏浚了。然而到了后周世宗显德四年（957）四月，为加强京师（开封）与山东地区的物资运输，后周世宗柴荣疏汴水北入白沟（南济水故道），东流入济水，以通齐鲁之漕。河床被展拓至五丈，俗称"五丈沟"。后周世宗显德六年（959）二月，疏浚漕渠。命枢密使王朴巡视河堤，立闸门于汴口。发丁夫数万浚汴水，自开封东导入蔡水，以通陈（今河南淮阳）、颍（今安徽阜阳）之漕；又浚五丈河，东流定陶、梁山泊入济水，以通青（青州）、郓（今东平老湖区内须昌城）漕运。五丈河就是古济水南派支流菏水的另一名称。《水经注》说："南济也，又东北，右合菏水。水上承济水于

---

❶ 1 丈 = $3\frac{1}{3}$ 米，全书同。

济阳县（今兰考东北）东，世谓之五丈沟"。宋开宝六年（973）改名为广济河，西起汴京（开封）外郭东北咸通门，东流至济州（巨野）合蔡镇（今郓城西南）入梁山泊，下接济水。北宋立国之初，广济河漕运曾发挥了重要作用，岁漕运量由十几万石增至六七十万石，东京十七州粟帛皆自广济河运至京师，东南既定，广济河所运只给太康、咸平、尉氏等县军粮。北宋中期以后，黄河多次南泛，广济河水道浅涩，运力大减，金代埋废。

北宋漕运四渠示意图

（二）济水是富甲天下的黄金水道

《定陶县志》有定陶因"得济水之利，富甲天下"的记载。定陶（商代为曹国）又名陶丘或陶邑，因位于济水之南，汉时称济阴，是济、菏水系交汇之地。自西溯济、河而上可达秦晋；顺济水而下，能抵齐鲁；东经菏、泗、淮可南到吴楚之地。战国时开凿"鸿沟"，更使定陶水运兴盛至极，经济繁荣无比。曾有"齐闵王（前286）发动合纵战争，齐、楚、魏灭宋，三分其地"的历史事件。此后，也有秦相魏冉据陶为己之事，当时陶丘的富饶程度可想而知。陶邑人利用济水种植农桑，发展制陶业，并通过水路运输到江淮楚国之地经商做生意，促使曹国成为国强民富之邦。由于济水是黄金水道，在历史发展过程中，成就了因济水而得名的重要城市，如济源、济阴（定陶）、济州（巨野）、济宁、济南、济阳等。

春秋战国时的齐国也因济水"富甲天下"而富足强大，齐国雄踞济水下游，水资源丰富，交通便利，舟楫通海，可事煮盐农桑。可以说，没有济水，齐国也很难成为东方大国。同时，也因此遭到诸侯国的窥视而发生争夺之战，战国七雄争天下，直到公元前221年齐国才最后一个被秦所灭。

《禹贡》也有"济水所经，清冽而甘，汲出日久不变味，煮黑驴皮为胶，可疗风疏疾"的记载，阿胶早在春秋就是济水之东岸东阿（今平阴县东阿镇）名产，阿胶名贵，贵在济水。

济渎大蒜因曾为皇宫贡品被传为佳话。相传元末明初，济源人为根治因济水而造成的低洼沼泽地，开挖地下水沟，顺沟筑瓦成"非""井""米"字形互相沟通的地下排水系统，称"合瓦地"。上盖黄土，下流清泉，防旱除涝，调节地温，纵有冰天雪地，"合瓦地"上也片雪无存，人们种植的大蒜个大早熟，经久耐放，且味道鲜美，作为贡品，颇受青睐。

（三）济水是历朝历代的所尊之水

由于济水是一条贯穿我国中东部的河流，在连通黄河、长江、淮河上位置煊赫，为华夏的农业灌溉、军事战略、物资运输等发挥了不可替代的作用，一直受到历代王朝所尊崇。夏王朝将济水作为贡道，自春秋战国时期起便受到帝王和百姓的祭拜。济水行走中原文明发展之域，对促进人类文明的进步作用巨大，因此皇朝百姓对济水都怀有敬畏之心，将其列为"北渎"大济水神祭祀。

春秋时期，济水祭祀规格已与华夏民族的人文始祖伏羲相并列。《左传·僖公二十一年》："任、宿、须句、颛臾风姓也，实司大皞与有济之祀，以服事诸夏"。可见，济水在古人心目中的崇高地位。

秦始皇称帝后，在泰山大搞封禅活动，并重新颁布了天下名山大川的序次和祭祀的规格，将济水名列四渎之首。

隋唐时期，官方将水神崇拜的祭祀礼制进一步提高并列入国典。隋开皇二年（582）朝廷特赦建济渎庙，又名清源祠。唐天宝三年（744）唐玄宗封济水为清源公，唐天宝十年（751）又与四海（东海、南海、西海、北海）并封为王。明太祖洪武三年（1370）诏封四海、四渎，并将北海神祠建于济渎庙内，同时接受国之盛典祭祀，这在中国历史上是绝无仅有的。历朝历代对济水进行封号，唐玄宗加封济渎为清源公，宋徽宗封济水为清源忠护公，元仁宗封济水为清源善济王等。

自汉代起皇帝或千里迢迢来济源祭拜，或派遣重要大臣致祭。唐宋以来，但凡国之大事，如战争、政权更迭、祈雨甚至皇室成员的生死都要向济水神、北海神祭告，民间的祭祀活动更是频繁有加。明清迁都北京后，皇帝祭天嫌路远，就在北京建起了天坛祭天。可见，济水的地位与作用、荣耀与骄傲影响着千秋万代的华夏子孙。

三、济水的变迁与湮灭

济水自形成以来，经过了独流、长流和断流以至湮灭的历史演变过程，这一历史过程无不伴随着黄河河道的变迁而变迁。

（一）济水独流在史前

济水源于荒古，是一个独流入海的河流，其形成应该是在一个很漫长的远古时代，这个时代也正是黄河南流的时代。

史前时期（尚未有文字记载），由于黄河以南流为主，济水方能独善其身，游离于华北平原上独流入海。自晚更新世晚期，黄河仍然保持着南流入淮的势头，并且延伸到全新世时期，在全新世初期，黄河三角洲与长江三角洲在淮河下游还是相连的，表明"四渎"中的"三渎"（黄河、淮河、长江）共用一个出海口。从地理位置上分析，这也证明了唐代划分"淮河为东渎，长江为南渎，黄河为西渎，济水为北渎"的方位区域合理性。

《孟子·滕文公上》："当尧之时，天下犹未平，洪水横流，泛滥于天下，草木畅茂，禽兽繁殖"。《尚书·尧典》："汤汤洪水方割，荡荡怀山襄陵，浩浩滔天"。有关资料显示，这是个洪水横流的年代，天下饱受洪水之苦。《淮南子·本经训》云："舜之时，共工振滔洪水，以薄空桑，龙门未开，吕梁未发，江淮通流，四海溟涬"。反映了长江与淮河相通的历史史实，同时也从侧面反映了黄河南流是史上最早也是最重要的阶段。因此，在我国北部平原水系中济水占据了极为重要的位置，无论后世水系怎么变化，在古人心目中对济水是独流入海河流的认识是永恒不变的。

在大禹治水之前，由于济水从发源地向东或向东北游离于华北平原上，并将各古老的湖泊贯通，形成了与《山经》《禹贡》记述的走向极其相似的最早济水故道，其上段的野王沟水道在《水经注·济水》中称为"故渎"的部分，应该是其中的段落之一（《济水与河济文明》）。《汉书》《后汉书》中提到的房子县，《元和郡县志》赵州赞皇县所提到的"济水"，却保留了水道的古名。对华北平原古河道的考古发现，山前河流基本上都是形成一个水系而流向大海，如唐代以来是海河水系，汉代以前是《禹贡》以及

《山经》时的大河，那么再往前追溯，古河道便是济水了。这样足以证明济水在河北、豫东、鲁西、鲁北平原南北摆动，在天津入海，或在山东半岛北部入海。从上述记载中，可以断定济水在独流时也呈河道不断发展变化态势。

（二）济水长流赖于河

有史以来至北宋时期，黄河以北流为主，流经河北平原中部由渤海湾入海。在黄河北流的时间里，由于黄河的决溢泛滥，决溢洪水给济水起到了补源的作用，使其长流不断；黄河的迁徙不定，也使济水河道变化备受影响。

历史上以济水而得名的济州治所不断迁徙，也足以说明这一点。北魏明元帝泰常八年（423）置济州治在碻磝城（今山东茌平西南25公里的高垣墙村），隋开皇初废。唐武德四年（621）复置，天宝元年（742），改济州为济阳郡。后周太祖广顺二年（952），济州迁治巨野（此时济州与隋唐济州地域没有任何重合，只是同名而已，都是济水岸边的城郭），金天德二年（1150）黄河大决，巨野被淹，遂移济州于任城，亦将任城称济州。随着济水的泛滥，经几次回迁，由于这一时期正是黄河南流为主流，巨野常遭水患，最后州治永居任城，任城亦称济州。因任城地势较高，济水来了安宁，故济州（任城）便改称济宁。济州因济水而得名，因济水而迁治，初设在碻磝城，碻磝城位于济水南岸，行走方位与《禹贡》描述济水走向不尽相同。说明济水在鲁西南菏泽、聊城及济宁之间的走向也有一定的摆动。

公元前2278年黄河发生了走北，并截断济水，自今武陟东北流经河南北部，入河北邢台大陆泽后，折北穿过河北中部，折东入海。司马迁在《史记》中记载："大禹导河，北过洚水，至于大陆"。人们从前把"大禹导河"的河称为"禹河故道"，认为是大禹治水时疏导而成的河道。这是有文字记载以来最古的一条河道，也就是《尚书·禹贡》记述的"导沇水，东流为济，入于河"的那条河。

周定王五年（前602）黄河发生了有史以来的第一次大改道，从淇水口决溃，东行漯川，至滑县东北，又与漯川分流，北合漳河，至沧州东北入海。这条新河在禹河之南。汉武帝元光三年（前132）黄河在河南濮阳西南瓠子决口，向南经巨野泽由泗入淮。23年后堵塞，不久复决，六七十年后才归故道。王莽始建国三年（11）黄河在河北临漳县西决口，东南冲行漯川故道，经今河南南乐，山东朝城、阳谷、聊城，至禹城别漯北行，又经山东临邑、惠民等地，至利津一带入海。自东汉明帝永平十二年（69）王景主持治河以后几百年中，黄河相对稳定。北宋初期，决口不断，宋仁宗庆历八年（1048）六月，黄河再次改道，冲决澶州商胡埽，向北直奔大名，经聊城西至河北青县境与卫河相合，然后入海。这条河宋人称为"北流"。12年后，黄河在商胡埽下游今南乐西渡决口，分流经朝城、馆陶、乐陵、无棣入海，宋人称此河为"东流"。东流行水不到40年便断流。黄河经过了《山经》、《禹贡》、春秋战国、西汉、东汉至北宋前的河道变迁，虽然没有全部侵占济水河道，但济水作为黄河的支津，在上游分流黄河洪水上发挥了重要作用，黄河洪水的流入是济水长流的一个重要因素，同时也为其断流种下了祸根。

距今5000年时，在全新世的中段，济水独流和黄河南流的格局被打破。由于自晚更新世以来的数万年间，地壳轻微上升，加之黄河淤积和海侵反淤影响，平原地势抬高，黄河南流受阻，黄河自然而然地选择了以鲁中山地为轴心的扇形平原北上，侵入太行山前水系，将独流的济水截断。因此，在大禹治水时，也就是《禹贡》所记载的"导沇水，东流为济，入于河；溢为荥，东出于陶丘北，又东至于菏，又东北会于汶，又北东入于海"的济水河道。

史前时期，济水称"沇水"，由于黄河截济而过，故有"导沇水，东流为济，入于河"之说。从大禹治水分九州分析，兖州的疆域绝大部分在济水流域。据《史记·夏本纪》："兖州"作"沇州"。沇水，"沇"作"兖"。州为水域中高地，适宜人居住的地方。据《汉书·地理志》记载，西汉兖州治所初设在濮阳（今鄄城附近），东汉时设在昌邑（今金乡县西北40里），三国时移至廪丘（今鄄城县东），以后随着历史变迁将兖州拆分、合并、迁移、降级，最后兖州只是县级市，又被划为济宁市兖州区，位于今济宁市东。兖（沇）州顾名思义应该管沇水，而在济水流域，说明那时济水就是大禹治水后沇水的别称，或者说是"沇水"由于《禹贡》的贡献而变为"济水"了。

有史以来，济水一直被古人认为是独流入海的河流。根据历史、地理、地质学家的考证和张新斌《济水与济河文明》一书的考究，实际上不是济水截河而过，而是黄河将其截断，造成了河北济水、河南济水两个部分。张新斌的这一考究，从历史、地理、地质构造学等角度，科学地证明了古人认为济水是一条自然独流入海河流的科学性和正确性。

位于黄河以北的济水部分，从河南济源的王屋山发源后，虽然下游河道在历史上多有变迁，但大致是在河南温县附近注入黄河。据蒋作锦《济水沿革考》记载："一本禹迹，河北济水，亘古长流，无可议"。是说河北济水入河，长流不断。济水河北部分流程较短，但受自然因素和沁河下游河道变化的影响，屡经变迁，以至于消失。据记载，从西汉至北魏700余年间，济水入黄河经历了三次大的变迁，入黄口逐渐上移，《水经注》作者郦道元说，西汉末，济水改道，是由于"王莽之世，川渎枯竭"，才造成济水"津渠势改，寻梁脉水不与昔同"的后果。济水河北部分曾被其支流的蟒河所替代。

济水河南部分变迁相对较缓，直到金、元时期演变为大清河。当时河南济水又分为两支。据《水经》记载，一支由今荥阳市（郑州邙山一带）分黄河东出，流经原阳南、封丘北，至山东定陶西，折东北注入巨野泽，又自巨野泽经梁山东，至东阿（今平阴县东阿镇）西，至济南北泺口（略同今黄河河道），自泺口以下至海（略同今小清河河道）。另一支则自荥泽出发，经原阳南、封丘南，经大梁城（开封市西）北，小黄县故城（陈留）北，东经兰考东北，经定陶流入菏泽，出菏泽东流入菏水，在金乡南、鱼台北注入泗水，继而经淮河入海。

隋代开挖通济渠后，巨野泽以上逐渐湮灭，以下亦称清水，但济水之名没有废弃。唐宋时期，曾在今开封先后导汴水或金水河水入南济水故道以通漕运，称五丈沟，以后逐渐湮废。金、元后，自汶口至泺口已成以汶水为源的大清河（又称北清河，泺口以下大清河在古济水之北）；自泺口以下成为以泺水为源的小清河。至此，济水有名无实。

而济水河南部分在被截之后，一直与黄河有着太深的渊源。实际上是黄河溢出的一条支派或叫支津，据蒋作锦《济水沿革考》："独荥泽陶丘之济，诸儒议通议涸，竟成千古疑案，余谓周礼职方荥列为川。班志言济轶出荥阳平地，东至琅槐入海，荥济见而不伏，历周秦西汉千余载，至东汉鸿沟东泛，决坏汴渠，荥泽陶丘、窦空尽被河淤，济水伏流不见，历今盖一千六百余年矣。人多援水经注，谓后魏时济犹未绝"。是说诸家学者议论从荥泽到陶丘的济水，历经1 600余年至魏晋时期，由于黄河水溢，在淤积的同时也补充了水源，时通时涸，延续着昔日的流脉，没有完全绝迹。

（三）济水断流灭于河

济水断流，也就是黄河由北流转向南流的时期。这一时期由于黄河北流和南侵入淮，济水上游淤积严重，缺少水源补给，逐渐开始分阶段断流以至湮灭。先是南济旱亡，后是北济被河夺而灭。

1. 南济旱亡

济水原本是王屋山山泉汇集，涓涓细流，自被河截断后，分南北两支。溢而为荥，南济出荥泽后又分南北两支，南支从荥泽源头至入海（淮）口，沿途近千公里的流程，经过蒸发、渗漏、人畜饮用，损耗巨大，每遇干旱，极易断流。西汉时就出现过旱塞，唐高宗时又通而后枯。史载，东汉时（25—220）南济完全干涸，主要是黄河北移，荥泽得不到河水的补给，来自荥泽的南济成了无源之水，很快被颍、汴、涡诸河所替代，南济随之消亡。

2. 北济湮灭

北济在春秋战国时，为不濡轨的小河。大约在公元 4 世纪，也就是十六国至南北朝时期（304—581），大野泽（巨野泽）以上济水尽靠河水补济，但带来的泥沙开始淤浅，时至隋唐已时断时续，以后竟然湮为平地。这时巨野泽以下的济水河段开始以清水著称。到了北宋熙宁年间，这段济水一度为黄河所夺。南宋建炎二年（1128），东京守将杜充为抵御金兵南下，在滑州人为决口造成黄河改道，向东南分由泗水和济水入海。黄河至此由北入渤海改为由南入黄海。在 1855 年前，黄河主要是在南面摆动，虽然时有北冲，但均被人力强行逼堵南流。南流夺淮入海期间，郑州以下，清口（黄淮交汇处）以上的黄河主流迁徙不定。巨野泽以上济水之名渐渐消失，金、元以后，以大清河名世，河道的走向也多有变动。直到明代后期潘季驯治河以后，黄河才基本被固定在开封、兰考、商丘、徐州、淮阴一线，即明清故道，行水达 300 多年。从宋至清，由于水上运输需要不断对济水疏挖，北济至清代还潺潺东流。涓涓细流的北济之所以存在这么久，主要有"中继站"巨野泽蓄水较多和濮水的流入，不断给北济补水。后由于黄河的不断入侵，在巨野泽沉积泥沙，蓄水面积逐渐缩小，直至清咸丰五年（1855）黄河在铜瓦厢决口，穿运夺大清河（北济故道）入海，北济从此完全湮灭。

四、济水的神秘传说与释疑

济水是一条古老而独流入海的河道，虽然消失了这么多年，但其"澄清刚劲，脉多伏流，时贯浊河，时潜地下，时涌地上，断续出没"的印象而被人难以忘却，代代相传。

古人对济水的以上描述，一直在人们心目中有一种神秘感，也是历代王朝加封和祭祀济水的精神基础。对此，用科学的观点应予以释疑。

"三伏三现"说。关于济水的源头，史书记载较多的是发源于王屋山，是王屋山上的云气化成的水，滴到天坛峰西崖下的太乙池里，称为沇水。沇水穴地洑流，到达平原后涌出为泉。出自龙潭的是济水西源，出自济渎池和珍珠泉的是济水东源。二源汇流后，东流至温县，穿越黄河，在荥泽再现，而后又潜伏东流，至陶丘再现，如此构成了济水"三伏三现"之说。

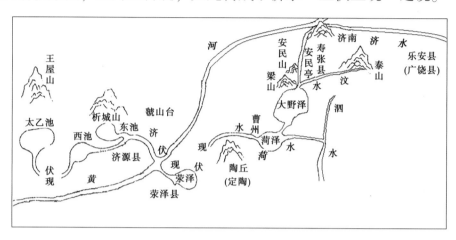

济水"三伏三现"示意图

"三伏三现"之说是对《禹贡》："导沇水，东流为济，入于河，溢为荥，东出于陶丘北，又东至于菏，又东北会于汶，又北东入于海"的不科学和不全面的神秘解说。

对于济水"三伏三现"之说，宋代地理学家程大昌在《禹贡山川地理图》中指出："今其（黄）河水不入荥口，则荥泽遂枯，尚言伏流，不其诬耶"。清代地理学家胡渭云："又若以入于河为伏，则渭入于河，洛入于河，亦可为伏乎？"近代地质学家翁文灏批判说："论《禹贡》原文应如何解释，而济水绝河，三伏三现，在地理上绝不可能"。胡渭又云："济水三伏三现之说，或谓出于近世俗学，殊不可信"。

从济水沿途的地质条件看，从源头至入海（淮）口多为黄、淮诸河的冲积扇沉积地带，很难形成地下河，"三伏三现"显然是不可能的。

从济水源头地势看，源于平地，海拔低，坡度小，积水又纤细，汇入黄河尚可，截河而南是绝对不可能的，潜入地下，穿过黄河更是荒谬至极。但反过来，黄河刚从孟津冲出峡谷，奔腾咆哮的黄河水，却有足够的能量截断济水，使其首留在济源、温县，身在黄河南，夺荥泽为源，再东流入海（淮）。这也圆了《禹贡》"导沇水，东流为济，入于河，溢为荥，东出于陶丘北，又东至于菏，又东北会于汶，又北东入于海"的说法。总而言之，是古人对"三伏三现""截河而南""清浊分明""溢而为泉"等现象最不科学的理解和臆说。

济水"三伏三现"虽是臆说，但古人直观所见的自然现象也是客观存在的。但凡从地理知识的角度去稍加分析这些自然现象，便可知其然，解其惑。

（一）"一伏一现"

古济水自王屋山顶的太乙池发源后，注入泰泽，渟而不流，东穿太行，潜行80里至济源北的东西二源复出，再东流130里至温县东南入于河。然而，济源地处太行山和王屋山山前盆地，充填有晚三叠世及早中侏罗世陆相陆源碎屑沉积物，断块以上以湖泊沉积为主，地下水埋藏较好。地下水的排泄形式之一就是点状式排泄（当地河瓦地就是很好的佐证），根据补给泉的含水层性质，可分为上升泉和下降泉两类，上升泉由承压含水层补给，泉水在水压作用下呈上升运动并向外排泄。上升泉在龙潭、济渎池两处喷涌而出，汇流成河，称为济河，至温县东南入于河。因此，就有了"一伏一现"之说。

（二）"二伏二现"

"入于河，溢为荥"。济水又自温县东南潜流地下穿越黄河以后，在荥阳以北复出，潴积为荥泽。胡渭曰："泰泽之水有上源，与盐泽相似，但至此渟而不流，人识其为潜行地下耳。荥泽则异于是，其水似井泉，自中而满，不可指一路为源。故吴幼清云无来处也"。可见，荥泽之水是没有上源而从地下涌出的。蒋作锦《济水考》："逾河百余里，轶出平地，汇为荥泽，渟而不流，溢非河溢，济源至此，自下涌上，无来源，无去流，若井满而溢，溢字属济不属河"，等等。然而，荥泽形成于史前，《禹贡》所讲"荥波既潴"，说的是黄河水沿古济水溢出后聚积为荥泽。在黄河截济之前是济水注入，以后是河溢注入。

根据地质资料分析，古代荥泽在郑州市西北部，北临黄河，西依嵩山，东南紧连黄淮平原，处于豫西山地与平原的交接地带，地势西南高、东北低。古时又有济水注入，索河从西南流入，枯河向东、贾鲁河向北补水，是以湖泊沉积为主完成的淤积过程，地下水蕴藏丰富，即使黄河水小不溢，荥泽地下水时机成熟时上升泉也可喷出地面，表现为以水流的形态流向下游，故有"二伏二现"之说。更何况荥泽之源大多是河溢所致。

（三）"三伏三现"

"东出于陶丘北，又东至于菏，又东北会于汶，又北东入于海"。济水从荥泽往东，又不现了，再到陶丘之北，又出来了，这是"三伏三现"。然而，陶丘至梁山一带是菏泽大野泽的衍生地，位于鲁南泰沂低山丘陵与黄淮平原交接地带，在地质构造上属华北地区鲁西南断块凹陷区，西南高、东北低，自西南向东北呈簸箕形逐渐降低。区内主要有松散岩类空隙含水岩组与碳酸岩类裂隙岩溶含水岩组两类型地下水。地下水极为丰富，地下水与地表水在大气降水变化的过程中能做到互补。有时地下水也以泉水的形式喷出，形成径流顺河而下流至大野泽。

因此有"明正德六年，定陶知县纪洪，于城西北掘出一泉，势极汹涌，急塞乃止"的记载，蒋作锦《济水考》："东潜四百余里，至陶丘北，奋涌地上，喷珠跳沫。东出云者，脉来自西，隐而再见东流四十余里，菏本为泽，济来经过，故曰至。又东经大野，北注东原，会汶于安民山南，北迳须句、须昌二城西，鱼山东，迤东迳历城、章邱，由乐安入海。自陶丘至海，见而不伏，过郡九，行一千八百四十里（《汉书·地理志》）"，故有"三伏三现"之说。

总而言之，济水自被河截以后，上源入河。荥泽即为南济上源，荥泽靠河溢，河不溢，荥泽只靠自身地下水上升泉喷出，时断时续，陶丘北（菏泽）也如荥泽一样，延续着济脉，断续入海。

由此可见，"三伏三现"是济水沿途在断流时出现的一种自然现象，被说成潜流地下行走几十里乃至几百里再复出，有悖自然科学。这种自然现象是古盆地、古湖泊地下水上升泉的一种表现形式而已，不是潜流。前述已断定济水是被黄河截断，上源济水入河，河水与济水溢而为荥，黄河与济水混流所含泥沙经过沿途荥泽、菏泽、巨野泽、梁山泊的沉积，水变成清水而入海，也成就了济水断流后，下游为大清河（北济故道）之名。故此，"截河而南""溢而为泉""三伏三现""清浊分明"等千古之谜，都是不科学的解释和臆说。

第三章 大汶河

　　一条与诸川和而不同、独辟蹊径、汩汩西流的大河，一条"百川环碧、抱鲁伏流"的大河，一条子在川上曰："逝者如斯夫，不舍昼夜"的大河，一条承载悠久历史文化的大河，"汶水汤汤，行人彭彭"。这就是大汶河，古称汶水，俗称汶河。

一、大汶河的发源与走向

　　大汶河发源于山东省济南市钢城区黄庄镇台子村东与沂源县交界分水岭处。东发鲁山、北汇泰山、南汇蒙山山脉诸水，自东向西流经钢城区、莱芜区、沂源县、章丘区、新泰市、泰山区、岱岳区、肥城市、宁阳县、平阴县、汶上县、东平县，经东平湖注入黄河，全长 231 公里，自然落差 374.4 米，河道比降 1.62‰，河底除个别河段为石底外均为沙底。流域东西长约 175 公里，南北宽约 58 公里，总面积 8 944 平方公里（源头和数字均采用 2011 年全国水利普查资料，与以往不同），马口以上面积为 8 536.5 平方公里。

　　大汶河流域地势东高西低，北高南低，东宽西窄。最高处泰山海拔 1 545 米（黄海高程），最低处东平湖入湖口 37.6 米（大沽高程），大部分高程在 100~300 米，约占 70%。大汶河属季节性河流，流域内多年平均降雨量 716.3 毫米，年平均径流量 18.83 亿立方米，每立方米含沙量 0.53~3.12 公斤❶。

　　大汶口以上呈扇形，北、东、南三面环山，成环抱之势。中部以徂徕、莲花山为界，分南北两支，北支牟汶河，南支柴汶河。大汶口以下，除北部泰肥山丘外，绝大部分为平原，北落星以下南岸，地势向南低下，与洸河、泉河平原相接。北岸低洼地带多分布在漕浊河、汇河沿岸。马口以上山区面积 3 152 平方公里，占马口以上面积的 36.9%；丘陵面积 2 701.5 平方公里，占马口以上面积的 31.7%；平原洼地 2 683 平方公里，占马口以上面积的 31.4%。

---

❶ 公斤=1 千克，全书同。

上游自主源至大汶口，河长约 119 公里，自然落差 152 米，河底比降 1.4‰。大汶河上游源流众多，素有"五汶"（牟汶、瀛汶、石汶、泮汶、柴汶）之称，流域呈扇形，面积 5 655 平方公里，占流域面积的 63.23%，是大汶河的主要集水区。

大汶河上游河道

中游自大汶口至戴村坝，河长约 60 公里，基本属平原河道，其流域呈方形，面积 1 170 平方公里，约占流域面积的 13.08%。北岸自东平县接山乡郈城村南入东平境至戴村坝，长 11.23 公里，为东平所辖；南岸自琵琶山入汶上境至小汶河拦河坝长 15.318 公里，为汶上所辖。

下游戴村坝以下至入黄口（庞口）为大汶河下游，又称大清河，长 52 公里（数据采用 2011 年全国水利普查资料），流域面积 2 119 平方公里，约占流域面积的 23.69%。一般称至马口约 29 公里为大清河，流域面积 1 712 平方公里。此段为平原河道，自东向西较为顺直，两岸堤距一般 500~1 260 米，防洪标准为防御戴村坝站洪水流量 7 000 立方米每秒，约 20 年一遇。

大汶河下游——大清河鸟瞰图

二、大汶河的形成与变迁

千万年来，大汶河以其磅礴的气势、刚毅的气魄，亘行于齐鲁大地，汇鲁、泰、蒙山诸水，东源西流，通过东平湖汇入黄河，一同浩荡入海。大汶河像一幅墨联万载的动人画卷，绘就了生命的力量；也像一本文承千秋的史书，书写着大汶河的过去与现在。

汶水之名，最早见于《禹贡·尚书》："导沇水，东流为济，入于河，溢为荥，东出于陶丘北，又东至于菏，又东北会于汶，又北东入于海"。是说大禹治水时，济、汶在东原汇流后入海，汶水是济水的一条支流。济水源于荒古，汶水也应该是同期共生。

从新石器时代的大汶口文化看，距今 6 500～4 500 年的历史，当时人类生活于汶水两岸，渔猎捕食，农耕桑植，繁衍生息，创造着人类悠久的历史文化。

大汶河的形成应该与泰山及鲁中山脉的形成有关，远古时代泰山、鲁山是海中的岛屿，在距今 1 亿年的中生代后期，受燕山运动和距今 7 000 万年的新生代喜马拉雅运动的影响，山脉继续大幅度抬升，至今 3 000 万年的新生代中期，山体基本形成。山泉瀑布，大气降雨，自然而然就形成了溪川河流。汶水应运而生，具体年代无可考究，但与古济水同流入海有史可见。

大汶河河道变迁有其自身因素，更是黄河决溢改道所致。从入济、入清以致入黄口变迁的趋势看，是沿古济水由西南逐渐向东北偏移。《水经注》载："济水……东注入巨野泽，又东北经梁山东，又东北至寿张县西界，安民亭南（今小安山南何官屯村附近），汶水从东北来注之"。可见，汶水在历史上是济水的一大支流。由于黄河的不断决溢改道和大野泽、梁山泊、东平湖的变迁以及人们开发治理的影响，大汶河河道也不断发生变化。

春秋至北魏时期，汶水入东平境后，经郕城西南、桃乡城西（今戴村坝址）、过无盐城（今东平县无盐村）南，西南经寿张城（今东平县新湖区霍庄）北、安民亭南（今小安山南何官屯村附近）入济水。北宋时期，梁山泊以北的济水（北清河）与汶水合流，又名大清河，汶水成为大清河的支流。宋咸平以后，黄河多次溃决。东平城南二汶入济河道淤塞，一绕东平城东，夺漆沟下游北流；一绕城南相会于马家口，全流至清河门入大清河。以上情况说明，汶水末端是由小安山何官屯向北逐渐偏移30多公里至清河门。

蒋作锦《东原考古录》记载："东平四汶分流之区。左二汶，西南入茂都淀（今南旺湖）。右二汶，西至安民亭南，入于济"；"至宋咸平三年，汶被河淤，禹迹渐湮……汶乃环绕城右，北夺漆沟下游入济"。汶由安民山南入济，历经2 000余年，至宋咸平以后，河道屡变，济水上游湮灭后，济流分二，称北清河和南清河（南清河会泗入淮），北清河会汶后又称大清河。济水断绝，大清河所属惟汶水，汶水下游故沿称大清河。

总之，汶水自桃乡四分，左二汶又西合为一水入茂都淀（南旺湖），右二汶西至安民山南入济水，左右汶为龙拱河，西经后亭北，又西至寿张故城（今东平新湖乡霍庄）入州城西南蒋家洼；而右右汶（今小清河）西经无盐故城（龙山前）又西经洽乡（今州城）至寿张故城北王家洼，二右汶合流在安民亭南入济。宋咸平三年（1000）河决郓州（须昌城），汶河被淤，城南（州城）二汶环绕城右，北夺漆沟下游至清河门，与北清河汇流。

1855年黄河夺大清河入海后，大汶河渐成目前形势。1958年修建东平湖水库后，加之1959年小汶河（左二汶合一入茂都淀）堵塞，全部汶水漫戴村坝进入东平湖，然后通过陈山口、清河门出湖闸，再经庞口防倒灌闸汇入黄河，汶水末端又向北偏移约5.5公里与黄河汇流入海。

三、大汶河的历史地位与作用

大汶河流域古时属兖、青、徐州之地，春秋战国时流经齐、鲁之域，该流域是中华文明重要的发祥地之一，在促进人类文明进步上具有重要的历史地位和推动作用。

（一）大汶河是一条承载历史的文化之河

汶水以其独特的性格，百折不挠，汩汩西流，进入东平湖地区汇入济水，然后折东北入渤海。据考证，7 000 多年以前，原始人类已经生息繁衍在汶水两岸了。这条古川以独特的地理优势秉承较早的东夷文化，孕育和发展了大汶口文化和东原文化，实质上大汶口文化可以称之为"汶水文化"。在距今约 6 500 年前，东夷祖先因水而生，傍水而居，渔猎生计，农耕桑植，用坚硬的岩石磨制石刀、石斧，从事农耕生产；用潮湿的泥土烧制陶器，用作生活器具；用锋利的骨针勾画，创造了最早的象形文字；用勤劳和睿智孕育了灿烂的大汶口文化。

历史上大汶河两岸古国林立，见诸记载的就有牟国、嬴国、杞国、铸国、遂国、肥子国、郕国、鄣国、宿国、厥国、须句国等，多为周分天下的诸侯国。由此推断，大汶河流域历史悠久，文化深厚，可见一斑。

（二）大汶河是一条地域分界标志之河

自然界里每条水系大凡都是典型的地理地域标志，不同的流域其自然环境存在较大差异，这是自然地理条件所决定的。大汶河流域处在济水流域的最下游，发源于鲁中山区，地貌起伏较大，在古济水流域地理标识中占据明显的地位。据《周礼·考工记》记载："橘逾淮而北为枳，鹳鹆不逾济，貉逾汶则死"。前一句是说春秋战国时齐国"晏子使楚"而广为流传的历史故事，说人到不同的地方，其习性也会随地情而改变；第二、三句是说动物却相反，鹳鹆和貉这两种动物，如果越过济水和汶水到别处去，就会因不适应生活环境而死亡。可知，汶水和济、淮二水一样，自古就是动、植物存有的天然地理分布界限，现在大汶河下游左岸堤防就是黄河与淮河流域分界线，可以说，汶水就是一条地理地域标志之河。

（三）大汶河是一条繁荣经济动力之河

《从征记》曰："汶水出县西南流，自入莱芜谷，水隍多行石涧中，出药草。……，言是昔人居山之处，薪爨烟墨犹存。……，又有少许山田，引灌之踪尚存"。说明汶水上游山谷深处生产药草，从前人居山之处，人间烟火犹存，少数山田可以浇灌，粮食颇丰。

大汶口为古渡口，南北交通关口。《诗经》中："汶水汤汤，行人彭彭。鲁道有荡，齐子翱翔"，描绘出鲁国之地，受惠于大汶河的滋养，已是物阜民熙。"齐子"指的是鲁桓公夫人文姜，自鲁返齐，必经古渡。大汶口是上游牟汶河和柴汶河交汇处，水流自然丰富，靠摆渡船渡人确实不太方便。为了两岸交通，到了明隆庆年间（1567—1572）修建了一座 65 孔的明石桥。桥由 360 块大型花岗岩石板组成，整个石桥由数百个巨大的铁锯固定着，以防水大把桥冲垮，到现在运行400多年安然无恙，对促进大汶河两岸物质文化交流发挥了巨大作用。中华人民共和国成立后相继修建了104国道老桥、新桥、高速公路、铁路、高铁大汶河特大桥，更是天堑变多途，同过大汶口处桥就有6座，实属罕见，大汶口两岸交通畅通无阻，车水马龙。

大汶口明石桥

大汶口高速公路、铁路、高铁交通桥

汉代在大汶口置矩平县治，自清代设镇已有400余年。大汶口以西的汶阳县泛指泰山西南一带，因在汶北故名。西汉置县，治在宁阳东北，北魏移治泗水北，隋开皇初废；又将曲阜、博平两县改为汶阳县。此处古有"汶阳田"之称，土地肥沃，水源充沛，亦可引汶灌溉，农作物旱涝保收。当时大汶口人生活优渥，春秋战国时"齐鲁必争汶阳田"的历史故事相传至今，也印证了古代大汶河两岸经济繁荣、富饶无比。

汶水下游东平（州城）有右二汶，济绝为北清河时汶水环城而过，沟通了与外界的水上交通，州城一度成为元时"北翊燕赵，南控江淮"的大都市，13世纪意大利旅行家马可波罗对东平州城赞叹不已，称是一个了不起的大都市。

水是生命之源，孕育着人的生命，滋养着经济的繁荣，古代因汶水而兴的沿大汶河重要城镇还有古须句、须昌、宿城、无盐、障城，以及左二汶下游的平陆、汶上南旺（古厥国、中都邑）等。可见，自古以来汶水为沿河城镇经济发展注入了活力。

（四）大汶河是一条自然环境优美之河

悠悠汶水，千年流淌，河边湿地，水草丰茂，鸟语花香，水岸山映，环境优美。清代姚鼐《登泰山记》："泰山之阳，汶水西流，望晚日照城郭，汶水、徂徕如画，而半山居雾若带然"中，对汶水环山缠绕、如诗如梦的环境诗赞如画。现如今经国家投入大量资金对大汶河流域进行综合整治，拦蓄调蓄，水流不断，湿地明显增多，白鹭、豆雁等候鸟翱翔蹁跹，已呈现出水岸天空赏心悦目的风景。这种美景古代就曾在宁阳县鹤山镇大汶河水域出现过，当地至今流传着一段"鹤鸣"的美丽佳话。相传西周时鹤山为古遂国故地，汶水缓缓西流，河中浮出大小不一的九块高地，仙鹤成群结队来高地栖息。万里晴空阳光普照时，仙鹤便展翅腾空飞翔，伴随而来的是响彻天空的鹤鸣之声。《诗经·小雅·鹤鸣》记载："鹤鸣于九皋，声闻于天"，描写的就是这块充满神秘色彩和灵气的地方。汶水绕山带来的景象，应验了"山无水不秀，水无山不灵"的美妙哲理。汶水沿途伴山无数，山水相映，水岸绿树成荫，繁花季节，香飘四溢，加之汶口坝、砖舍坝、堽城坝、戴村坝以及东平湖水工程拦蓄水的衬托，大汶河着实是一条自然环境优美之河。

大汶河鹤山段"九皋"美景

（五）大汶河是一条利漕利民的功勋之河

《禹贡》："海岱惟青州。……。浮于汶，达于济"，是指夏朝时青州贡船通过汶水、济水转至黄河抵达夏都（冀州），被誉为"贡道"。唐以前，汶水可以行船。明清时期两岸古渡口就有6处，从渡口坐船可直达大运河。以后，河水渐少，无法行舟。但在河水暴涨时，渡口仍有划船渡客者。据《泰安县志》载：汶河沿岸有四处义渡，一处在泰安的杜家庄，一处在大汶口，一处在肥城县与宁阳县交界处的三娘娘庙，还有一处在肥城县的夏晖村。附近百姓自愿捐款，买船、雇水夫免费渡客。

元至元十九年（1282）开济州河，至元二十六年（1289）开会通河，筑堽城坝引汶入洸，会泗于济宁分流济运。明永乐九年（1411）重开会通河，筑戴村坝引汶入南旺分流济运。明清时期汶水济漕240多年，利赖甚溥。

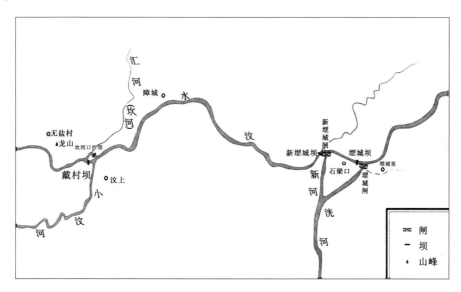

元明时期堽城坝和戴村坝工程位置示意图

历史上汶水不但利漕，还曾有两次对军事上的贡献。《晋书·荀羡传》载："东晋永和十二年（356），燕将慕容兰以数万众屯汴城，甚为边害。羡自洸水引汶，通渠，至于东阿，以征之，临阵斩兰"。元宪宗七年（1257），时南宋尚未被灭，济倅奉毕辅国请于严东平（元时东平路行军万户严实）批准，在宁阳东北刚县故城西北汶河南岸筑一斗门，遏汶水南流，走原洸河故道合泗水，"以饷宿薪戍边之众"。此次引汶，为建堽城坝引汶济运奠定了基础。

第四章　大运河

　　大运河，亦称运河，俗称运粮河，统称京杭大运河。它是一条历史悠久、人工开挖较早的河流，也是一条承载历史文化之河，更是一条对历朝历代政治、经济、军事和社会发展起重要作用之河。千百年来，生生不息，秉承历史责任，焕发着水无穷无尽的力量源泉。

一、大运河的形成与走向

　　中国大运河是世界上开凿时间最早、流程最长的人工运河，是隋唐大运河、京杭大运河和浙东运河的总称，全长 2 700 公里。大运河自开凿至今，经历了 2 500 余年的历史。运河路线随着历代京都的迁移和黄河的改道，几经变迁成为京杭大运河。京杭大运河北起北京，南至杭州，经天津、河北、山东、江苏、浙江等省（市），贯通海河、黄河、淮河、长江、钱塘江五大水系，全长 1 794 公里。

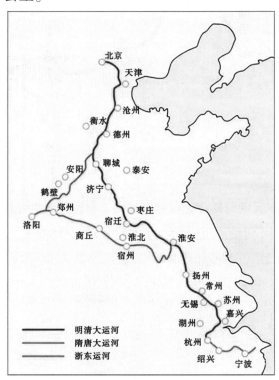

京杭大运河位置简图

1855年黄河夺大清河入海后，大运河由于多处河段受黄泛淤塞，不能通航。中华人民共和国成立后，由于国家现代海、陆、空交通事业的高速发展，运河作用有所降低。北京至济宁运河由于黄河阻隔基本停用，有的利用原运河灌溉农田和进行沿岸旅游项目的开发。济宁以南仍发挥着水上运输的重要作用。进入21世纪，由于南水北调东线的开通，东平湖至济宁段运河已恢复通航，梁山县铁水联运已于2021年4月正式运营，随着东平湖老湖区港区的建设和运营，打开了梁山、东平湖通江达海、连接全国、通向世界的对外开放新通道，为运河沿岸城市经济发展注入新动力。目前，黄河以北大运河通航正在研究，尚未开通。

大运河的形成比较早，大致在春秋末期。初次开凿运河位于浙江绍兴境内的山阴古水道。当时统治长江下游一带的吴国末代君主夫差，在攻克了楚国和越国之后，为了北伐齐国，争夺中原霸主地位，利用长江三角洲的天然河湖港汊，疏通了由今苏州经无锡至常州北入长江到扬州的"古故水道"，并开凿邗沟（自扬州到江水，东北通过射阳湖，再向西北至淮安入淮河），全长170公里，成为最早的一段运河。

在公元7世纪初，隋炀帝统治国家后，由长安迁都洛阳。为了控制江南广大地区，使长江以南地区的丰富物资运往洛阳以及管控需要，开通从长安至潼关东通黄河的广通渠，开通从洛阳沟通黄、淮两大水系的通济渠，开通北起淮水南岸（今江苏淮安市淮安区）径直向南到江北的江都（今扬州市），西南接长江的山阳渎，以及开通在黄河以北从洛阳对岸的沁河口向北直通今北京的永济渠。

隋以后，大运河是中国东部沟通内河、联系海港的南北水运交通干线，而且还兼有灌溉、防洪、排涝之利，对历代的政治、经济、军事和社会发展发挥了重要作用。

元定都北京后，为了使运河南北相连，不再绕道洛阳，花了10年时间，先后开挖了"济州河"和"会通河"，把天津至江苏清江之间的天然河道和湖泊连接起来，清江以南接邗沟和江南运河，直达杭州。而北京与天津之间，原有运河已废，1293年又新修"通惠河"。这样，经改道顺直开通的京杭大运河比绕道洛阳的隋唐大运河缩短了900多公里。

二、大运河的历史地位与作用

大运河是国之命脉，是运输之河、文化之河、动力之河、功勋之河。在

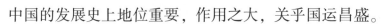

中国的发展史上地位重要，作用之大，关乎国运昌盛。

（一）大运河是一条关乎国家命脉的动脉之河

我国水上运输事业发展比较早，其地位非常重要，作用之大，成本之廉，远甚于陆运。远在夏时期，青、兖、徐三州向夏都（冀州）运送贡物就靠济、泗水运；战国时期（前483）吴王夫差为率水师攻打晋国，在鱼台和定陶之间开挖山东第一条人工运河（菏水），沟通了济、泗通道；隋时每年通过此道运送粮食达60万吨；唐宋两代利用汴水通淮，沟通南北运输；元开挖济州河、会通河后，即"命三省造船两千艘于济州河运粮"；明永乐九年（1411），征调山东民夫16.5万人重浚会通河；清代200多年，康、乾两代皇帝数次南巡，东南各省的漕粮运输和南北货物的贸易交流，主要靠大运河这条水上交通线，使这条黄金贡道达到最辉煌时期，皇朝状况堪称"康乾盛世"。大运河对巩固我国历代封建王朝的政治和经济基础，保证南粮北运起到了"输血管"的重要作用。历史上大运河充当漕运通道历时1 200多年（从第二次完全开通算起）。清代中叶后，山东北运河淤塞。清道光五年（1825）江南粮米便改由海运至天津，再转至北京。1855年黄河夺大清河入海，山东南运河漕运受阻，1911年津浦铁路（天津北站到南京浦口）通车，大运河北段就逐渐荒废。直到21世纪后，随着南水北调东线的开通，已于2021年3月实现了济宁北至黄河南梁山、东平湖的通航。有关部门正在研究如何跨越黄河，实现运河航运直达北京的问题。

（二）大运河是一条繁荣两岸经济的动力之河

大运河的畅通，带来了沿岸经济的繁荣，吸引了全国各地商贾来运河沿岸城市开设商号和举办手工作坊，给沿岸城市注入了经济活力。就山东枣庄、济宁、聊城、临清、德州而言，因大运河就出现"百物聚处，商贾往来，南北通衢，不分昼夜"的繁荣景象，济宁曾有"江北小苏州"和"运河之都"之称。

明代，东平湖内的大安山村由于处在运河闸口处，也成为远近闻名的东平八大景之一——"会河帆景"，指的就是当时"商旅云集，店铺遍布，运道上下，白天舳舻蔽水、帆樯林立，夜晚桅灯高悬、渔火满天"的繁荣景象，大安山也因此成为千户大镇。明兵部尚书谢肇淛，负责治河事宜，曾数次来东平州勘察河务，有《舟滞安山》诗一首："百丈方舟一线泉，待风待闸两留连；客程莫笑蹉跎甚，拙官何如上水船"，描写的是东平安山水运繁忙与船只滞留的现象。在明清时期运河稳定畅通了四五百年，至明崇祯元年

大运河中的运输船队

（1628）漕运鼎盛至极，往来船只达到 12 000 艘，最高年份运量达到 518.97 万石。

清咸丰五年（1855）黄河在铜瓦厢决口，于张秋冲断运道东夺大清河入海，京杭运河山东段从此南北断航。民国时期，济宁至东平湖段大运河基本湮废，不少河段已淤积成平地，辟为农田建立村落。1958 年东平湖水库建设，1959 年开挖梁济运河，济宁至梁山只能季节性通行小吨位的木帆船，后由于水源不足，船民流散于江浙皖一带谋生。

进入 21 世纪后，结合南水北调东线的开通，济宁至东平湖段航道已经开通，随着梁山港和东平港的建设运行，东平湖至济宁段运河将恢复往日的繁荣。

（三）大运河是一条成就京都辉煌的贡献之河

大运河是中国古代劳动人民的一项伟大的水利工程建筑，自古就是中国南北交通的大动脉，因此才有"半天下之财富，悉有此路而进"的巨大作用。

元代定都北京后，粮食、丝绸、茶叶、水果等生活必需品，大部分都是依赖大运河从南方运输。而到了明代，建设北京城的砖石木料，亦是通过大运河运抵京城，于是民间老百姓就形象地说北京城是随水漂来的城市。明代永乐皇帝定都北京，要营建"史上最伟大"的宫城——紫禁城。当时营建紫禁城所需砖石木料只靠北京本地的供给是远远不够的，大量的砖石木料需要从南方运往京城。这些砖石木料体量巨大，如果走陆路费时费力，唯有水运最为快捷省力。因此，大运河成就了北京城的辉煌。

三、大运河的历史变迁

大运河自开凿至今，经历了2 500余年的历史，其路线随着历代京都的迁址和黄河的改道影响曾几经变迁。

大运河始凿于春秋末期，公元前486年，吴王夫差为了争霸中原，疏通了由今苏州北入长江到扬州的"古故水道"，并开凿邗沟。后来，秦、汉、魏、晋和南北朝继续施工延伸河道。公元587年，隋为兴兵伐陈，从今淮安到扬州，开山阳渎，后又整治取直，中间不再绕道射阳湖。隋炀帝即位后，都城由长安迁至洛阳，经济主要依赖江淮，开渠通漕乃是国之大事。因此，在公元605年下令开通济渠。工程西段自今洛阳西郊引谷、洛二水入黄河；工程东段自荥阳县汜水镇东北引黄河水，循汴水（原淮河支流）经商丘、宿县、泗县入淮，通济渠又名汴渠，是漕运的干道。隋炀帝大业四年（608）又开永济渠，引黄河支流沁水入今卫河至天津，继溯永定河通今北京。隋炀帝大业六年（610）继开江南运河，由今镇江引江水经无锡、苏州、嘉兴至杭州通钱塘江。至此，建成以洛阳为中心，由永济渠、通济渠、山阳渎和江南运河连接而成，南通杭州，北通北京，全长2 700余公里的京杭大运河。

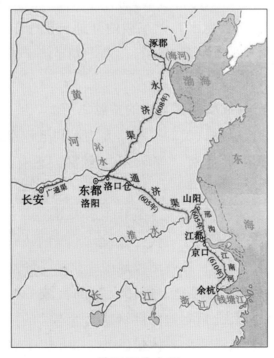

隋运河分布图

唐、宋两代对大运河继续进行疏浚治理。唐时浚河培堤筑岸，以利漕运纤挽。将自晋以来在运河上兴建的通航堰埭，相继改建为既能调节运河通航水深，又能使漕船往返通过的单插板门船闸。宋代时将运河土岸改建为石驳岸纤道，并改单插板门船闸为有上下闸门的复式插板门船闸（现代船闸的雏形），使船舶能安全过闸，运河的通过能力也得到了提高。北宋元丰二年（1079）为解决汴河（通济渠）引黄河水所引起的淤积问题，进行了清汴工程，开渠 50 里，直接引伊洛河水入汴河，不再与黄河相连。这一工程兼有引水、蓄水、排泄与治理等多方面的作用。在运输组织方面，唐、宋都专设有转运使和发运使，统管全国运河和漕运。随着运河通航条件的改善和运输管理的加强，运河每年的漕运量由唐初的 20 万石，逐渐增大到 400 万石，最高达 700 万石（约合今 11.62 亿公斤）。由于航运的发展和商业的繁荣，运河沿岸逐渐形成商业名城苏州和杭州、造船工业基地镇江和无锡、对外贸易港口扬州等重要城市。

　　元建都北京初期，漕运路线是由江淮溯黄河向西北至封丘县中砾镇转陆运 180 里至新乡入卫河，水运经天津至今通县，再陆运至北京。这条运输路线不仅绕道过远，且要水陆联运，颇费周折。

　　元至元十九年（1282）动工开挖济州河，长 150 里，从堽城坝引汶入洸、泗水为源至今济宁南北分流，向北接济水（后来的大清河）。济州河开通后，漕船可由江淮溯黄河、泗水和济州河直达安山。然后，一是下济水入海向北至天津；二是由东阿（东平北）向北陆运 200 里至临清入今卫河达北京。为避旱路雨天车运困难和出海风险，又于 1289 年自济州河向北经寿张、聊城至临清开会通河，长 250 里，接通卫河。1291—1293 年从通县到北京开挖通惠河，长 164 里。从此，漕船可全部水运直达北京城内的积水潭。至此，京杭大运河的路线走向基本形成。

　　明、清两代均建都北京，明代对大运河进行了扩建，整通惠河恢复通航。明永乐九年（1411）扩建改造会通河，由戴村坝引汶水入南旺湖，利用南旺水脊有利地形，修建分水枢纽，南北分水，解决了会通河水源问题。明代先后在 1528—1567 年和 1595—1605 年，自今山东济宁南阳镇以南的南四湖东相继开河 440 里，使经沛县、徐州入黄河的原泗水运河路线（今南四湖西线），改道为经夏镇、韩庄、台儿庄到邳县入黄河的今南四湖东线，即韩庄运河线。此外，为保障运河通航安全，还修建了洪泽湖大堤和高邮湖一带的运河西堤，并在东堤建闸调节运河水位。清代于 1681—1688 年在黄河东侧，约由今骆马湖以北至淮阴开中河、皂河近 200 里，北接韩庄运河，南接今里运河，从而使运河路线完全与黄河河道分开。

1855 年黄河在河南省兰考县铜瓦厢决口北徙夺大清河入海，大运河全线南北断航。中华人民共和国成立后，分别于 1953 年和 1957 年兴建江阴船闸和杨柳青、宿迁千吨级船闸，开始了对古老大运河的部分恢复和扩建工作。1959 年以后，重点扩建了徐州至长江段 400 余公里的运河河段。进入 21 世纪，运河济宁以北河段，结合南水北调东线工程南四湖至东平湖段的开通，修建了长沟、邓楼、八里湾提水泵站和船闸，开挖疏通了梁济运河以及东平湖内柳长河。目前，济宁段至东平湖、梁山可以满足通航要求；自 2021 年 4 月起，梁山港开始营运，铁（瓦日铁路）水（梁济运河）联运直达济宁，即可通江达海走向世界。

铁水联运梁山港

四、大运河东平湖段变迁

京杭大运河在东平湖地区的变迁，走过了由元开挖济州河与新开会通河的连接、明又重开会通河、中华人民共和国成立后新开梁济运河的历程。大运河在东平湖地区的变迁，主要是黄河决溢淤积所致。自元开济州河，又开会通河，济州河与会通河在安民山（今小安山）连接后总称会通河，使山东运河全部贯通。明洪武年间河决河南原武黑羊山，洪水冲毁寿张（今寿张集镇）县城，安山湖及该段会通河尽淤。明永乐九年重开会通河，将元会通河在袁口以北距寿张东徙 30 里开新河，沿称会通河，并设置四大水柜，保持了漕运的稳定。至清乃至民国期间该段运河只是河道淤阻，走向没有变化。1855年黄河由兰考铜瓦厢决口，在张秋冲断运河，造成安山湖与运河皆淤。为避黄保运，建十里堡穿黄船闸，修筑安山湖及修建节制闸以保漕运。由于运河与黄河连通，时常淤积，航道梗阻繁乱，几经在东平湖北部运河与黄河交汇处寻找运路，但都未能长久。1958年修建东平湖水库，明会通河遂废，另开梁济运河至今。

（一）元代运河

元至元十九年（1282）最初开挖济州河经过东平湖，南自济宁开渠，北经开河、袁口，西北经原须城（须昌城）安民山（今梁山小安山）西南，长150里。此段运河的开通，大大缩短了北京至杭州的距离，通过这段河道在安民山顺黄流入大清河（古济水）出海至天津转运北京，也可在东阿陆运200里至临清入卫河至北京。两条线路都有弊端，海运绕远且风险过高，陆运阴雨天运输艰难，颇费周折。元至元二十六年（1289）春，黄河沙湾（原属寿张，今属台前）流绝，朝廷采纳寿张县尹韩仲晖的建议，复由安民山西南开会通河，经寿张城（今梁山寿张集）东，又西北经沙湾以达张秋，再经聊城至临清接御河长250里，并建安民山和开河两闸，以济漕运。济州河、会通河在安民山西南首尾相接，贯通了北京直达杭州的京杭大运河。这条河的开挖是由著名水利专家马之贞主持，主要解决沿宋代运河水陆联运的困难。此段水源靠堽城坝遏汶水入洸会泗至济宁南北分流，以济漕运。这段新凿的运道，初名安山渠。后来，因为它是条"前所未有"的"通江淮之运"的水道，南粮可以直达京郊，元帝忽必烈十分高兴，正式赐名为"会通河"。元至正四年（1344）五月和六月，黄河暴溢，水势漫安民山，入会通河，泛滥长达7年之久，危害甚大。

（二）明代运河

明洪武元年（1368）黄河决口，洪水冲开寿张城（今梁山寿张集），城圮于水，城西冲出一条河流，后称沁河，对会通河造成巨大影响。明洪武二十四年（1391）"河决原武黑羊山……漫东平之安山，元会通河皆淤"。

明永乐九年（1411）兵部尚书宋礼主持重疏会通河，"将袁口以北运道东徙（西距魏寿张县城，今寿张集镇）30里另开新河，自袁口以北，经靳口、王仲口、安山（大安山）镇、戴庙、十里堡、沙湾至张秋接旧河"，自济宁至临清385里（袁口至张秋120余里），并筑建安山围堤。此段运河水源因南旺受黄淤高，引汶入洸至济宁分水难以北上，故建戴村坝遏汶水，经

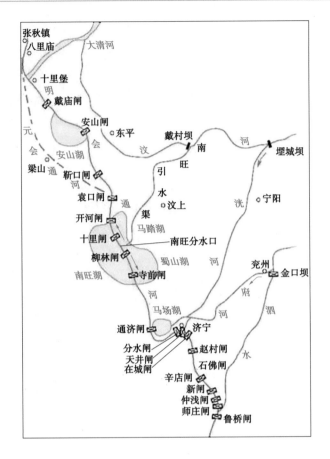

元明运道示意图

小汶河至南旺南北分流，六分北至临清，四分南达徐邳，以济漕运。也就是人们常说的"七分朝天子，三分下江南"。于明成化十二年（1476）移建安山（大安山）闸，明正德元年（1506）建袁口闸，明嘉靖四年（1525）建靳口闸，明嘉靖十九年（1540）建戴庙闸，明万历十六年（1588）筑安山湖，周长1 300丈，建八里湾闸，以解决南旺至张秋一段运河水位的调节。

（三）清代运河

清代运河沿袭明时运道，在湖区一线未有大的变动。至咸丰初铜瓦厢河决，运道在湖区北段张秋附近冲断后，开始造成境内的航道梗阻繁乱。据《清史·河渠志》载：清咸丰五年"铜瓦厢河决，穿运而东，堤堰冲溃"；清同治八年（1869）"河决兰阳，漫水下注，运河堤线残缺更甚"；清同治十年（1871）"黄水穿运处，渐徙而南，自安山至八里庙（原属寿张，今属台前）55里运堤，尽被黄水冲坏，而十里堡（原属寿张，今属东平）、姜家庄及导人桥（原属寿张，今属台前）均极淤浅"。至清同治十二年（1873），大学士李鸿章奏称："同治初年，大溜全趋张秋尚能灌运，嗣溜势南滚，运堤节节穿断，漕船绕坡河至八里庙，而黄水不能入运，不得已引沟塍雨水，逐段倒塘灌放，艰险已极"。此后，运道日益变坏。清光绪元年（1875）运黄交汇处八里庙、张秋等处全淤，又在北岸陶城铺开新河 12 里，接十里堡旧河，引黄水接阿城闸，行运北上。从此，湖北运道自安山镇以北已无正规河槽可循。当时，漕船由十里堡出闸（清光绪三年，也就是 1877 年，在十里堡北黄河右岸修建十里堡船闸）渡黄，或由大安山绕盐河到八里庙入运道。清光绪十五年（1889）南岸亦淤，迫使漕船由大安山或三里铺绕盐河出东阿县庞家口入黄河，以达陶城铺新开河。清光绪二十一年（1895）又"浚陶城铺至临清河二百余里"，均因水源不足，难以行舟。清光绪二十四年（1898）有奏请停江北运河者，"皆不许，仍认真疏浚，照常起运"。直至清光绪二十七年（1901）始诏"各省漕粮全改折色"。翌年，河运遂停，湖区运道逐渐失修。民国期间，沿运河南来船只，仍可由大安山西入新坡河经马庄、窦庄，北出清河门入黄河。1951 年，东平湖辟为黄河自然蓄滞洪区，部分老运河堤经加修后作为防洪第一道防线，旧运道尚常通民用船只。1958 年改建东平湖水库，大运河西移水库围坝外，改辟新道称梁济运河，东平湖区明清旧运道遂废。

（四）梁济运河

梁济运河是京杭大运河梁山至济宁的一段。1958 年改建东平湖水库，将张坝口以北之老运河截入库区内。至此，梁山至济宁段老运河完全失去航运作用而灭废。为开辟水运、减轻排水自然流势和排湖区渗水，需要另辟排水出路，于 1959 年冬至 1960 年春在水库围坝西侧开一新河（亦称湖西排渗沟）。经 1963 年及 1968 年疏浚治理后，改称梁济运河。北起梁山境内国那里穿黄船闸至济宁市南李集村西南入南阳湖，全长 87.75 公里，控制流域面积 3 306 平方公里。梁山境内自国那里至东马村出境，长 48 公里，控制流域面积 985 平方公里，为梁山境内大型排涝河道，此河道不能通航。进入 21 世纪，结合南水北调东线南四湖至东平湖段治理，再经过东平湖内柳长河的改道疏挖治理，开通了济宁至东平湖的航运通道，到 2021 年 3 月，梁山铁水联运项目及东平湖老湖航道已正式通航。

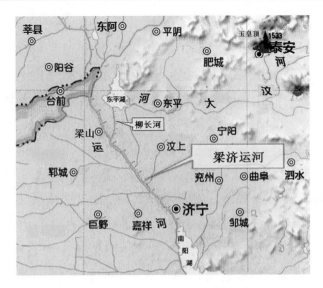

东平湖与济宁航运线路示意图

第五章 东平湖周边水系

东平湖地处山东省西南部，自古就是古济水、汶水、黄河、运河交汇洼地，河流纵横交错，周边水系较多，除上述主要水系外，还有大清河、柳长河、宋金河、小清河、安流渠、龙拱河等。1958 年将东平湖改建为平原水库后，打乱了自然水系，有的被截断而废弃，有的改变了流向，发生了较大的变迁。

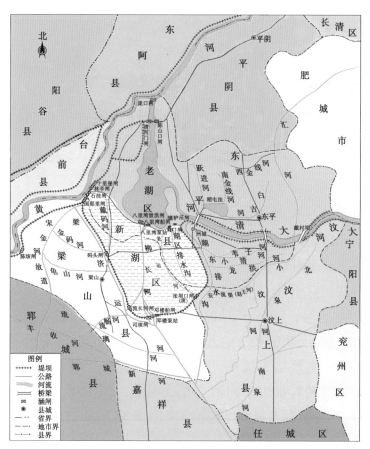

东平湖地区水系示意图

一、大清河

大清河，又名北沙河，因自古运盐船只经常来往于该河道，又俗称"盐河"。河道自东平县戴村坝以下，向西经南城子、龙堌、后亭、流泽、大牛村、马庄、武家漫、单楼、马口至解河口入东平湖，河长 30 公里，两岸堤距 500~1 260 米，主河槽宽 400~500 米，河道比降 1：13 000，河道河床尚流泽桥以上北高南低，全河上宽下窄，为宽浅型、流势相对较稳定的半山区河流。1958 年东平湖水库建成后，马口至王古店段约 10 公里在老湖内，自王古店至入黄口（庞口）约 13 公里称出湖河道。1855 年黄河夺大清河入海后，戴村坝至入黄口现统称大清河。

大清河美景

大清河的名称是由济水故道北济（北清河）演变而来的。济水源远流长，自在巨野泽以上断流后，巨野泽由于濮水进入而起到中继站的作用，使济水下游河道水流不断，到东平湖地区水比较清，有"水清莫如济"之说，故古济水亦名清河。济水原在郓城南分流南北。南济为南清河，会泗淮入海，元明时称南运河，清咸丰时称牛头河。北济称北清河，即禹济会汶故道，因汶、济合流，经清河门向北至庞口，偏东北至济南后寻漯河故道入海，名称大清河，名属济不属汶。以后济水既绝，大清河所受惟汶水，仍沿称大清河。大汶河戴村坝以下向西至东平城北一段河道，习惯上也称之为大清河。2012 年全国水利普查时将戴村坝以下至入黄口段统称大汶河下游，同时亦称大清河。

二、小清河

小清河，又名南沙河，是大清河的分洪故道，即古右右汶。据蒋作锦《东原考古录》："城南古汶河，亦缘大清河，别称小清河矣"。原河道由东平县彭集街道龙崮村东分大清河一支，西南流经岔河门南、彭集东、尹村北，西绕王圈南，又西经沙河崖、陈柳林、索桃园、南桥、陈堤，绕州城西北经解河口至马口入大清河，长约 30 公里，河床宽平均约 100 米。小清河主要承担分洪作用，当汛期的洪水来临时可分泄大清河水约 15%，后来因马口处淤积加高，枯水时经常断流，洪水时又因河道弯曲，水流不畅，加之两岸堤防单薄，经常决口成灾。1946 年冬经当时的东平县政府报请上级主管部门批准，分别在龙崮进水口和马口出水口筑坝截堵，河道废除，后大部分河道整治成良田。

三、龙拱河

龙拱河在小清河以南，即古右左汶故道，自"后亭北，西至寿张（汉寿张）城东（今东平新湖乡霍家庄）遂为泽渚"。根据蒋作锦的考证，泽在今州城西南蒋家东南二洼，但自明修戴村坝后，漫坝汶水夺漆沟变为主流，龙拱河遂绝汶断流，变成一条排坡水河道。中华人民共和国成立后，在韩村南穿过新临黄堤，经唐营、蒋管村入蒋口以南洼地。1958 年改建成东平湖水库后，该河全部截断，上游自后亭北入沙河站镇双楼村入湖东排渗沟，长19 公里。下游湖区河身逐渐消失，大部分洼地积水通过刘口、蒋口等处扬水站排入老湖区。

四、安流渠

安流渠上游名赵王河，亦为汶水下游泛道，并经常泛滥，故在汶上县阳城坝修坝一道，洪水遇坝阻挡折向西北，出坝口村流入济水会汶洼地，谓之安流，故名安流渠。由于龙拱河以南陂水无归，汇集阳城坝西、靳口以东诸水，经唐楼西、管村西，经王家洼与大安山镇西北七里河为通渠入大清河。1954 年修建新临黄堤时，在汶上县郭楼乡王楼村以西设穿堤涵洞排水到湖内。1958 年改建成东平湖水库围坝时被截断，湖外安流渠上游坡水汇入湖东排渗沟，南排入梁济运河；下游湖区部分河道逐渐消失，改为良田。

五、小汶河

小汶河，即从东平县彭集街道戴村坝向南，沿东平县境东南边界，至南旺的一条引汶济运故道，长约 40 公里。其中，彭集街道戴村坝至沙河站镇孙村，长 12.5 公里，属东平管辖，对岸及其余均在汶上县境内。

小汶河，即古四汶口分流后的左二汶之一。明永乐九年（1411）宋礼纳白英计初修戴村坝，截汶水济运，丰水时漫坝入大清河，枯水时全部拦入小汶河至南旺入运河。由于南旺地势较高，成为水脊，自然南北分流，成就了"七分朝天子，三分下江南"之说。开始北流较强，以后，由于黄河泛滥淤积影响，逐渐变为南强北弱。清末漕运衰落，小汶河仍起着分流汶水的作用。数百年来，小汶河一直是汶水济运的唯一河道，又是分滞大汶河洪水、减轻下游防洪负担的排洪河道。历史上为了航运需要，采取降低流速、储存水量，以致河道弯曲迂回，滩浅而宽，全河有较大弯道80多个，一般河宽100~500米，排洪能力较低。1957年洪水时最大分洪流量1 040立方米每秒，造成沿岸决口多处，汶上之地皆可撑船，灾害严重。1959年经山东省水利厅主持，济宁、聊城地区协商，将小汶河在戴村坝分流处堵塞，作为大汶河大洪水临时分洪河道。1961年撤销分洪协议，使大汶河流域水流全部由戴村坝入东平湖泄入黄河，小汶河分水设施遂废。1962年将北泉河上游部分支流改入，成为排除内涝的河道，改称"汶宁新河"，汇入梁济运河。

"汶宁新河"历经三次治理成为防洪除涝及引汶补源河道，主要由小汶河干流、东支和北支三部分组成。汶宁新河干流从军屯乡庄户村后三岔口至南旺镇十里闸村南注入梁济运河，全长69公里，总流域面积238平方公里（汶上130平方公里、宁阳108平方公里）。

六、柳长河

据《东原考古录》记载："柳长河，济水旧渎也，禹济会汶故道。河淤垫高，济流东徙，此其遗渎，所谓北清河也"。明置安山湖水柜，别无源泉，在荆隆口引黄入济，即由该河汇入安山湖济运，因河长约500里并沿河堤植柳，故名柳长河。

明弘治六年（1493）刘大夏筑黄陵冈，塞荆隆口，济渎源绝，湖无所受。清康熙六年（1667）"议开柳长河，引鱼营坡水（在安民山和金线岭之间）入安山湖"。此河后连年逐渐淤废，梁山境内长达50里，只汇堤南坡水。上游由于频受黄河泥沙的淤塞，渐成平陆。中华人民共和国成立前后，梁山境内的柳长河始于梁山县西南鲍垓村附近，向东至张桥折向北，在红庙入安山洼。1957年为排蓄水进行两岸复堤长35公里，仅是用以排雨涝水入安山洼的坡水河。河形浅窄，排水量很小，两岸多受涝灾。1958年兴建东平湖水库围坝时，将柳长河在张桥村西截断，一分为二。新湖区内的下游河段仍称柳长河（亦称流长河）；湖外上游河段改称流畅河。1963年在柳长河

东平湖区内柳长河

入湖口围坝上建闸，称流长河闸。

1963—1965 年对新湖区内的下游河道断面按三年一遇除涝标准重新开挖扩大，主要用于将新湖区洼地积水排入梁济运河。北起八里湾引水闸，南至张桥村，经柳长河泄水闸入梁济运河。1970 年 4 月进行疏浚，1972 年进行复堤。河道长 20 公里，流域面积 225.58 平方公里，下游河口宽 40 米，排水流量 20 立方米每秒，是东平湖新湖区骨干排水河道。该河段开挖后由原来向北流改为由北向南流，但南水北调东线实施接长至邓楼泵站，亦能引水向北流。

2011 年南水北调东线规划将东平湖内河道在张桥村东向南接长至邓楼泵站（南水北调东线第 12 级提水站），经过开挖治理后，新建了邓楼提水泵站（12 级）、船闸至八里湾提水泵站（第 13 级提水站）、船闸作为南水北调东线一期南四湖至东平湖输水及航道工程，八里湾至邓楼河道全长 20.984 公里，仍称柳长河。

一期工程按三级航道设计，输水流量 100 立方米每秒，设计最小水深 3.2 米，设计河底高程 33.2 米，边坡 1∶3，采用现浇混凝土板护砌，河底宽 45 米，可行 1 000 吨级航船。该河道已于 2011 年 3 月 10 日正式开工建设，2013 年 11 月 9 日正式通水，实现了引长江水进入东平湖老湖。八里湾、邓楼船闸已于 2012 年 12 月开工建设，2015 年 6 月完成交工验收。2017 年 10 月东平湖老湖区航道实施开挖，2019 年 5 月竣工，并在老湖区建设 2 个港区（金山、代屯），大运河航运已经通过柳长河航道实现东平湖至济宁的复航。

七、流畅河

流畅河为 1958 年建设东平湖水库时，将柳长河截断库外部分河段，西自汪海屯，东至后孙庄入梁济运河，经治理作为排内涝和排梁山陈垓引黄灌区尾水的河道，长 8.86 公里，河口宽 30 米，流域面积 56.3 平方公里，排水量 31 立方米每秒。

1964 年冬按三年一遇除涝标准的 50% 进行治理。1975 年春又按三年一遇除涝标准扩大治理，并在孙庄改线，沿梁兖公路南侧向东入梁济运河，施工长度 8.7 公里，河宽 50~90 米，流域面积 74 平方公里。2011 年结合环城水系建设，将流畅河下游 3 公里改造成湿地，总面积约 122 万平方米，水体面积 49.4 万平方米。2012 年在与梁济运河交接处建成流畅河提水泵站，主要将梁济运河的中水提入流畅河，并维修了流畅河泄水闸，使其达到防洪除涝、生态保水双赢之目的。经过近年的环城水系治理，已变成景观特色以自然生态的湿地滨水景观为主，沿河布置游步绿道，局部设置游憩空间，新建富有水浒文化韵味的雕塑景观文化广场，使该河段成为展现梁山水泊美好景观的窗口。

八、宋金河

宋金河，古名济河，实为古济水遗渎。由郓城东部向北流至梁山县境西部，全长 70 公里，平均宽度 200 米，一般水深 2.5~3.0 米，控制流域面积 2 400 平方公里。北宋时，曾为漕运贡道，金后逐渐湮废。近代因起源于宋江的故乡郓城县宋江庄前，故俗称宋江河。在梁山县境内流经金线岭，南靠金堤，故逐渐演变为宋金河。

据《郓城县志》载："在城南有枯渠，士人名济河，自菏泽安兴墓入县境，至西南二十里，原筑坝，断绝下流，仍经县南八里河环城东北至安民山入运河"。近代为郓城县境内向东平湖排水河道。中华人民共和国成立初期，由倪楼村入梁山县境，经徐桥向东北至戴庙，穿运河流入东平湖，境内长约 30 公里，是鄄城、郓城北部及梁山西部排水河道。1957 年冬，为提高防洪能力，曾两岸复堤 29 公里，修筑土方 40.49 万立方米，投资 11.28 万元。1958 年东平湖水库建成后，该河下游出路被截断。1964 年春，为接纳金堤西来水，陈营至路那里 18 公里一段，按排涝要求进行疏浚，流域面积 626 平方公里，设计流量 51.5 立方米每秒，在路那里改入梁济运河。湖外整个流域按引黄与排涝相结合原则进行分段切割治理，分别开挖郓城新河、丰收河、琉璃河、龟山河、金码河等，东汇入梁济运河。

1965 年后，陈垓引黄灌区利用其部分河段作沉沙池。上游郓城河段也因历年水系调整分段切割而湮废。下游大路口乡徐桥至路那里6.3公里一段主要起排涝作用，更名为北宋金河，主要承担陈垓灌区总干渠以北、金堤两侧的汇水，流域面积51.2平方公里。该河段先后于1997年、2009年进行清淤疏浚，设计水深3.05米，内边坡1：2.5，底宽6.5~8米，设计底高程35.81~36.55米。至2013年梁山境内马营段，仍然保留着原河道，已成为湿地。

东平湖内河段仍称宋金河，为东平县戴庙乡西部新湖内2.3万亩[1]耕地的排水兼灌溉的河道。1999年对二级湖堤上的宋金河排灌闸按排涝12立方米每秒、灌溉1.5立方米每秒的标准进行了改造。

九、戴码河

戴码河北起东平县戴庙镇孟垓村，南至梁山县码头闸入梁济运河。1964年为东平湖新湖区腾空还耕，排除积水而开挖，最初至张桥入柳长河，时称戴柳排水沟。1973年修建码头泄水闸后，改由码头泄水闸入梁济运河，易名戴码河。1974年按三年一遇除涝标准进行疏浚，下游河底宽17米，全长14公里（东平县9.3公里、梁山县4.7公里），流域面积79.5平方公里，排水流量41立方米每秒，是季节性河道，用于新湖区西北部的排涝。

十、湖东排渗沟

湖东排渗沟，是1960年为排东平湖渗水开挖，北起东平县大清河南岸武家漫，经东平州城西，沿东平湖围坝东侧至汶上县郭楼镇张坝口村，向南顺老运河穿梁山、汶上两县边界，在梁山开河村折向西南，于韩垓乡东马村西南入梁济运河，全长47.28公里，设计最大流量7.7立方米每秒。1965年春，为解决东平湖水库外老运河以东、大清河以南、小汶河以西和小王河以北292平方公里平原区的排水出路，按除涝三年一遇的50%、扩大排渗流量3立方米每秒的标准进行疏浚，疏浚土方90.06万立方米，投资71.5万元，由东平、汶上两县出工8 000人完成。下游端改线至开河村东南穿老运河向西南，于嘉祥县王杨村北入梁济运河，全长49公里，流域面积312平方公里，排水流量15立方米每秒。由于东平湖1960年试蓄水一次，多年未有运用，该河道只排东平县、梁山县、汶上县沿途涝水，多年亦未进行治理，少数河段已达不到排涝标准。

---

❶ 1亩=1/15公顷，全书同。

十一、湖南排渗沟

湖南排渗沟位于围坝南坝段外侧离堤脚约200米，东起梁山县韩岗镇何庄沿坝向西至司垓村附近入湖西排渗沟（梁济运河），全长9.4公里。为排东平湖渗水于1960年水库蓄水后开挖。主要为排除水库渗水，设计排水流量2.5立方米每秒，断面底宽3~4米。自1960年东平湖水库试蓄水后，一直没有蓄水，已无渗水可排，又加之地形较高无法兼排地表涝水，1963年后自行废除，全部垦殖，河形无存。

十二、湖西排渗沟

湖西排渗沟位于湖西围坝外侧，北起梁山县国那里入黄船闸，向南沿围坝外至司垓村附近偏离围坝南下，穿金线岭入济宁境内至长沟经五里营在李集西南入南阳湖，全长90公里。1958年水库围坝兴建堵截了涝水入湖流路后，该河道即定线开挖，成为湖西梁山一带及新湖区涝水的主要排水河道。同时也为1958年修建东平湖水库后规划勘定的京航运河新航道。东平、汶上两县滨湖地区涝水亦分别通过湖东、湖南排渗沟及泉河等支流汇入该河，总流域面积3 306平方公里。

湖西排渗沟始挖于1959年冬，开始称湖西排渗沟，后称梁济运河。至1960年初五里营以下河段已按航道标准完成，1960年施工至6月，五里营至赵王河口段已按航道标准竣工，赵王河口至黄河一段以修筑行洪堤为主，结合取土挖河，故仅具河形，底宽10~30米不等，尚不能满足排涝要求。

1962—1963年根据库区排泄底水及两岸排涝要求，由黄委投资疏浚柳长河口以下至长沟一段长约36公里，称为湖西排渗沟工程，疏浚标准按水库泄流50立方米每秒，排涝标准为三年一遇，泉河口以上为140立方米每秒，泉河口以下为280立方米每秒。后来经过疏挖治理，改称梁济运河。

十三、湖区排水沟

由于东平湖水库建设，1950年修筑新临黄堤后，截断了湖东进入的诸多水系，形成四面环堤的封闭平原洼地，总面积102平方公里，使东平新湖区内的水系无序，为了归并水系排水，将原小清河、龙拱河及安流渠废弃。为排老运河东新湖区内涝水，1965—1977年在国家大力扶持下，先后修建了大闸、刘口、蒋口、刘楼等大中型机电排灌工程，总计装机容量1 920千瓦，提水流量25.9立方米每秒。开挖大干渠2条，东干渠长20公里，宽15

米；西干渠长 18 公里，宽 25 米，排涝面积 6 万亩。排水干沟南起新湖乡七神堂，北至辘轳吊和刘口排涝站，通过刘口和辘轳吊排涝站将老运河以东涝水排入老湖。

十四、梁济运河

梁济运河，北起梁山县国那里，南至济宁南阳湖入湖口，全长 90 公里，流域面积 3 306 平方公里。

1958 年东平湖改建成水库，大运河在张坝口被截断。1959 年冬在围坝西开挖湖西排渗沟，1963—1968 年进行疏浚治理，改称梁济运河。该河梁山境内北起入黄船闸，南至韩垓镇五里堡村出境，长 48 公里，流域面积 985 平方公里。

梁济运河

1963 年冬至 1964 年，为排除郓城、郓城、梁山地区涝水，由地方水利投资疏浚加固了柳长河以上的挖河复堤工程；同时由山东省交通厅投资，于 1964 年冬又重点疏浚了任庄港（后称梁山港）至柳长河口 7 公里航道。1966 年冬至 1967 年，为发展航运需要，又按六级航道标准进行了全面疏浚开挖，于 1967 年麦前完成。1967 年底建成郭楼节制闸和船闸，1968 年 10 月修建国那里穿黄船闸，1969 年梁山至济宁仍不能通航，梁济运河已成为梁山、郓城、郓城、汶上、嘉祥、济宁等地淮河流域的唯一排水通道。东西两侧的排水河大都形成了羽毛状水系态势，直接排入梁济运河，排水流量 60 立方米每秒。

以上三次开挖治理，总计完成土方 2 858 万立方米，投资 3 463 万余元。梁济运河由于航运水源短缺，虽经试航但终未成功。1968 年建设穿黄船闸工程，运河穿黄未能实现，因达不到黄河防洪标准及黄河泥沙淤积问题不易解决，穿黄闸已于 1987 年 6 月由山东省交通厅投资 430 万元彻底堵复。济宁至梁山运河未能通航。1988 年东平湖司垓泄水闸修建后，司垓闸出口以下河段已成为东平湖水库排水入梁济运河的主要通道。

进入 21 世纪，结合南水北调东线输水渠道和航道干线南四湖至东平湖段治理工程完成，原柳长河经过疏挖改造接长，成为湖内输水渠道和航道，八里湾、邓楼泵站以及船闸设施配套建设齐全，千吨级的船只能够进入东平湖。邓楼至梁山段运河经过治理已达到通航标准，梁山港铁水联运项目于 2021 年 3 月正式启动，东平湖及梁山的经济贸易即可通过梁济运河通江达海，走向世界。

第二篇　东平湖历史演变

古济水、汶水以东原地区为中心，交汇融合，形成了烟波浩渺的广阔水域，始称大野泽。在历史长河中，由于历史时期的演变和水系变化，这片广阔水域以远古时期的大野泽、北宋时期的梁山泊、明清时期的北五湖等不同形态，展现在世人面前。1855年黄河夺大清河（济水故道）入海后，安山湖以北的积水洼地演变成为东平湖。这种演变是在各个历史时期沿着济水向下游逐渐推移的，其成因皆为黄河下游河道不断地决溢、改道、淤积所致。

东平湖地处黄、汶、运河交汇处，位于山东省梁山县、东平县和汶上县之间。1949年黄河发生大洪水，东平湖成为黄河洪水的自然蓄滞洪区，当时，总面积为943平方公里。在此基础上，于1958年改建为东平湖水库，总面积缩减为626平方公里，形成二级运用格局；新湖区面积 418 平方公里，作为临时处理黄河大洪水之用，老湖区面积 208 平方公里，常年滞蓄大汶河来水。1963 年位山枢纽破坝后，东平湖即成为处理黄、汶洪水的蓄滞洪区。自 1946 年人民治黄以来，东平湖有 6 次滞蓄黄河洪水，常年调蓄大汶河洪水，为确保黄河下游堤防和两岸人民的生命财产安全作出了卓越的历史贡献，成为山东黄河下游防洪安全的王牌工程。

第一章 大野泽的形成与湮灭

大野泽亦称巨野泽，是古济水、汶水的积水洼地，是大禹治水时期"禹陂九泽"之一。在历史时期，它的形成与湮灭无不与黄河的决溢和河道变迁有直接关系，经过了从不断扩大、萎缩、再扩大、再萎缩到逐步湮灭的长期演进过程。

远古时期，以泰山为主的鲁中山地曾是海中的岛屿。由于黄河在下游决溢改道挟带大量黄土和泥沙淤积，在泰山西南部逐渐形成了一片广袤的旷野。空旷的原野，谓之大野。巨野处在大野泽自西向东的入口，故有巨野之称。"巨"者，"大"也，巨野，即大野。古济水、汶水汇入巨野东北部的一片洼地，形成湖泽，得名大野泽，亦称巨野泽。

《尚书·禹贡》："大野既潴，东原底平"，这是涉及黄河与大野泽关系最早的记载，当时黄河泛滥至大野泽和东原一带。对此，清初胡渭注释："东原乃汶水下流，禹陂大野，使水得所停，而下流之患以纾，又浚东原之畎浍，注之汶济，然后其地致平，可发耕作也"。意思是说，大野泽是大禹治水"禹陂九泽"中的一个重要组成部分。大禹治水后，水源补给减少，经过开挖一些小的排水沟，分别注入汶、济，使部分土地涸出耕种，水患得以缓和。战国时期《周礼·夏官·职方氏·兖州》记载："其泽薮曰大野"，《左传·哀公十四年》："西狩猎于大野获麟"，地点在巨野与嘉祥之间，当时的大野泽范围之广，涵盖巨野、郓城、梁山、东平、汶上、嘉祥一带沼泽洼地。汶、济汇于东原，东原一带是大野泽的下游。据考证，其交汇处在安民山（小安山，原属东平，今属梁山）以南何官屯村（安民亭遗址处）。

从春秋至秦汉称大野泽，在今巨野城西、北、东三面，呈门字形，环城而水。泽东西长约百里，南北宽约三十里。西汉时期，也称梁山泺（因梁孝王常狩猎至此，故名），波及范围在巨野东北，郓城东南，曹州东北六十里以东，济宁西北之地。东晋太和四年（369）桓温北伐前燕时开凿了桓公沟，这条运河被称为桓公渎，从巨野泽北出济水至南旺。南北朝时期仍称桓公渎。泽分为二，东渎为茂都淀（汶上南旺一带），西渎称巨野泽。隋代淀泽合一，仍称巨野泽。

南朝，刘宋御史中丞何承天曰："巨野湖泽广大，南通洙、泗，北连清、

济"。5 世纪中叶泽的范围扩大,湮灭了巨
野县城。6 世纪初,泽在巨野北梁山南;唐
代湖面南北三百里,东西一百余里;《元和
郡县志》记述:"大野泽在巨野县东五里,
南北三百里,东西百余里"。五代后晋扩至
梁山北,向东并南旺湖,到宋天禧四年
(1020)泽从南向北逐渐涸出,便称梁山泊
(初称张泽泺)了。

古代大野泽

　　自大禹治水至河徙有 1 600 余年的历史,
黄河一直从天津入海。汉文帝十二年(前
168),"河决酸枣,东溃金堤、东郡。于是
大兴卒塞之",决口之后,就"河溢通泗"。
时隔 36 年,汉武帝元光三年(前 132),河
决瓠子口,堵口未成,"东南注入巨野,通于泗淮",直到元封二年(前
109)馆陶沙邱坻决口北汇大河止,流经大野泽 23 年。西汉末至东汉初,黄
河又一次泛滥注入大野泽,曾有"吾山(今东阿鱼山)平兮巨野溢"的形
象描述,这时补给水量大增,泛滥波及范围又扩大,大野泽一带一片汪洋,
潋滟无岸。

　　自东汉王景治河到北宋初年,黄河在这条流路上行河 1 037 年,河床淤
积严重,加之皇权更迭,社会混乱,治理无力,以致决溢频繁。宋初自建隆
元年(960)起到太平兴国九年(984)的 25 年中,黄河就有 16 年多处溃
决,此时河道越来越不稳定,至北宋末年向南大改道的 140 年间,有记载的
主要决溢年份就有 35 年,并有一年数决和多年不能堵复的记载。

　　五代以后的决溢中,于滑、澶、濮、魏等州河段南决,一般沿济、濮水
注入,历史上有记载的重大决溢有五代晋开远元年(944),宋太平兴国八
年(983)、咸平三年(1000)、天禧三年(1019)、熙宁十年(1077)、元
丰五年(1082)等河决皆入巨野泽,溢于泗淮或由北清河(古济水)入海。

　　大野泽能存续千余年,不能不说得益于黄河决溢注入,加之濮、汶水汇
入以及隋唐时期暖气候降水充沛。然萎缩衰退归咎于黄泛频繁,使大野泽处
在扩张、淤塞、退缩、汇并的多变过程中,向北部低洼地带推移并逐渐向梁
山靠近,自五代以后演变为梁山泊。

第二章　梁山泊的形成与消亡

　　梁山泊因有山有水而得名，梁山原本良山，因西汉时期的梁孝王游猎于此，而得名梁山。五代后晋时期，巨野泽北移，环梁山皆成巨浸，始称梁山泊。

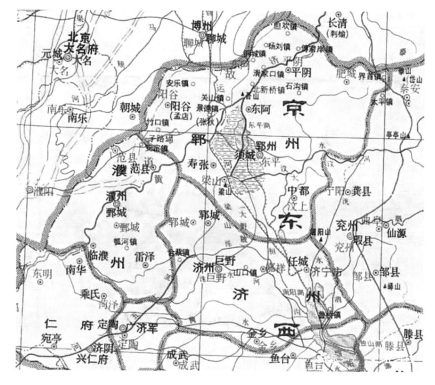

北宋时期的梁山泺（《中国历史地图集》第六册）

　　后周显德六年（959）"复汴水，浚五丈渠，东过漕、济、梁山泊，以通青、郓之漕"。《宋史》云："梁山泊，古巨野泽，绵亘数百里，济、郓数州，赖其蒲鱼之利"。元代于钦著《齐乘》云：泽即梁山泊也。当时范围在寿张县东南 70 里，东平州西南 50 里，东接汶上县界，汶水西南流与济水汇于山（梁山）东北，汇合而成泺（或称张泽泺），范围在济州和郓州之间。志云："大野泽下流也，水常汇于此……"，也就是《水浒传》上所描写的"周围港汊数千条，四方周围八百里""山排巨浪，水接遥天"的梁山泊。清寿张县志载："黄河环山夹流，巨浸远汇山足，即桃花之潭，因以泊名，险不在山而在水也"。

据史料记载，西汉末年王莽始建国三年（11）河决濮阳泛清河以东数郡后，历东汉、隋唐、五代无水患。五代后晋开运元年（944）河决滑州，东漫汴、曹、濮、单、郓五州之境，环梁山合于汶，与南旺、蜀山湖相连，弥漫数百里，形成了梁山泊。

从五代后晋到北宋末，梁山泊经历数次黄河决口改道流经和注入，滚滚河水倾泻到梁山脚下，并与古巨野泽连成一片，形成了一望无际的大水泊，号称"八百里梁山泊"。经历了由形成、扩大、萎缩、再扩大、再萎缩以致消亡的历史过程。

宋天禧三年（1019）河决滑州，历澶、濮、曹、郓，注入"梁山泺"，向东流入泗淮。北宋韩琦诗曰："巨泽渺无际，齐船度日撑"，可见湖面之大，但却不深。这次黄河经梁山泊入淮共经历14年（至宋景祐元年河决澶州入赤河至长清入大河为止）。

宋熙宁十年（1077）河决濮阳，34个州县受淹，注入梁山泊，扩至周围八百里。南宋建炎二年（1128）东京留将杜充以阻金兵，在滑县人工决河，经延津、长垣、东明一带浸入梁山泊，而后由泗入淮，至此，正是黄河南流夺淮入海时期。《金史·河渠志》："金始克宋，……数十年间，或决或塞，迁徙无定"。实际上一直到金末元初，黄河常处在多股并流的状态，水东南流，其势甚大；北流从微到绝，有时夺颍、涡、濉、汴分流入淮，有时沿濮、济夺泗由最东的一条水道独流入海。这是黄河最不稳定的时期，也是梁山泊从盛到衰的时期。水至则"漂没千里，复成泽国"，水退即"涸为平陆，安置屯田"。

金大定六年（1166）河决阳武，洪水淤埋郓城县唐塔两级，东流汇入梁山泊。金大定八年（1168）河决李固渡，水溃曹州城，"分流于单县之境……，新河水六分，旧河水四分……"。但到金大定二十一年（1181）又因黄河归故，梁山泊水退，地甚广，已尝置屯田。到了金明昌五年（1194）河决阳武故堤，灌封丘而东，又经梁山泊南北分流，但不久北支堵塞，水源断绝，金末梁山泊已多涸为陆地。元至正四年（1344）河决曹县，水势北浸安山（安民山）及运河，沿大清河北流入海，梁山泊又成一片泽国，历七年未堵。《明史·河渠志》："黄河自唐以前，皆北入海。宋熙宁中始分趋东南，一合泗入淮，一合济入海，金明昌中，北流绝，全河入淮。元溃溢不时，至正中，受害尤甚，济宁、曹、郓间漂没数千里"。元至正十一年（1351）贾鲁导水向南流复回汴河故道，黄河告别梁山，走泗入淮，梁山泊涸为平陆。金元两代期间，梁山泊一带受黄河不断泛滥之灾最为频繁，也最为严重。水面在扩大、缩小间变化不定，已不是常年积水的八百里梁山泊了。至明景泰六年（1455）黄河沙湾决口堵塞后，梁山泊水面分别向东北、东南方向推移至安民山、南旺低洼地域，梁山泊最终消亡。

第三章　安山湖的形成与涸出

安山湖，在安民山（今小安山）北，旧小洞庭湖也。《明史·地理志》："东平州西南有安山，亦曰安民山，下有积水湖，一名安山湖"。

安民山（今小安山）

安山湖旧时称小洞庭，形成于隋唐以前，史料虽未见记载，但唐东平郡苏源明谦（相聚叙谈）四太守于洄源亭，有诗"小洞庭兮牵方舟，风袅袅兮离平流。……尚君子兮寿厥身，承明主兮忧斯人"为证。唐天宝十二年（753）七月，东平郡太守苏源明，受诏宴请濮阳太守崔季重、鲁郡太守李兰、济南太守田琦、济阳太守李俊等，于洄源亭商议行政区划之事。苏源明提议撤销济阳郡，将其所属五县分别改隶济南、东平和濮阳三郡。李俊以其郡靠近黄河为由，将分属东平、鲁郡的宿城、中都二县划归济阳郡。因分歧较大，未达成一致。后朝廷采纳了苏源明的建议，撤销济阳郡，以其五县皆隶于东平郡。随之，且将苏源明征召入朝，任国子监司业。

安民山旧时汶、济合流所经，汇为巨泽，周围数十里。山周寺庙众多，有清岩寺、法岩寺、甘罗庙以及甘罗墓，西山坡还有汉冀州刺史王纯碑；山南有安民亭，禹贡济水会汶处。元安山闸在亭西，隋寿州城旧在山西南（今无考）。西距山 20 里有北魏寿张（今寿张集）故城，元寿张闸在城东门外。山东南 22 里为汉寿张城（今东平新湖乡霍庄）故地。小洞庭湖北岸距山 30 里有须昌城（秦置县，西晋为国，唐为郓州郡治，先后为平卢、天平军节度使治），城西南 12 里有亭址泊（洄源亭），碧水绕山，芰荷苇草，苍翠满湖，亭居湖中，近西北隅，榖阳蚕尾诸峰，排闼送青。大清河环绕右畔，帆樯帆兴，夕照留影，清波涟漪，鱼鸟亲人，环境优美，为名胜觞吟之地。因水域与湖南洞庭湖相媲美，而名小洞庭也。

小洞庭历经隋、唐、宋、金、元800多年的历史变迁，位置未有大的变化，但梁山泊受黄水泛滥，时常波及。至明贯小洞庭开会通河，置湖岸南以济运（将湖设置在会通河的南岸），周围八十三里有奇。明置（安山湖、南旺湖、马场湖、昭阳湖）四大水柜时，小洞庭才始称安山湖。

隋唐时期，东平郡治在须昌城，称郓州。城在今东平州城西北15公里（东平湖老湖内埠子坡村西），土山之东，小安山北30里，处在古济水右岸。洄源亭在城西南12里安山湖的无影山（今土山）上，洄源亭谯守之事，发生在唐天宝十二年（753），梁山泊形成于五代后晋开运元年（944）间，可以看出，安山湖的形成要比梁山泊的形成至少要早约200年。

无影山（今土山）

秦汉至唐宋时期，须昌城在安山湖北、济水的右岸，当时舟车四通，是重要的水陆交通枢纽，曾为省、地、县治三级驻地。隋仁寿元年（601）在须昌城西三里北清河（古济水）上建有清水石桥，长450尺❶。石作华巧，与赵州桥相比埒。此桥沟通齐鲁至京都长安的交通陆路，北清河南北穿桥而过，水陆交通十分方便。唐诗人高适写有《鲁西至东平》，"沙岸泊不定，石桥水横流"的名句描述了此地当时的水势之状。《东原考古录》："须昌故城西南十二里亭址泊，为洄源亭遗址"。又云："安山湖在安民山北，明贯小洞庭开会通河，置湖岸南以济运，周围八十三里有奇，与南旺（汶上）、

---

❶　1尺=1/3米，全书同。

马场（济宁）、昭阳（沛县），称四大水柜。……小洞庭，汶、济合流所经，汇为巨泽。初时，萦回百余里无一定湖界，明初辟为水柜，永乐十三年（1415）丈量湖界为八十四里三分"。

可见，安山湖与汶、济相连，即可成湖。历史变迁多与黄河有关，"元光中，河决瓠子，水平吾山（鱼山），东连小洞庭（安山湖），州境沮河微乡，多瓠子决河遗迹，俗所谓老黄河也"。可见，汉元光三年（前132）河决瓠子，致使鱼山、戴庙与安山湖一带，时而一片汪洋，时而沮河微乡。据记载，黄河流经大野泽23年期间，洪水时常波及此湖，直到西汉元封二年（前109）东平州境才免遭河患。宋咸平三年（1000）河决郓州王陵埽，须句、须昌城垣沦没，安山湖尽淤。

元至元十九年（1282）从安民山西南至济宁开济州河，长150里；元至元二十六年（1289）从安民山西南至临清开会通河，长250里，两河相接于安民山湖西南畔，建安山闸（在今梁山后码头）引湖水济运。

元末明初，黄河又数次漫溢梁山泊，到明洪武二十四年（1391）河决原武黑羊山，由郓城浸入安山湖，安山湖和会通河尽淤。梁山泊向东南推移至南旺洼地，然安山湖仍存于安民山以北。

明永乐九年（1411）因会通河被淤，遂将会通河东徙30里重开新河。置安山湖于运河南岸，东自马家口，西至戴家庙，西南至寿张集，东南至赵家庄等，圈建周围八十三里零一百二十二步的湖堤。湖东北大安山处，建通湖闸以与运河相通，以利蓄水调节。又因水源不足，在封丘荆隆口引黄由济渎入柳长河为湖源，蓄水最盛，北至临清三百余里，资为灌输，称水柜第一。但时逢河决，首灌东平，明代迭受河患10余次。为了辟黄利漕，明正统三年（1438）于湖口建闸蓄水，在戴庙建闸减水。这一时期湖水充盈，充分保障了张秋至临清运河段的漕运畅通无阻。

明弘治初年（1493—1494）刘大夏筑黄陵冈，以塞荆隆口，修太行堤，断黄河北流之路，济渎源绝，湖无所受，只汇堤南坡水，并运河余涨，所蓄甚少，安山湖不堪作柜。明弘治十三年（1500）踏湖界周长八十四里三分。明嘉靖六年（1527）为通运道，重修安山湖，将其缩小至36里，周围为水柜。即东北自通湖闸至西北焦天禄庄长13里，焦天禄庄至西南王禹庄长7里，王禹庄至东南青埠堆长9里，青埠堆至通湖闸长7里；在运河南岸增建了似蛇沟、八里湾二闸与湖相通。将原安山湖分为堤内和堤外两个区域，堤内为水柜继续济运，堤外则可耕种。这样一来，湖虽规整而尚小，但终因蓄量甚微，岁久填淤。明代水利专家潘季驯对其形象地表述："湖形如贫碟，高下不甚相悬，水积于中，东南风急则流入西北燥地，西北风急则流入东南燥地，未及济运消耗过半。且自许民佃种以来百里湖地尽成麦田"。

据明万历六年（1578）丈量其高地宜田者已有 77 顷有奇，其卑而宜柜者止 416 顷有奇。又于明万历十六年至十七年（1588—1589）筑安山湖堤长 4 300 丈，于湖之南北口各置一闸蓄水济运，但仍无水可蓄，旋以浅涸。明泰昌元年（1620）重修水柜，据《明史·河渠志》载："诸湖水柜已复，安山湖且复五十五里"。

至清顺治七年（1650）河决荆隆口，泛漫张秋以南运河，安山湖完全被淤平，不得不放湖归田。这一时期，无水补给，致使东昌（聊城）一带运河漕船浅涩。

由于"引汶绝济"，水源减少，南旺分水北上困难，又于清康熙六年（1667）议开柳长河引鱼营坡水，复设水柜，因无源可引，蓄之漏水，加之进水易而出水难，故此采取了"泄运入湖，以保运堤，放坡水入湖，以保民田"的措施，至此，安山湖的济运作用微乎其微。

漕运兴衰乃皇帝大事，清雍正三年（1725）又议复湖，经勘察奏准复堤还湖，安置移民。于清雍正五年（1727）兴工。山东巡抚陈世倌会同河督亲赴督工，不仅将废堤重新筑起，而且还重修了已废的通湖、似蛇沟两闸，于八里湾、十里堡两废闸间新建了安济闸，闸下各挖支河通入湖心。湖南十多里岸堤上则筑建了 6 座闸，即朱家、沈家、王家、吴家、赵家、杨家口，统称"六堤口"闸，以引堤南坡水入湖。还重新开挖了柳长河，以期引梁山鱼营和汶上宋家洼坡水。整个复湖工程可谓设施配套功能齐备，对于各闸、引河如何实施收水放水等规制甚详。然而，工程未竣则即行夭折。新任山东巡抚岳濬履任后亲临勘察，上奏该工程无水可引，应该吸取刘大夏堵荆隆口绝济之鉴，引坡水、用运河余涨只济一时，不可长久。经奏准停工，还湖于民。于清雍正十三年（1735）废了复湖的工程。以后，湖地认垦耕种，安山湖从此未复。

在明清时期，安山湖对张秋至临清段的运河畅通起到了至关重要的作用，最好运用期尚有七八十年的时间，但终因水源不足废止。清咸丰五年（1855）黄河夺大清河入海后，安山湖涸出。运河之北洼地常遭黄河倒灌，加之汶水全部北流，该洼地渐渐形成了常年积水的东平湖。

第四章　北五湖的分割与济运

　　历史上的安山、南旺、马踏、蜀山、马场共称北五湖，是相对南四湖（南阳、独山、昭阳、微山）而言的。它们的最初形成年代久远，无从考究。北五湖的变化与大野泽、梁山泊的变迁和元代济州河、明代会通河的开通有直接的关系。

北五湖元明运道示意图

　　在元代开会通河以前，北五湖只有安山、南旺、马场3个湖。从远古至元代，由于黄河的不断决溢，与大野泽、梁山泊时而连通，时而分离。随着历史的演进，加之黄河泥沙的淤垫，大野泽、梁山泊逐步涸出，只剩下了安山湖、南旺湖、马场湖。元开济州河时，将南旺湖一分为二（西边仍称南旺湖、东边称南旺东湖），明重开会通河时将南旺东湖一分为二（北边为马踏湖、南边称蜀山湖），加之安山湖、马场湖，共称北五湖。

一、安山湖

旧时称小洞庭湖，漾洄百余里无定界。元会通河在安山湖西岸，由于明永乐年间将元运河东移 30 里开新河，置运河于安山湖北岸，方圆八十三里有奇。为了解决运河水源问题，通过不断地对安山湖进行治理，曾因水源不足，在荆隆口支流未塞之际，引由济渎入柳长河为湖源，蓄水最盛，北至临清三百余里，资为灌输，称水柜第一。在元明时期安山至临清间的运河航运，发挥了重要的水源供给作用，有七八十年的最好运行期。明弘治六年（1493）由于刘大夏筑黄陵冈，以塞荆隆口，济渎源绝，安山湖不堪做柜，清康熙六年（1667）开柳长河引鱼营坡水，复设水柜，效果不佳。清雍正五年（1727）再次复设，因无水可引，遭质疑而废，至清雍正十三年（1735）安山湖已涸出，还湖于田。

二、南旺湖

南旺湖形成较早，南旺历史上原名"阚"，即"阚城"或"阚乡城"，也是古代的"致密城"。南旺之名，来源于鲁桓公游于阚"面南望气卜吉"的历史传说。公元前 702 年鲁桓公游于阚，面南"望气卜吉"，愿死后葬于阚南，守墓者家属亦居于阚南，于此子孙兴旺，故取村名南旺。历史上古致密城（今汶上南旺一带）在北宋晚期，由于地震毁陷形成洼地，加之黄泛入侵和汶水的流入，漾洄百五十余里。据乾隆《济宁直隶州志》记载："南旺湖为济宁运河之上源，占汶上、济宁、嘉祥三州县之地，汶水之所潴"，因其地而得名。

早在南北朝时期，南旺湖称茂都淀，与巨野泽共渎（桓公渎）为二，其称东渎；隋时淀、泽合一，共称巨野泽。宋时与梁山泺合二为一，亦名张泽泺。至明景泰六年（1455），梁山泊完全涸为陆地，水域退至安山湖和南旺湖。元至元二十年（1283）开济州河，将南旺湖一分为二，运西部分仍称南旺湖，周长 93 里，面积 2 700 顷。运东部分称南旺东湖，周长近 101 里。明永乐九年（1411）重疏通会通河，筑戴村坝引汶水经小汶河至南旺分水济运，小汶河穿南旺东湖入运，又将东湖一分为二。小汶河以北称马踏湖，周长 34 里。小汶河以南谓之蜀山湖，周长 65 里。运河西岸的南旺湖则独享南旺湖之名。

南旺湖定志收水 5 尺，伏秋盛涨，开放运河西岸之焦栾、盛进、张全、邢通、孙强、彭石、刘贤、常鸣、关家 9 处减水闸，放水入湖。春季运河水位低落时，则引湖水由十字闸斗门放水济南运，也可由北面的关家闸放水济北运。湖水过大，则由芒生闸入牛头河泄入马场湖或沿运河南下至南阳湖，从而扭转了三湖诸水一片、泛滥成灾的状况。南旺西湖作为水塈，马踏湖和蜀山湖作为水柜，对明清时期漕运的正常运行发挥了重要作用。

明清时期为保漕运，立界石或植柳保护南旺湖，颁布一些禁令阻止开垦湖田。同时，修筑堤坝进行圈护，明嘉靖二十二年（1543）主事李梦祥围南旺筑堤长 15 600 余丈。明万历十九年（1591）复筑堤长 2 600 丈，于湖内挖大小引渠 20 余条，以利各湖水与运河的调节。由于明万历年间对垦湖耕种有所放松，加之湖区淤积抬高，水柜已很难发挥作用，湖区面积急剧减少。直到清咸丰五年（1855）黄河北徙，运河淤废，南旺湖完全失去了水柜的作用，至清光绪二十七年（1901）漕运停止。

清光绪二十九年（1903）朝廷在当地设湖田局，允许垦湖辟田，见苗纳租。山东南运河段基本弃之不用，至光绪、宣统年间，南旺湖已涸成平陆，车马可行。有关资料显示，民国初年湖区放耕为田。此后，沿运河湖泊虽不蓄水济运，但仍起着蓄滞汶河洪水的作用，民国期间曾几次圈堤加固以利滞洪。

中华人民共和国成立以后，由于南旺湖地势低洼，小汶河、泉河流域坡水于汛期进入，20 世纪 50 年代常年积水，一般年份水面保持在 6 万亩以上。1957 年小汶河大水，汶上全县 671 个村庄，被水浸泡的就有 303 个，受灾之重，百年罕见。南旺湖已达不到蓄滞洪水和泄洪的能力。1959 年，将小汶河在戴村坝引水口处堵截后，经治理，小汶河、泉河水流全部进入梁济运河，南旺、马踏、蜀山 3 湖逐渐涸出，垦殖为田。

三、马踏湖

明永乐九年（1411），开小汶河引汶水至南旺分水济运，将南旺东湖一分为二，河北称马踏湖，一曰圈湖后面似马蹄印，即为马踏；二曰春旱无水时湖区可牧马，故而得名。

马踏湖位于汶上县西南小汶河大堤以北，东至刘楼下王庄，西至老运河，南至南旺吴家高顶，北到次邱郑楼，周长 34 里。明万历十九年（1591）自禹王庙至弘仁桥（湖口附近）筑堤长 3 300 丈。据明万历戊申《汶上县志·方域志》记载："马踏湖在汶河堤北，周围 34 里。上游自徐建口、李家口二闸收蓄汶水，定志收水 6.7 尺，下游由新河头、宏仁桥二闸放水济运。夏秋水涨汇入该湖，出开河闸入运。俱有菱芡鱼鳖、荍秋荒蒲之利，居人赖焉，夏秋之间，荍荷锦张，若晚霞，游疑诸江之胜矣"。

该湖为明嘉靖年间建设的蓄水湖，至明正德三年（1508），水势渐小，湖边逐步干涸，群众抢占垦地种植，堤岸破坏严重，虽几经修复，也逐步失去"水柜"的作用。清道光二十五年（1845）修汶上马踏湖民堰（《清史稿》·志七十三），力保水柜作用。清咸丰五年（1855）黄河夺大清河入海，运河被淤，马踏湖失去水柜济运作用。清光绪二十九年（1903）朝廷为了收税，在当地设湖田局，允许垦湖辟田，见苗纳租。民国初年，马踏湖开始逐渐退水还田，1958 年修建东平湖水库，运河改道，经过治理，退水还耕，改造成良田。

四、蜀山湖

明永乐九年（1411），开小汶河引汶水至南旺分水济运，将南旺东湖一分为二，河南部分因有蜀山而称蜀山湖。蜀山虽小，但由于其屹立在风光优美的蜀山湖中，又有香火盛旺的蜀山寺和名声广远的蜀山大会，宛如海市蜃楼，胜过世外桃源，故而久负盛名。湖面也不是太大，但由于小汶河来水首灌蜀山，也可以算是烟波浩渺。

蜀山湖位于小汶河和运河交汇的南旺东南部，运河以东，南至济宁市长沟，东至康驿的邵庄、苏桥，北至刘楼的辛海、徐老庄和小汶河堤，南北长 15 公里，东西宽 10 公里，湖周 32.5 公里，总面积约 150 平方公里。

明万历十九年（1591）筑蜀山东堤长 3 510 丈。蜀山湖由永定、永安、永泰三斗门收蓄汶水，定志收水 11 尺，由金钱、利运二闸放水济运；水涨通过长沟减水闸入马场湖。

中华人民共和国成立后，为防止小汶河水患，保护下游大片农田不受水灾，暂把蜀山湖当作准备蓄滞洪的区域。1954 年春，国家拨专款拓宽了二道沟，修建田楼进水闸，同时在距此闸 1.5 公里处修二道子闸一座；在蜀山湖西南隅（济宁长沟北）修泄水闸一座，使水入运。由于 1957 年和 1964 年两次大水灾，淹没损失严重，加之 1959 年小汶河堵截并新挖梁济运河后，老运河和小汶河下游已废，田楼进水闸失去作用。1961 年冬，穿蜀山湖挖通了总泉河直入梁济运河，后经不断地治理，退水还耕。在 20 世纪 70 年代，为扩田整地，将蜀山湖 15 公里的南大堤全部平掉，改为耕地。

五、马场湖

马场湖亦称任城湖，距济宁西 10 余里，运河圈湖南、湖西岸而过。运河在西南拐弯处有一大镇名曰安居。《济宁直隶州志》记载：马场湖在城西，明时令民养马，故有草场，湖因以名。音或讹为"厂"，一曰马厂湖，一曰西湖，一曰西苇，一曰莲池陂。

马场湖地处济宁西，济宁在明清时期是运河河道最高管理机关所在地，当然对马场湖的建设是另眼看待、厚爱有加，使其成为古时济宁八景之一的"西苇渔歌"，名扬至今。明崇祯年间，兵部尚书徐标（济宁安居镇人）回家祭祖，畅游马场湖，兴致大发，竟写下了有名的《安居西湖记》："滨河有湖曰马场，古任城之西湖也，潴水济运，以防胶舟"。"然则之，湖也萃千山之秀，撮万有之奇，尽态极妍，洞心豁目，洞庭、彭蠡何多证焉！"充分描述了该湖西苇渔歌的风光景致。清代诗人潘本侣有诗赞曰："浅水平堤鸭鸭浮，柳村三五画家秋。橹声咿哑月初上，短笛芦根何处舟"。潘呈念题曰："秋水蒹葭路不分，寻常清吹遏寒云。散人住此浑听惯，只怕惊飞鸥鹭群"。以上诗句形象地描写了马场湖内当年水草繁茂、飞鸟翔集，岸上杨柳依依，橹声笛声徐徐入耳，宛如人间仙境一般的景象。

据《泉河史》记载：马场湖东自田宗智庄至五里营计七里二分八厘，南自五里营至安居计十一里四分，西自安居至火头湾计十里三分，北自火头湾至李家营计五里六分，自李家营至田宗智庄计五里八分。马场湖明清时期周长 40~60 里，面积 540 顷。除接受蜀山湖溢水外，还通过洸河、府河接受汶泗二水接济。沿线各湖堤上都建有斗门和泄水闸，斗门用以收蓄余水，水闸用以放水济漕。元至元十九年（1282）开挖由济宁至安民山入济水（大清河）的济州河，沟通济、泗以济漕运。明永乐九年（1411）重开会通河（元代称会通河和济州河，明代统称会通河）。自南旺水利枢纽工程运用以后，小汶河汛期向南分流过甚，蜀山湖容纳不下，经冯家坝滚水入济宁西运河东洼地，逐渐形成马场湖，后经改造该湖即成为四大水柜之一。自济宁以北运河断航后，至梁济运河的开挖，该湖上无水源，即退湖还田。

明永乐九年（1411）开挖会通河时，结合修建戴村坝引汶济运工程，以及南旺分水枢纽工程，将安山湖、南旺湖、马场湖、昭阳湖置为四大水柜，以济漕运，四大水柜之三（安山湖、南旺湖、马场湖）均在北五湖；之一（昭阳湖）在南四湖。

北五湖的形成与运河的运用将其分割有直接的关系，在解决运河调蓄水源上发挥了关键性作用。

　　清咸丰五年（1855）黄河夺大清河入海，运河、北五湖皆淤，漕运中断。北五湖无水可引，只作为汛期周边水系滞涝之用。安山湖淤垫后，仅剩几处洼地，以北的洼地皆成为接纳黄、汶洪水的自然蓄滞洪区，因大部分在东平县境内，后改称东平湖，大致相当于现在东平湖老湖区的面积。南旺湖成为小汶河及汶水诸泉河泄洪区。中华人民共和国成立初期，南旺湖（含马踏湖、蜀山湖）面积 12 万亩左右，20 世纪 50 年代常年积水，一般年份 6 万亩以上，仅芦苇占地就近 5 万亩，1959 年小汶河堵塞，经过治理大面积垦为良田。马场湖成为洸府河泄洪区，1959 年在马场湖东开挖梁济运河，阻断了与洸府河的连通，洸府河可从济宁市城区东部穿过，流入梁济运河，马场湖经过治理也退湖还耕。

第五章　东平湖的形成

　　清咸丰五年（1855）黄河在兰考铜瓦厢决口后，洪水分三股均汇至张秋穿运后浸入安山湖一带，在东阿鱼山南截大清河入海（济水故道），结束了长期南流的局面。这次黄河大改道是安山湖以北洼地演变为东平湖的一个重要因素。

　　这次决口漫灌梁山、东平一带，安民山屹立洪波中二十年，光绪纪元堤工告成……未十年而东堤冲，不复修筑，水涨则灌全境，水过沙填，渚水尾闾，俱被顶托，旁溢四出，纵横数十里。民田汇为巨泽，患且无已。水进一片汪洋，水退涸陆为田。据蒋作锦《东原考古录》记载："兰阳河决，湖淤益高，百里沮洳变为膏壤"。

　　黄河北徙，会通河淤废，至清光绪二十六年（1900）漕运停航，南运河弃置不用，具有济运功能的北五湖逐渐涸为农田。加之黄河横截汶水归海之路，汶水济运功能丧失，南运河吸纳坡水北流，而汶水漫过戴村坝全部进

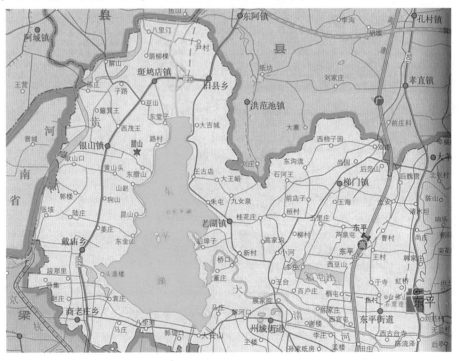

东平湖示意图

入安山湖以北洼地，加之黄河倒灌，安山湖以北，腊山、昆山、金山一带残丘和东北丘陵之间，形成了新的积水区，也就是现在的东平湖老湖区。

随着黄河逐渐淤积抬高，汶水入黄受阻，再遇黄水倒灌，旋流泛滥，原安山湖以北洼地积水面积日益扩大成湖。"东平湖"第一次出现在官方文件上，是在民国二十二年（1933）12 月 21 日，国民政府召开运河讨论会，《黄淮运河整理计划初步报告》中的调查资料称："东平湖的洪水位 38.9 米（江淮水准），湖底高程 37.2 米，容水量 11 880 万立方米，洪水位时集水面积 229 平方公里，低水位时 167 平方公里"。

每年黄河、大汶河、南运河之水均汇于此，水大成湖，水小成洼。当地称安山镇以北为土山洼，以南为安山洼，以东为冯、范二洼。1939 年春共产党发动群众抗日，在七、八、九 3 个区成立了东平湖西办事处，这时东平湖之名才被普遍使用，但远不是历史上的安山湖，实在安山湖的北面。根据民国二十二年（1933）调查资料，积水洼低水位面积 167 平方公里，与现在老湖区面积基本相当。

第六章 东平湖自然蓄滞洪区的形成

1938 年 6 月,国民党军队炸开花园口黄河大堤,黄水夺淮入海。此时,东平湖只接纳大汶河来水,水面缩小,湖区大部分土地干涸还耕,民埝残缺殆尽。

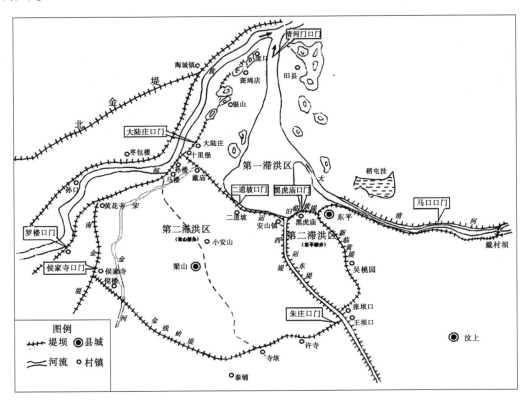

东平湖自然蓄滞洪区示意图

1947 年黄河归故以后,冀鲁豫解放区行政公署发动群众进行了复堤,地方政府也不断进行治理,但都因堤防单薄、标准低而无力抵御大洪水的冲击。每遇黄河大汛洪水均冲决民埝,自由进出东平湖。加之汶水常年流入,积水面积不断扩大。1949—1958 年就有 4 次黄河洪水进入,淹没范围甚广。特别是 1949 年黄河大水,临黄堤与东平湖各类堤堰或漫或冲,几乎全线过水,波及梁山、东平、汶上、平阴、南旺等县,有 964 个村庄 78 万亩耕地受淹,漫延至附近的郓城、嘉祥、济宁、巨野等县(市),受淹耕地 150 万亩，受灾人口 100 多万，受灾面积达 2 000 平方公里，灾情严重。

1949 年汛期，由于黄河发生了 7 次较大洪水，9 月 14 日，花园口站发生洪峰流量 12 300 立方米每秒的洪水，东平湖自然蓄滞洪区对东平湖周边县（市）造成重大经济损失，但对保证山东黄河下游堤防安全起到了明显的削峰作用。为此，引起黄河水利委员会的重视，建议将东平湖辟为黄河下游自然蓄滞洪区，当时东平湖地域属山东、平原两省管辖，以运西堤为界，东部为山东省，西部为平原省。当年大水后，两省分别退修第二防线，即新临黄堤和金线岭堤，将滞洪区面积限制为 943 平方公里。

由于对修守问题缺乏统一规定，两省时有争议。为此，在防洪治理标准上，由黄河水利委员会牵头，多次进行协商基本达成一致。1951 年 5 月，政务院财政经济委员会决定，将东平湖地区划为黄河自然蓄滞洪区，工程修建由黄河水利委员会统一规划。自然蓄滞洪区的总蓄水面积确定为 943 平方公里，第一滞洪区面积蓄水 223 平方公里，第二滞洪区面积 720 平方公里（平原省梁山县部分 624 平方公里，山东省东平部分 96 平方公里）。自然蓄滞洪区包括南旺、郓城、梁山、东平及汶上 5 个县。

1952 年黄河水利委员会统一规划管理，在"确保二道防线，维护一道防线"的治理原则下，于 1952 年春、冬两期重点加修了第二道防线的新临黄堤和金线岭堤，加固补修了第一道防线的东、西运河堤和旧临黄堤。当年年底，平原省被撤销，全部工程交由山东河务局接管。1954—1957 年，按照《东平湖滞洪区加强堤防草案》的要求，对第一、二道防线堤防普遍进行了加高培厚，二道坡以东运堤临水面加修了石护坡。同时分别设置了大陆庄、罗楼、侯家寺、二道坡、黑虎庙分洪口门以及朱庄泄洪口，以解决分得进和自然蓄滞洪超量而泄洪的问题。

东平湖自然蓄滞洪区工程历经地方治理和国家统一培修，至 1958 年汛前已具有相当规模，面积达到 943 平方公里，自然调蓄能力 35 亿立方米，区划调整后，涉及东平、梁山、汶上、郓城 4 个县，人口 40 万，耕地 116 万亩。

第七章　东平湖水库的形成

　　东平湖水库是 1958 年秋，在东平湖自然蓄滞洪区基础上改建而成的反调节水库，是黄河梯级开发位山枢纽的一个重要组成部分。

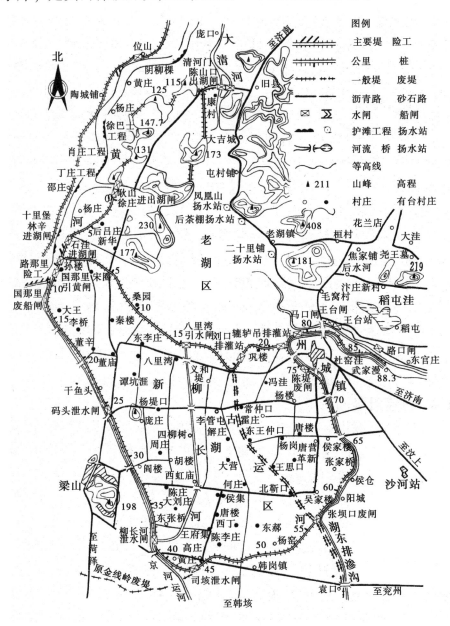

东平湖水库工程布置示意图

1958年中共山东省委、省人委（指省人民委员会，下同）向国务院提出《提前修建位山枢纽工程的报告》。同年4月12日，经国务院经委、计委批复，同意位山枢纽第一期工程开工兴建。1958年汛期黄河大洪水后，为尽早解决特大洪水对下游堤防的威胁，山东省委、省人委于7月26日向国务院报送了《山东省关于防御黄河29 000立方米每秒洪水，提前修建东平湖水库工程规划要点和施工意见的报告》。国务院研究决定，同意提前修建位山枢纽工程，将东平湖自然蓄滞洪区改建成能控制泄洪的反调节水库，综合解决山东黄河防汛、防凌、灌溉、航运、发电、渔业等综合性蓄水调水用水问题。经批准后，山东省人委于8月5日组织动员全省25万多人，雨季突击抢修东平湖水库，10月25日完成了围坝工程。1958年至1960年夏，围坝石护坡、进出湖闸和围坝尾工以及重点加固工程，先后基本完成。水库总面积由自然蓄滞洪区943平方公里，改建成为632平方公里；因1960年梁济运河开挖，西坝段国那里坝段东移，水库面积减少5平方公里，成为627平方公里，其中老湖区209平方公里（2012年水利普查航测以后，修改为208平方公里），新湖区418平方公里，最终东平湖水库总面积为626平方公里。

1963年经国务院批准，位山枢纽拦河坝破除，东平湖水库由"综合利用"兴利型水库改建为"以防洪运用为主""有洪蓄洪，无洪生产"的蓄滞洪区（从此，一般将东平湖水库改称为东平湖蓄滞洪区，只是在防汛指挥机构上仍使用东平湖水库之名）。以后相继增建了进、出湖闸，并加修了二级湖堤，实行二级运用。蓄滞洪区原设计蓄洪水位为46.0米（大沽高程，下同），相应库容为40亿立方米。

1964年以后，防洪运用水位经国务院批准，暂定为44.0米，争取44.5米。根据分滞洪水的要求，对蓄滞洪区工程进行了不断加固和改建，至1975年改建工程基本完成。

1975年8月淮河大洪水以后，于1976年下半年开始按超标准运用对蓄滞洪区进行加固改建，至1990年底，已完成加固工程规划的48.9%。1991年起，国家加大对东平湖蓄滞洪区的治理投资力度，至2005年完成改建加固投资5.55亿元。

根据《关于东平湖运用指标及管理调度权限等问题的批复》（黄委黄汛〔2002〕5号文），老湖区设计防洪运用水位46.0米，相应库容12.28亿立方米；新湖区设计防洪运用水位45.0米，相应库容23.67亿立方米；全湖运用水位 45.0 米，总库容 33.83 亿立方米。由于蓄滞洪区工程改建、加固尚未完成，至 2002 年新、老湖运用水位均为 44.5 米，相应库容 30.78 亿立方米，其中老湖库容 9.18 亿立方米，新湖库容 21.60 亿立方米。

2006—2020 年，按照蓄滞洪区综合治理规划，结合南水北调东线穿越东平湖，对蓄滞洪区防洪工程进行综合治理，改建石洼、林辛、十里堡进湖闸，扩建庞口闸，并对二级湖堤护坡改建为栅栏板混凝土护坡工程，蓄滞洪区综合整治工程于 2008 年获得水利工程大禹奖。结合南水北调东线入东平湖工程的修建，各类防洪工程抗洪强度和综合运用功能得到普遍加强和提升。自 1958 年东平湖水库建设以来，国家及地方政府共投入资金约 19.97 亿元用于东平湖蓄滞洪区建设，完成土石方 2 987 万立方米，混凝土 41 万立方米，为确保山东黄河岁岁安澜奠定了坚固的工程基础。现已是集防洪、蓄水、调水、灌溉、航运于一身的多功能蓄滞洪区，成为名副其实的山东黄河防洪的一张王牌工程。

东平湖水库堤防工程主要有水库围坝（含黄湖共用堤）、山口围堤、二级湖堤三类堤防工程以及涵闸工程（见第六篇）。另外，还建有小安山隔堤及昆山至金山、昆山至腊山堤。堤防工程是在自然蓄滞洪区堤防基础上，经过加高培修与改建而成的，后又经过多次局部改造、除险加固和综合治理，成为确保山东黄河下游堤防和两岸人民生命财产安全的关键性工程。

一、水库围坝

东平湖水库围坝由黄湖共用堤、围坝和山口隔堤组成，全长 100.348 公里。从耿山口至国那里长 10.742 公里（包括国十堤长 3.323 公里、徐十堤长 7.245 公里、徐庄闸堤长 103 米、耿山口闸堤长 71 米），按临黄堤标准修筑，顶高程 50.36~53.10 米，顶宽 9~11 米。从国那里至武家漫长 77.829 公里，按围坝标准修筑，坝顶高程 48.5 米，顶宽 8~10 米，临湖修筑有 6~8 米高的石护坡或混凝土护坡，背湖修筑后戗，顶高程 43.5 米，顶宽 4 米；有 23.7 公里修有大后戗，顶高程 44.5 米，顶宽 12 米；个别堤段修有二级、三级后戗，顶高程 40.0~42.0 米不等。在水库西北部的群山之间，筑有 6 段（斑清堤、两闸隔堤、青龙堤、玉斑堤、卧牛堤、西汪堤）山口隔堤，长 11.777 公里（其中黄湖共用堤 3.235 公里），堤顶高程 49.92 米，顶宽 5.3~9.0 米。除青龙堤外均在临湖面砌有石护坡。

二、山口围堤

为了便于水库管理运用，减少移民外迁，在水库西北部的群山之间筑有10段山口围堤，最初围堤长17.396公里，现长16.868公里（其中临黄山口隔堤4段、黄湖隔堤3段、临湖山口围堤3段），围堤的修筑形成了银山封闭圈，使河湖安全隔开。

（一）临黄山口隔堤

该段属临黄堤（黄河与银山封闭圈之间），共4段，长5 091米。

1. 银马堤

银山至马山头，长1 792米，1959年培修，1962—1964年和1980年两次加修，1998—2001年按照黄河2000年设防标准帮宽加高，顶高程50.43~51.71米（黄海高程，下同），顶宽9米，临背边坡1：3。

2. 石庙堤

银山至铁山，长280米，1959年培修，1980年加修，1998—2000年按照黄河2000年设防标准帮宽加高，顶高程50.43~51.71米，顶宽9米，临背边坡1：3。

3. 郑铁堤

铁山至郑沃，长2 230米，1959年修筑，1962—1964年和1979年两次加修，顶高程50.2米，顶宽9米。1998年采取临河帮宽加高方式，堤顶加高至50.13米，临背边坡1：3。

4. 子路堤

子路至元宝山，长789米，1959年修筑，1979年加修，顶高程40.5米，顶宽9米。1998年采取临河帮宽加高方式，堤顶加高至49.81米，临背边坡1：3。

（二）黄湖隔堤

该段属围坝（黄湖共用）部分，共3段，长3 235米，堤防超高按1983年设防水位2.5米。1998年按黄河2000年防御花园口22 000立方米每秒流量标准进行培修，2000年结束，相继完成斑清堤、两闸隔堤、青龙堤的施工。

1. 斑清堤

斑鸠店至清河门，长2 838米，1959年修筑，顶高程48.0米，顶宽6~7

米。因 1968 年修建清河门闸，堤防长减少为 2 310 米。2000 年堤顶加高至 50.18 米，顶宽 9 米，临背边坡均为 1∶3。

2. 两闸隔堤

清河门至陈山口，长 625 米，1959 年修筑，顶高程 48 米，顶宽 8 米。2000 年堤顶加高至 49.96 米，顶宽 6 米，临背边坡均为 1∶3。

2017—2019 年按照"黄河东平湖蓄滞洪区防洪工程"项目治理，对两闸隔堤石护坡进行干砌，厚 0.3 米，坡比 1∶3。

3. 青龙堤

陈山口至青龙山，长 300 米，1959 年修筑，顶高程 47.2 米，顶宽 7 米。2000 年堤顶加高至 49.96 米，顶宽 9 米，临背边坡 1∶3。

2017—2019 年按照"黄河东平湖蓄滞洪区防洪工程"项目治理，对青龙堤缺口进行堵复，达到堤顶高程 48.46 米（1985 年国家高程基准），顶宽 11 米，临背边坡均为 1∶3。

（三）临湖山口围堤

该段属围坝（老湖与银山封闭圈之间）部分，共 3 段，长 8 542 米。

1. 玉斑堤

斑鸠店至玉皇顶，长 3 907 米。1959 年冬至 1960 年春修筑，顶高程 47.7 米，顶宽 6~7.5 米。1997—1998 年加修后戗高程 43.13 米，顶宽 2~8.5 米，临背边坡均为 1∶3。

2017—2019 年按照"黄河东平湖蓄滞洪区防洪工程"项目治理，对玉斑堤进行截渗加固治理。水泥搅拌桩墙体厚度 0.2 米，抗压强度大于 0.5 兆帕，渗透系数小于 $1×10^{-6}$ 厘米每秒，并且将石护坡改建为上部预制混凝土联锁块护坡厚 0.12 米，下接雷诺护垫护坡厚 0.25 米，坡比 1∶2.9~1∶3.1。

2. 西汪堤

西汪村至马山头，长 2 805 米。1959 年一次修成，顶高程 47.8 米，顶宽 7.5~8.0 米，临背边坡 1∶3。

3. 卧牛堤

玉皇顶至卧牛山，长 1 830 米。1959 年冬至 1960 年春修筑，顶高程 47.8 米，顶宽 5.5 米，临背边坡 1∶3。

2017—2019 年按照"黄河东平湖蓄滞洪区防洪工程"项目治理，对卧牛堤石护坡进行改建，上部预制混凝土联锁块护坡厚 0.12 米，下接雷诺护垫护坡厚 0.25 米，坡比 1：3。

三、二级湖堤

二级湖堤是在运西堤和旧临黄堤基础上修筑而成的，西起黄湖共用堤，向东经戴庙、二道坡、八里湾、安山镇，越老运河，经黑虎庙至解河口与围坝东坝段相接，总长 26.731 公里。

为了减少湖区分洪淹没损失，妥善解决湖区群众的生产生活问题，达到科学运用、合理滞蓄、分区运用的要求，1963 年在湖区内以原京杭运河西堤和旧临黄堤为基础，加修了横贯东西的二级湖堤，使水库分割为新、老湖 2 个蓄滞洪区。1998—2000 年对二级湖堤进行了全面加高加固，堤顶高程 48.0 米，顶宽 6 米，临水面砌有高程为 47.7 米的石护坡，临背边坡 1：2.5，部分堤段进行了机淤加固，堤顶路面全部修建为沥青防汛路面。

为进一步提高其防浪能力，2013 年又将 6+594—26+731 内段石护坡改建为混凝土现浇栅栏板护坡，其中 6+594—9+600 栅栏板底高程 44.15 米，顶高程 47.51 米；9+700—23+600 段栅栏板底高程 42.11～44.51 米，顶高程 47.51～48.32 米；23+700—26+660 段栅栏板底高程 44.15 米，顶高程 47.51 米。

四、不设防堤

不设防堤包括小安山隔堤、昆山堤和腊山堤。小安山隔堤，从围坝后码头桥至小安山长 2 200 米，1960 年修筑，为不设防堤，修建水库时初设为梁山渔港码头的避风港。1963 年国家确定"东平湖水库近期运用，以防洪为主，暂不蓄水兴利"后，小安山隔堤改为移民撤退道路，一旦蓄洪，小安山作为移民安置点，小安山隔堤作为移民出湖的撤退道路。从 1960 年试蓄水以后再也没有蓄洪，后来变为省道 250（肥梁公路）的一部分。于 1999 年在省道 250 整治改造工程中，由地方公路部门申请，经山东黄河河务局批准，原堤顶高程由 48.5 米降至 46.29 米，顶宽 10 米，两侧边坡 1：3。

昆山堤长 970 米，腊山堤（山赵堤）长 580 米，是昆山至金山、昆山至腊山两段导流堤，共长 1 550 米。1959—1960 年修筑，1963 年放弃防守，已成废堤。

1958 年东平湖自然滞洪区改建为东平湖水库，到 1963 年位山枢纽破坝后辟建为黄河蓄滞洪区，走过了由无序自然蓄滞洪区向有序控制的蓄滞洪区转变的历史过程。先后进行了自然滞洪区堤防及水库围坝建设与改建、基本防洪、超标准运用、除险加固、功能提升治理，以及滞洪区兴利建设等。

东平湖蓄滞洪区治理大致分为五个阶段。第一是自然蓄滞洪区治理阶段，这一阶段以 1949 年黄河洪水为参照，通过工程措施，将入湖洪水限定在一定的范围内，以防无限制地扩大淹没范围。第二是基本防洪治理阶段，主要是结合位山水利枢纽工程，建设东平湖水库，以达到缩小自然蓄滞洪区淹没面积，做到既可实现防洪防凌，又兼顾蓄水灌溉的目的，但由于对黄河的水沙规律认识不足，位山枢纽破坝，水库则由兴利型改建为以防洪运用为主的蓄滞洪区，经过加修二级湖堤，形成二级运用格局，尽量减少新湖运用概率。第三是超标准运用治理阶段，淮河"75·8"大洪水后，为防御黄河发生特大洪水，东平湖超标准运用，对东平湖进行治理，主要进行大后戗工程建设。第四是除险加固治理阶段，根据东平湖堤防建设初期存在的险点险段进行加固处理，以提高东平湖蓄水运用的标准。第五是根据国务院批复的《黄河流域防洪规划》中东平湖蓄滞洪区作为处理黄河下游洪水的重点蓄滞洪区，对其防洪综合功能进行综合治理。同时，按照东平湖是南水北调东线调蓄水和航运的枢纽工程，进行功能提升治理，把东平湖建设成为具有防洪抗旱、调水蓄水、航运旅游等多种功能的蓄滞洪区。

第一章　自然蓄滞洪区治理

1951 年东平湖被国家确定为自然蓄滞洪区后，按照黄河水利委员会统一治理规划，组织平原、山东两省至 1958 年进行了两次大的统一治理。

一、治理历程

20 世纪 50 年代初期，东平湖地区分属平原、山东两省管理，各自为政，治理历程艰难曲折，多有争议，历经三次协商最终达成统一。

1949 年，黄河秋汛大水倒灌入湖，运东、运西、旧临黄等堤埝或漫或决。灾情波及梁山、东平、汶上、南旺、郓城、嘉祥、巨野、济宁等县（市）近 2 000 平方公里，灾情严重。这次倒灌入湖，虽然造成东平湖及周边地区很大损失，但对减轻山东黄河下游堤防安全危机起到了显著的作用。

1949 年汛期，东平湖自然蓄洪削减黄河洪峰、保护山东黄河下游堤防安全的情况，引起了黄河水利委员会的重视，建议将其辟为黄河下游自然蓄滞洪区。以运西堤为界，西部为平原省，东部为山东省。大水后两省分别退修第二道防线，即金线岭堤和新临黄堤，将滞洪区限制在 943 平方公里范围内。由于对防洪与修守问题缺乏统一规定，平原、山东两省时有争议。为此，经黄河水利委员会与两省三次协商，最终确定统一治理标准和分洪要求。1949 年洪水位（青岛基点 44.86 m）时，两省第二滞洪区同时开放。开放地点平原省在运西堤二道坡，山东省在旧临黄堤黑虎庙，并确定了开口程序及尺寸。蓄滞洪区放水问题，开放时间由黄河防总根据情况确定，由平原、山东两省防汛指挥部传达，当地防汛指挥部具体执行，东平湖联防指挥部负责监督。

1951 年 5 月，政务院财政经济委员会决定，将东平湖地区划为黄河蓄滞洪区，工程修建由黄委会统一规划。蓄滞洪区的使用由黄河防总报中央批准，由黄河防总下达实施计划及命令，平原、山东两省具体组织实施。1952 年底，平原省被撤销，工程修守全部移交山东河务局管理。

在此期间，历经两次大规模的统一培修整治，按照"确保二道防线，维护第一道防线"的原则，要求一、二道防线分别高出 1949 年洪水位 1.5 米和 2 米。于 1952 年春、冬两季对第二道防线的新临黄堤和金线岭堤重点加修；加固补修了第一道防线的东、西运堤和旧临黄堤。共完成土方 37.52 万立方米，石方 1.52 万立方米。新临黄堤和金线岭堤超高达到 2.3 米和 2.8 米。按此要求，不但培修了东平湖自然蓄滞洪区堤防，并相应培修加固了十里堡以下临黄堤（大陆庄民埝）。

1953 年 8 月前，自然蓄滞洪区包括梁山、东平、郓城、南旺及汶上 5 个县，共 14 个区。至 1958 年汛前，已正式形成了东平湖分级运用的格局。即运西、运东和旧临黄堤为第一道防线，圈围面积 223 平方公里，称为第一滞洪区；金线岭堤和新临黄堤为第二道防线，新增滞洪面积 720 平方公里，称为第二滞洪区，在第二滞洪区内以老运河为界又分东平滞洪区 96 平方公里、梁山滞洪区 624 平方公里。

1954—1957 年连续 3 年完成了各类堤防培修任务，完成土方 700 余万立方米，石方 9 万立方米。经过多年国家和地方统一培修治理，至 1958 年建库前，自然蓄滞洪区规模达到 943 平方公里，自然调蓄能力 35 亿立方米。行政区划调整后，自然蓄滞洪区涉及梁山、东平、汶上、郓城 4 个县，人口约 40 万，耕地 116 万亩。

二、堤防建设

自然蓄滞洪区的堤防建设，均是在原来的残旧堤防上加修而成的。第一道防线是在运西堤、运东堤、旧临黄堤及连接山口的民埝基础上加修而成的；第二道防线的金线岭堤和新临黄堤是 1949 年大水过后于 1950 年新修的。1950—1953 年、1954—1957 年分两个阶段培修加固正式堤防，长 137.21 公里，完成土方 1 132.52 万立方米，石方 17.01 万立方米，工日 888 万个，投资 925.54 万元。

（一）运西堤

南自金线岭堤接头起，经大安山镇过戴庙后接宋金河堤至小彭庄，后改至十里堡，全长 43.5 公里，成为梁山县滞洪区第一道防线。1950 年对残缺堤防及 14 处口门进行了修复和堵复，临湖边坡 1∶1.5，背湖边坡二道坡以西为 1∶1.2 以下、以东为 1∶1 左右，二道坡以东并加修了石护坡。堤顶高程为 44.8 米，高出 1949 年洪水位 0.6~1 米，一般 0.7 米，顶宽 2~3 米不等，1952 年加修堤顶宽恢复至 4 米，重点段加修了后戗。1954—1957 年第二次复堤普遍加高，堤顶帮宽为 5 米。1958 年修建东平湖水库，大安山镇以南运西堤废除，大安山至十里堡段，1963 年改建为二级湖堤。

（二）运东堤及旧临黄堤

运东堤南自王坝口，北至大安山附近接旧临黄堤至解河口与大清河南堤相连，总长 29.8 公里，成为东平县滞洪区第一道防线。其中，旧临黄堤一段 1930 年前是一道民埝，1930—1932 年山东省运河工程局曾进行整修，抛乱石护坡并逐年修葺，以防清河倒漾，保护东平、汶上 30 余万亩田地。1947 年国民党军队挖掘，后泰西专署领导堵复，堤身新修。1949 年黄河水入湖冲决 300 余米，经两年冲刷，大安山至张坝口运东堤坍塌殆尽。于 1950 年 5 月 1 日开工，至 1951 年春，将旧临黄堤与运东堤逐一修复加高 0.5~1 米，严重段 3~5 米，顶宽 4 米，顶高程 44.80 米，高出 1949 年洪水位 1 米以上；因大安山口门处水深约 3.5 米无法堵复，将其取直，缩短 800 米。旧临黄堤大安山至马口由东平县负责施工，运东堤大安山至张坝口由汶上县负责施工。动用民工 3 万人，4—8 月完成土方 138.4 万立方米，石方 4.86 万立方米。1952 年统一复堤时对重点段加修了后戗，1954—1957 年第二次复堤将堤顶帮宽至 5 米，普遍加高至与运西堤同等强度，超出设计洪水位 1.3 米。1958 年因修建东平湖水库运东堤废除，1963 年旧临黄堤改建为二级湖堤。

1950 年修复旧临黄堤，东平县第二届人民代表大会部分代表在黑虎庙合影

（三）金线岭堤

1949 年大水过后，西自南金堤杨庄，东至运河王坝口对岸，全长 41 公里，由平原省组织修筑，遂成平原省梁山县第二道防线。堤顶高程 45.5 米，高出 1949 年洪水位 1 米，顶宽 3 米，临坡 1：2，背坡 1：3。1950—1952 年不断加修，顶高超过 1949 年洪水位 2 米，顶宽 4 米，1954—1957 年帮宽至 5 米，超出设计洪水位 1.5 米。1958 年因修建东平湖水库大部分废弃，东南段自何庄至王坝口段北移至张坝口与新临黄堤相接，改建为水库围坝南

坝段。

(四) 新临黄堤

自张坝口修至牛家圈与小清河相接，长约 15 公里作为山东省东平县第二道防线，为便于区别定名为新临黄堤；此后，沿小清河加培至解河口统称为新临黄堤，计长 21 公里。1952 年统一复堤时加修了后戗；1954—1957 年第二次复堤时将堤顶由 4 米帮宽至 5 米，堤高 4~5 米，高程 45.5 米，普遍加高到与金线岭堤同等强度，即高出 1949 年洪水位 1.5 米。1958 年在原基础上改建为水库围坝东坝段。

(五) 大陆庄民埝

自十里堡至徐庄长约 7 公里，称大陆庄民埝。1946 年人民治黄时修建，高约 2 米。1949 年大水冲决后修复，当地群众逐年加修。1951 年对此埝限制顶高不超过 1949 年洪水位 0.9 米，并规定："只挡小水，不挡大水，必要时扒堤泄洪"。至 1954 年，山东河务局将其纳入修防计划；1954—1957 年帮宽加高，顶宽为 6 米，高出设防水位 2 米。1958 年自然蓄滞洪区改建成为东平湖水库，这段临黄堤段改称东平湖水库围坝起始段，后被称为黄湖共用堤。

第二章　基本防洪治理

东平湖基本防洪治理可分为两个阶段，第一阶段是 1958—1963 年的基本建设期治理，第二阶段是 1964—1975 年的水库改建加固期治理。两个阶段的治理主要是在自然蓄滞洪区的基础上，结合位山枢纽工程的建设，为减少淹没损失，将自然蓄滞洪区面积缩减，将其建设成为既能防洪又能兴利的反调节水库，主要包括围坝、山口围堤、二级湖堤堤防和石护坡建设，以及进出湖闸建设。针对 1960 年蓄水出现的问题以及 1963 年位山枢纽破坝后水库运用方式改变，逐一对围坝、山口围堤、二级湖堤进行基础、坝身等改建及加固治理，将东平湖建设成为以防洪运用为主的黄河蓄滞洪区。由于投资所限，基本防洪治理工程建设和水库改建进展缓慢，一直持续到 1975 年，工程才达到基本满足蓄滞洪需

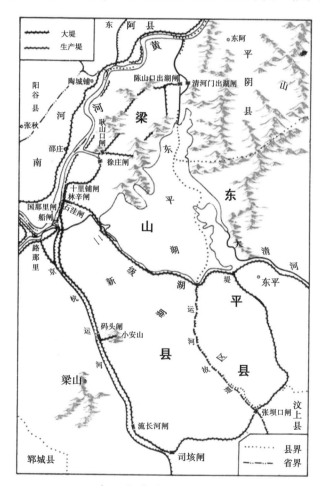

东平湖水库工程示意图

要。在此期间，对库区迁出和返迁移民遗留问题进行处理，改善库区移民生产生活条件，扶持移民发展经济，保障移民的生产生活需要。

一、水库建设

1958 年汛期黄河大水后，为尽早解除特大洪水对黄河下游堤防的威胁，山东省委、省人民委员会于 1958 年 7 月 26 日上报国务院《为力争防御黄河 29 000 立方米每秒的洪水，提前修建东平湖水库工程规划和施工意见》的报告，国务院研究决定，同意结合提前修建位山枢纽，将东平湖自然蓄滞洪区扩建成能控制泄洪的反调节水库，以综合解决山东黄河防汛、防凌、灌溉、航运、发电、渔业等综合性蓄水调水用水问题。经批准后，山东省人委于 8 月 5 日组织动员全省 24.5 万人，雨季突击抢修东平湖水库围坝工程，10 月 25 日完成围坝修筑，围坝石护坡于 1958 年冬至 1960 年蓄水前基本完成，并对二级湖堤石护坡进行了修补。

1958—1963 年修建东平湖水库工程（包括围坝，十里堡、耿山口、徐庄进湖闸，陈山口出湖闸及环湖排渗沟等），共计完成土方 3 691.38 万立方米，石方 151.94 万立方米，混凝土 4.55 万立方米，投资 1.05 亿元。

位山枢纽工程因黄河淤积因素考虑不够，以致拦河坝上游淤积严重，水库蓄水后围坝多数段出现渗水、裂缝、管涌、漏洞和石护坡坍塌等严重险情，造成滨湖地区浸没盐碱恶化等现象。1963 年经国务院批准位山枢纽破坝，水库进行改建和加固，将由"防汛、防凌、灌溉、航运、发电、渔业等综合性蓄水调水用水"水库，改建为"有洪蓄洪，无洪生产，二级运用"的反调节水库。按照国务院 1963 年 11 月《关于黄河下游防洪问题的几项决定》，要"继续整修和加固东平湖水库围堤，东平湖目前防洪运用按海拔 44.0 米，争取 44.5 米。整修加固后，运用水位提高到 44.5 米"。据此，1963—1965 年安排完成了围坝重点加固、二级湖堤加修，以及返迁移民安置工程等。

1966 年 6 月以后，按照国务院批转水电部《关于 1966 年黄河下游防汛及保护油田问题的报告》的要求，相继建设了石洼、林辛进湖闸和清河门出湖闸，解决了向老湖和新湖分洪的问题，达到了二级运用的要求。1970 年后，结合穿黄工程建设完成沙窝刘至国那里新堤段围坝加高。重点对围坝进行了普锥灌浆加固，消除坝身隐患。为解决库区排水问题，1973 年增建码头泄水闸，增修部分小型排灌闸。1975 年开始挖泥船淤背工程，以增强二级湖堤抗洪能力。

1964—1975 年水库改建及加固期间，共完成土方 566.31 万立方米，石方 39.22 万立方米，混凝土 3.87 万立方米，投资 4 002.56 万元。

至此，东平湖防洪建设和改建加固基本完成。

二、堤坝工程

堤坝工程由水库围坝、山口围堤和二级湖堤三部分组成。自 1958 年开始修建，并于 1959 年在临湖砌筑了石护坡，该工程是在原自然蓄滞洪区堤防的基础上加高加修，并经局部改建完成的。

（一）水库围坝

自徐庄沿大陆庄民埝培修至十里堡接黄堤，沿堤西南行至国那里后离堤另修新线至沙窝刘折向西南，经梁山县城东至司垓接金线岭堤，沿旧堤至何庄改线做新堤至张坝口越老运河与原新临黄堤相接，沿原堤线北行绕东平州城至马口接大清河南堤至武家漫，全长 88.3 公里，设计顶高 48.5 米，顶宽 10 米，临坡 1：3，背坡 1：2.5；在背坡 43.5 米高程处修筑后戗，顶宽 4 米，边坡 1：5；个别堤段根据地势修有二级、三级后戗，其中 1981—1983 年修有大后戗 23.7 公里，戗高 44.5 米，顶宽 12 米。

围坝初修于 1958 年秋，起点原在路那里附近与黄堤相接，修至武家漫全长 76.3 公里。1960 年春，京杭运河穿黄闸位置确定后，西段进行局部改线，自距端点 1 830 米（沙窝刘村附近）向东北至国那里与黄堤相接，长约 3 344 米，当年仅修至高程 46~47 米，质量较差，后又连年加固至 1971 年修至围坝标准。1960 年蓄水后，于 10 月统一确定围坝桩号，将起点移至徐庄闸。围坝长度延长为 88.3 公里。对个别堤脚低洼坝段修有二级、三级后戗（或填塘）。1960 年蓄水期间重点修筑后戗 3 000 余米，填塘 2 000 余米。1964—1968 年对围坝加修后戗 5 800 多米，填塘 1 800 多米。

1958 年秋，围坝抢修时正值雨季，来自济宁、聊城、泰安、菏泽 4 个专区 21 个县的 24.5 万民工，于 8 月 5 日跋山涉水，开赴东平湖畔，参加抢修围坝的战斗。战斗打响后，他们晴天顶着炎炎烈日，雨天冒着连绵的秋雨；白天连轴转，晚上加班干；百公里的工地上，到处红旗招展，夯号声此起彼伏；工地上铁锨飞舞，肩挑人抬，胶轮车、独轮车来回穿梭，抽水机、拖拉机轰鸣；青年突击队、共产党员先锋队，你追我赶，争先恐后；硬是把一锨锨泥土堆成了 8~10 米高的大坝。历经 80 天，于 10 月 25 日，成就了百公里的大坝，完成土方 1 761.42 万立方米。

徐庄至国那里一段长 10.471 公里为黄湖两用堤，1958 年建库时原按回水堤防标准修筑。1959 年相继修筑了西汪（旧志误为旺）堤、卧牛堤、玉斑堤、斑清堤、两闸隔堤（1968 年修建清河门闸，堤长由 2 838 米减少至 2 310 米）、青龙堤，计长 11.777 公里，山口隔堤与黄堤形成了银山封闭圈。1963 年破坝后，对黄湖两用堤即恢复黄堤标准进行修复，堤顶高程超过 1983 年设计洪水位 2.5 米。自 1976 年后虽经多次加修，但仍未达到黄堤标准。其他围坝段由于原修尺度不足，加之多年沉淀风蚀，部分坝段达不到原设计要求。黄湖共用堤顶宽 8.5～9.5 米、高程 50.5～52.9 米；水库围坝西坝段顶宽 8.5～10 米、高程 48.0～49.0 米；南坝段顶宽 7.5～9.5 米、高程 48.5～49.0 米；东坝段顶宽 7.5～10 米、高程 48.0～49.0 米。

1960—1983 年东坝段个别堤段临、背湖修有截渗、压渗台及填塘工程，高程 41.5 米，如张坝口运河口、安流渠、阳城坝、吴桃园、韩村、熊村、武家漫等；背湖堤脚修有减压井，如阳城坝、武家漫等。

至 1990 年围坝堤顶道路一般为土路或砂石、页岩硬化路面，堤防长度由 88.3 公里延长为 100.077 公里（含山口黄湖隔堤）。

（二）山口围堤

建库之前东平湖与黄河连通，为使河湖分家，同时保证银山封闭圈不被水淹，1959—1960 年春修筑完成山口围堤 10 段，原长 17.396 公里，后改为 16.868 公里（1968 年修建清河门闸，将斑清堤长 2 838 米减少了 528 米）。其中，临黄隔围堤 4 段（银马堤、石庙堤、郑铁堤、子路堤），长 5 091 米；黄湖两用堤 3 段（斑清堤、两闸隔堤、青龙堤），长 3 235 米（原斑清堤减少 528 米）；临湖围堤 3 段（西汪堤、卧牛堤、玉斑堤），长 8 542 米。

另外，1960 年修建了小安山隔堤，长 2 200 米，堤顶高程与东平湖围坝平，顶宽 6 米，当时作为梁山渔港的避风港，后成为移民撤退道路。1983 年作为不设防堤进行管理。于 1998 年经批准降低堤顶高度作为省道 250 线（梁肥公路）的一部分，将堤顶高程降为 46.29 米，顶宽达到 10 米，两侧边坡 1：2。1960 年修筑昆山至金山、昆山至腊山的导流堤，1964 年被废弃，现仍存残堤。

（三）二级湖堤

该堤西起黄堤桩号 338+644（围坝桩号 8+486）处向东经戴庙、二道坡、八里湾、大安山，越老运河，经东平县黑虎庙至解河口与湖东围坝（桩号 77+300）相接，二级湖堤桩号 0+000—26+731，总长 26.731 公里。

该堤是在原运西堤和旧临黄堤的基础上培修而成的，原为自然蓄滞洪区第一道防线，水库建成后放弃修守。1963年水库改建时，又按原线进行了修复，并定名为"二级湖堤"。由于1960年蓄水时对原堤破坏较大，加之积水未消及施工难度大等，以致复修工程持续进行了3年，至1965年工程告竣。

修复二级湖堤时，对堤线走向局部进行了调整，中段在大安山附近堵复了老运河口，使运西堤与旧临黄堤连成一体；西段过戴庙后由原在十里堡闸下改为闸上与黄堤相接，改线另修新堤。至1968年春林辛进湖闸修建后，为使林辛闸分洪进入老湖区，再次自戴庙改线移至林辛闸闸上与黄堤相接。

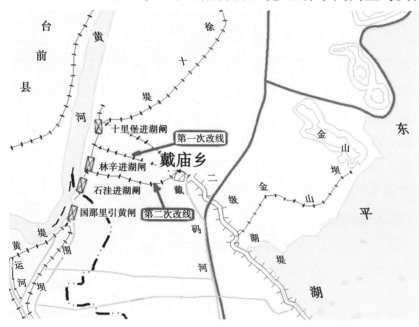

二级湖堤西段两次改线位置示意图

1963年施工暂以修补残堤、堵复缺口和西段新线为重点进行，由梁山、东平两县出工1.4万余人，胶轮及地排车8 600余辆，船只600余艘，自3月初开工至5月中旬，完成土方54万余立方米。新修西段新堤3 010米，顶高程44.0~45.0米，顶宽5~6米，其他残破堤段修到43.5米，顶宽3米，并堵复了刘庄、二道坡和大安山运河口等大小口门5处。同时整修石护坡达43.0米高程，用石约6万立方米。

1964年二级湖堤复修标准确定后，梁山、东平两县再次动员3万余人，船只700余艘，连续春秋两期施工，完成土方100万立方米，石方5万立方米。由于量大未按标准全部完成，从桩号0+000—5+000堤段按标准断面竣工，5+000—20+500及以下仅修到42.5米和43.5米高程。为适应防洪要求，上部修成挡水小堰，高程 45.0 米，顶宽 3 米。1965 年又在此基础上继续加高培厚，当年完成土方 70 余万立方米，石方 3 万余立方米，全部达到标准。

由于 1968 年修建林辛闸，西段第二次进行改线，戴庙以西 3 387 米一段原堤废除，另修新堤与黄堤相连接，堤线增长 441 米，于当年 3 月开工，6 月完成，动员民工 1 万余人，完成土方 47 万立方米。首端与黄堤相接处高程为 46.5 米，至戴庙渐变至 46.0 米，后又逐年机淤加固。除 220 国道戴庙路口外全部达到顶高程 46.0 米，顶宽 6 米，临背边坡 1：2.5。

三、石护坡砌筑

石护坡工程分围坝和二级湖堤石护坡。东平湖水库围坝修筑土方完成后，石护坡于 1958—1960 年蓄水前已基本完成。原自然蓄滞洪区堤防石护坡工程规模不大，多在第一道防线临湖面，1958 年前累计修作石方 20 余万立方米。运西堤自二道坡至大安山一线已全部砌护，高程约 44.0 米。1958 年水库改建，原石护坡工程废除，有的拆扒移至砌筑围坝护坡。1963 年原第一道防线复修为二级湖堤后，石护坡工程又重新进行了砌筑。

（一）围坝石护坡

围坝石护坡始修于 1958 年冬，至 1960 年蓄水前分三个阶段进行施工，至 1964 年全部完工，完成砌体 117.52 万立方米，累计用石 129.27 万立方米。

第一阶段砌筑标准定为高程 47.0 米，边坡 1：3，干砌丁扣护坡下设 0.15 米碎石垫层，护坡砌筑厚度 42.0 米以下为 0.45 米，厚度 42.0 米以上为 0.55 米。1958 年 12 月至 1959 年 5 月，调集梁山、汶上、东平 3 县 5 万余人开山运石、砌筑护坡。西起汶上县王楼，东至东平县马口，护砌长 57 公里。自西向东，梁山县负责垒砌 26 公里，高程 43.5 米左右；汶上县负责垒砌 13 公里，高程 45.0 米左右；东平县负责垒砌 18 公里，高程 44.5 米左右。工段内垒砌高度不一，个别段因土方未修尚不能垒砌，加之麦收施工暂停，完成护砌约 40 万立方米，不到计划的 50%。初修虽慢，但质量较好，高程 42.5 米以下大部分用移民房基石砌筑，块大整齐，口齐缝严，表面平整。

第二阶段自 1959 年 7 月初至年底，在第一阶段基础上继续施工，并向两边延伸，西自梁山孔那里至王楼，从马口东至东平北大桥，长约 63 公里。

东平湖水库围坝石护坡砌筑场面

为了提前完成任务，省委责成菏泽、济宁、聊城3个专区结合防汛组织专业队伍施工，先后调集巨野、郓城、梁山等13县（市）民工1.2万余人、船工500人施工；同时派解放军0.5万人，省水利厅安装队、山东河务局工程队及东平湖防汛队等技术工人236人协助，12月初全部完工，重要坝段石护坡基本达到46.0米高程。此阶段砌筑采取施工标准一降再降的突击抢修措施，虽加快了施工进度，但质量大不如第一阶段。开工之前于6月25日下达砌筑高程由47米改为46米；42米高程以上丁扣改为粗排；增加灰土封顶至47.14米。8月20日为了加快进度，再次修改，原42.0米以下丁口砌石全部改为粗排砌石，原灰土封顶改为黏土封顶至46.3米。

第三阶段自1960年春至水库蓄水前，除继续砌筑所剩零星石护坡尾工外，重点砌筑黄湖两用堤（徐庄至国那里）、新堤（国那里至沙窝刘）、围坝剩余段（沙窝刘至孔那里）及大清河回水段（马口至武家漫）等围坝的护坡，同时增修斑清、玉斑、卧牛3段山口围堤和小安山隔堤石护坡，总长35公里。至蓄水时完成了底部工程。继续施工至1961年底，大部修至设计高程。1962—1964年又补充砌筑了山口围堤及其他坝段的石护坡。至此，护坡工程初告完竣。

本期施工质量低劣，特别是国那里至沙窝刘一段由于成堤较晚，是在蓄水7月前后突击抢修的，底部多为抛石，后经连年整修至1974年堤成后始成坡形。黄湖两用堤（徐庄至国那里）护坡砌筑时再次降低标准，垫层由

0.15 米改为 0.1 米, 高程也未达到设计要求, 后因有碍黄堤培修加固, 自 1973 年后即陆续拆除, 并已放弃了整修。1966 年湖内蓄水排空后, 根据蓄水破坏情况, 又对全湖石护坡有计划地进行了一次全面整修, 并增修了纵横排水沟, 至 1970 年整修完成。同时, 为补救砌筑质量不足, 曾多次拟定重点翻修、改善垫层、改粗排砌石为丁扣砌石、修筑浆砌隔墙等加固措施, 终因量大投资所限, 未能全面施做。除于 1966—1967 年进行少量粗排改丁扣护坡试点外, 至 1990 年未全面施行石护坡翻修。

(二) 二级湖堤石护坡

二级湖堤大部原有石护坡, 且经 1958 年大水考验, 基础稳定, 建库后该堤废除, 护坡上部石料全部扒走修筑围坝护坡。1959 年汛期二级湖堤石护坡经大风浪侵袭破坏严重, 于当年冬对 13 公里重点段进行了抛砌抢护, 高程为 42.0 米左右。1963 年二级湖堤复修, 石护坡在原有基础上与土工同步施工, 历时 3 年完成。1963—1969 年共计完成石护坡砌筑 18.05 万立方米, 用石 19.75 万立方米。

1963 年经春、冬两期施工连同汛期抛石抢护至年末完成石方 7 万多立方米。分段完成情况为: 戴庙至二道坡砌至 43.0 米高程, 个别达 44.0 米, 基础较高, 一般在 41.0 米左右; 二道坡至大安山砌至 43.0 米高程; 大安山至刘口砌至 43.5 米高程; 刘口以东大部修至 43.0~43.5 米高程, 基础高程为 40.5 米, 均与老护坡石相接。

1964 年继续砌筑, 至年底除桩号 0+000—3+000 未修外, 其他均修至 45.0 米高程。是年汛期大水, 43.0 米以下护坡基础遭受破坏, 仅梁山县堤段破坏 0.5 万余立方米, 汛后进行了补修和基础接长, 完成石方 5 万立方米。1965 年补修了新堤桩号 0+000—3+000 段的石护坡, 并加高至设计高程, 完成石方 4 万立方米。至此, 二级湖堤石护坡全部完成。最终达到砌筑顶部高程 45.7 米, 底部高程戴庙以西 41.0 米, 戴庙至王庄为 40.5 米, 其他各堤段与老护坡基础联结比较稳固。砌石结构全部丁扣块石垂直厚度 0.3 米, 下设碎石垫层 0.15 米, 由于堤身土质较好, 经多年沉蛰稳固完整。1968 年林辛进湖闸修建后, 二级湖堤西段改线, 随同土方工程于 1968—1969 年砌筑石护坡长 3.3 公里, 完成石方 2 万余立方米。

四、坝身、坝基加固

围坝堤防自辟建自然蓄滞洪区后, 连年维修加固, 至建库前完成各类土方 244 万立方米，锥探灌浆 52 万多孔，消除隐患 676 处，对水库堤防起到了一定的加固作用。1958 年建库后，原有隐患尚未彻底清除，新修堤防雨季抢修质量差，1960 年蓄水后，出现渗水、管涌、脱坡、裂缝、蛰陷等险情，相当严重。对于出险情的堤段逐年进行加固补修，分别进行了抽槽翻筑、后戗填塘、锥探灌浆、淤临淤背、围坝固脚等治理工程，提高了工程抗洪强度。

（一）抽槽翻筑

该工程主要对坝体密度不实、土质不好的堤段进行翻筑。为保证围坝安全，于 1959 年春对原金线岭堤帮修的一段围堤进行补坡翻筑。该段原为旧金堤，1958 年由临湖取土帮背，对旧堤破口 30 余处进行换土翻筑。1964 年对国那里新堤进行翻筑。1976 年对东坝段进行部分抽槽换土和裂缝开挖回填。1988—1990 年对围坝 12 段（处）（西坝段 3 处、南坝段 1 处、东坝段 8 处）、二级湖堤 11 段（处）、山口及卧牛堤 7 段（处）裂缝均进行了挖填处理。1959—1990 年共抽槽翻填、裂缝回填治理长度 11 091 米。

（二）后戗填塘

1960 年蓄水期间，围坝各重点段修筑了一部分后戗及填塘工程，用以解决坝身断面不足和背湖低洼渗水坡脚失稳等险情，共修筑戗堤 3 000 余米，填塘 2 000 余米。

1964 年以后，为安置未外迁移民，在围坝背湖堤脚外修筑村台，宽 20~50 米，最宽处达百余米，计长 30 公里，高程一般在 42.0~43.0 米。同期，在二级湖堤背坡筑村台 8 处，长 2 公里，高程一般与堤平，宽 50~150 米。1964—1968 年根据围坝加固规划，修筑后戗 5.8 公里，填塘 1.8 公里。1965 年对二级湖堤二道坡、八里湾等 7 处险要堤段进行筑戗填塘 2.18 公里。

（三）锥探灌浆

为了解决围坝堤身内部土质密实不足、质量较差的问题，分三个阶段进行锥探灌浆，1960—1989 年对围坝及山口隔堤锥孔 115.56 万眼，其中围坝 104.19 万眼，山口隔堤 11.37 万眼；围坝灌入土方 3.8 万立方米，山口隔堤灌入土方 1.2 万立方米。

1964—1971 年对重点段锥探灌浆，锥孔 32 万余眼，灌土 1.3 万立方米，孔距 1~2 米，行距 1.5~2 米，呈梅花桩布置，孔深一般 5~6 米。1972—1976 年进行密锥普灌，长 78 公里，锥孔 48 万眼，灌入土方 1.7 万立方米，孔距 1 米，行距 1~2 米，呈梅花桩布置，孔深一般 6~8 米。1978—1990 年对东、西坝段补灌 49.38 公里（东坝段 21.96 公里、西坝段 27.42 公里），锥孔 31.55 万眼，灌土 0.45 余万立方米。期间，由于资金不足等原因，曾一度停灌数年，至 1987 年、1989 年又重新补灌长 16.75 公里，锥孔 5.34 万眼，灌土 0.68 万立方米。1991—1994 年继续进行压力灌浆、加固，长度 59.32 公里，锥孔 11.19 万眼，灌土 2.19 万立方米。

（四）淤临淤背

利用黄河泥沙和老湖淤土进行淤临淤背，填垫临背低洼堤段，以增加堤身断面。1973—1989 年对围坝、二级湖堤、黄湖两用堤进行自流放淤、机淤固堤，完成土方 1 182.33 万立方米，投资 633.2 万元。

1973—1981 年利用国那里引黄灌区南支输水的机会，对围坝桩号 10+471—24+900 临湖，长 14.5 公里、宽 180 米进行自流放淤，淤高至 39.6~42.5 米高程，平均淤厚 1.5~3 米，完成土方 390 万立方米。自开始自流放淤至 1989 年完成围坝西坝段低洼堤段，自流淤临土方 469.91 万立方米，投资 21.34 万元。

1969—1981 年利用北支输水，对二级湖堤桩号 7+280—14+100 背湖，长约 7 公里，宽约 170 米，淤至 39.3~40.4 米高程，淤厚 1~2 米。1969—1984 年自流淤背，完成土方 232.1 余万立方米，投资 4.12 万元。

1974—1989 年开始利用绞吸式挖泥船对二级湖堤（桩号 13+896—19+300、21+050—26+700）两段淤背，共长约 11 公里，宽 50 米，最宽处达 100 米，高程 42.0~44.0 米，最高达 46.0 米。自 1974 年连年淤背，完成土方 394.45 万立方米，投资 540.71 万元，为二级湖堤以后加高帮宽储备了土源。

1975—1985 年开始利用冲吸式吸泥船，对黄湖共用堤由国那里至十里堡背黄（临湖）侧机淤，长 1.47 公里，淤至 47.5~48 米，宽 40~50 米。1980—1981 年又复淤至高程 50.7 米，宽约 50 米。十里堡闸上长约 150 米，淤高至高程 51 米，宽 40~140 米，共完成淤土 85.87 万立方米，投资 67.03 万元。

1990—1992 年结合灌溉，1998 年结合向南四湖补水，对围坝尹村至宋铺堤段淤临 195 万立方米，平均淤高 0.5~1.2 米。1997—1999 年对刘堂至黄河涯堤段淤临 260 万立方米，平均淤高 1~1.5 米。国那里至宋铺段临湖取土坑及洼地基本被淤平。

（五）围坝固脚

1963 年梁山县在围坝背坡试点修筑移民村台后，1964 年经研究确定凡在湖区内距堤 3 公里以内可傍堤定居。1965—1966 年在沿围坝背侧修了大量的村台，由于人畜活动，对堤坡破坏较大，造成背坡残缺。为防止堤防破坏继续扩大，于 1982 年开始试点修筑重力式挡土墙，临土面设反滤沙带滤水，墙体高度在 0.5~2.0 米不等，顶宽 0.5 米。1982—1990 年对围坝（11+450—76+850）共 11 段，累计完成固脚工程长 15.41 公里（南坝段 1.59 公里、西坝段 5.74 公里、东坝段 8.08 公里），完成石方（土方未统计）2.08 万立方米，投资 225.79 万元。1992—2001 年对围坝（10+550—78+390）8 段，累计完成固脚工程长 6.365 公里（西坝段 4.521 公里、南坝段 0.874 公里、东坝段 0.97 公里），完成土方 6.09 万立方米，石方 0.52 万立方米，投资 229.07 万元。

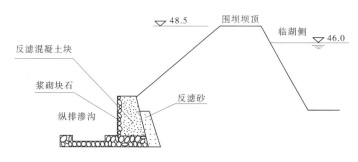

东平湖水库围坝固脚工程断面示意图　（单位：米）

（六）基础处理

东平湖水库围坝是 1958 年秋季突击抢修的，事前未进行地质勘探。原来围坝基础下有大清河、小清河、小唐河、安流渠、赵王河、龙拱河等多条古河道贯穿。1960 年蓄水后东坝段有阳城坝、熊村、韩村、索桃园、南大桥、北大桥、杜尧窝、武家漫 8 处渗水严重，成为八大险情段。

在蓄水前曾对重点堤段进行过基础处理，1960 年 5—6 月底完成黏土管柱帷幕截渗 6 段，工程长 1.69 公里、深 6~8.8 米；竹管和沙石反滤减压井 40 段 577 眼，工程长 7.15 公里。经蓄水考验，只有竹管反滤效果较好。

1960 年蓄水期间，围坝背坡险情丛生，当即采取相应加固措施，至 1960 年底，分别采取修筑压渗台、加固后戗、填塘覆盖、沙沟排水后戗、砂土透水后戗、后戗帮宽加高、沙石减压井、坝坡 Y 形排渗沟、暗沟导渗

等措施，共抢护 26 段，长 5.58 公里。

（七）改建期加固

1964—1975 年为水库改建加固期，防洪运用水位经国务院批准，暂定为 44.0 米，争取 44.5 米。按此标准曾两次编制了围坝加固设计方案，因认识不同，争议较多，未能全面实施。

至 1975 年末，除坝身及石护坡进行少部分加固外，基础仅加固了阳城坝、武家漫、韩村、熊村 4 段重点险情段，长 1 496 米。均以背湖导渗排水为主。前三段为减压井排水，后一段为暗管排水。减压井先后采用钢管、漏水陶瓷管、条形无砂混凝土管，通过排水沟向外排渗水。减压井内径 0.1～0.2 米，一般井深 10 米左右。工程建成后，因长期未蓄水运用，加之管理不善和标准偏低等，一些减压井遭到破坏，后来只保留阳城坝及武家漫两处减压井。

水库改建期加固共完成土方 566.31 万立方米，石方 39.22 万立方米，混凝土 3.87 万立方米，投资 4 002.56 万元。

五、涵闸建设

1958 年东平湖水库围坝建设基本完成后，为了做好向东平湖分水的准备，于 1959 年 10 月在围坝起点修建了徐庄和耿山口两座进（出）湖闸，用以辅助向老湖分洪。为了解决蓄洪后续排洪问题，于 1958 年 11 月至 1959 年 10 月在陈山口村附近建设陈山口出湖闸，共 7 孔，设计流量 1 200 立方米每秒。为了做到向老湖分洪，于 1960 年 2 月在徐十堤末端建设了十里堡进湖闸，共 10 孔，设计流量 2 000 立方米每秒。为了引用东平湖水库的蓄水，解决汶上及济宁以北地区农田灌溉问题，于 1959 年 2 月至 1960 年 7 月在东坝段桩号 56+410—56+490 处建设张坝口引水闸，共 5 孔，设计引水量 50 立方米每秒。

1960 年 7 月，东平湖全湖试蓄水运用后，当水位达到 41.5 米时，围坝坝基即出现渗透变形，以致不断发现坝身裂缝、漏洞、石护坡坍塌等险情，水位上升至 43.5 米时，险情十分严重，继续蓄水势必严重影响工程安全运用。按照上级要求停灌排水，加之拦河坝壅水淤沙，东平湖水库达不到兴利要求，位山枢纽已影响黄河正常行洪，经批准决定破坝，东平湖水库改建为"有洪蓄洪、无洪生产、二级运用"的蓄滞洪区。为了排泄东平湖底部积水，于 1963 年在围坝桩号 37+996 柳长河堵截处修建柳长河泄水闸，至

1963 年底库区积水才排向梁济运河。

1960 年东平湖试蓄后，针对工程存在分泄洪方面的问题，1963 年黄委编制了《东平湖水库运用规划》上报水电部，1966 年国务院批转水电部《关于 1966 年黄河下游防汛及保护油田问题的报告》中提出东平湖现有进湖能力不足，决定增建石洼进湖闸、林辛进湖闸。为了直接向新湖分洪，于 1966 年 3 月至 1967 年 12 月建设石洼进湖闸，共 49 孔，设计流量 5 000 立方米每秒；为增大向老湖分洪的能力，于 1967 年 6 月至 1968 年 7 月建设林辛进湖闸，共 15 孔，分洪流量 1 500 立方米每秒。为增大向黄河排泄东平湖蓄水，在清河门于 1968 年 3—8 月建设了清河门出湖闸，共 15 孔，设计流量 1 300 立方米每秒。为了进一步提高库区排水能力，于 1973 年在围坝桩号 25+283 处修建码头泄水闸，向梁济运河泄水。

东平湖围坝、二级湖堤及大清河各类排水涵闸建设详细情况见第六篇。

第三章　超标准运用治理

1975 年 8 月，淮河发生特大洪水后，黄委推算黄河花园口站可能出现 46 000 立方米每秒的特大洪水。1976 年 5 月国务院批复同意河南、山东两省及水电部《关于防御黄河下游特大洪水意见的报告》，指出"东平湖分滞洪区是黄河下游主要处理特大洪水措施之一，并要求水库超标准运用，按蓄水位 46.0 米研究进一步加固措施"。

黄委经过调查研究提出《提高东平湖水库蓄洪运用水位的具体措施及实施意见》，主要有围坝加固、涵闸改建、增建司垓退水闸、库区避水及撤离措施等 4 项工程，共列投资 7 124 万元，要求 1980 年完成。由于投资所限，到 1979 年仅完成投资的 26%。为此，1979 年 12 月，山东河务局又根据几年实践进行研究，进一步落实各项工程规划，编报了《对东平湖水库工程超标准运用的规划意见》。规划中上述 4 项工程尚需土方 2 403.5 万立方米，石方 55.8 万立方米，混凝土 9.1 万立方米，投资尚需 7 887.4 万元。1980 年至 1990 年底仅完成规划的 48.9%。

1976—1990 年为水库超标准运用期治理，水库围坝又重新开始按新标准进行加固治理，共完成土方 502.04 万立方米，石方 15.45 万立方米，混凝土 9.07 万立方米，直接工程费 4 212.58 万元。

超标准运用期加固治理，除完成围坝加固、三闸（石洼、林辛、十里堡进湖闸）改建和增建司垓闸外，还于 1986 年按照批准的《东平湖水库移民处理规划》进行库区避水、撤离设施及移民生产生活项目治理，国家批准投资 1.2 亿元，至 1999 年已完成国家投资 11 427.4 万元，地方配套资金 14 840.73 万元。

一、围坝加固

1976—1990 年对重要堤段的基础渗漏进行加固处理。处理主要采用以截为主，截、排结合的方法。故此，对东坝段基础沙层埋深较浅的坝段（如 6 米以内）采取临湖抽槽（沙）换土（黏土）截渗、背湖修筑后戗或大后戗及压渗台，基础沙层埋深较深的采取凿孔灌填低强度等级混凝土截渗墙或背湖凿井排水减压等措施。

（一）后戗加固

1975年淮河发生大洪水以后，国家对东平湖蓄滞洪区提出了超标准运用要求，1981年确定统一的加戗标准，按照蓄水46.0米高程，压盖1∶10的设计浸润线为帮修标准。1995年黄委重新推算确定东平湖新湖设计水位为45.0米、老湖设计水位为46.0米之后，对相应堤防进行加固。1981—1983年按超标准运用连续3年进行加固，加修大后戗，长23.6公里，土方110多万立方米。具体桩号为：38+025—47+960、48+400—56+050、63+755—64+050、71+266—71+558、75+075—75+104、75+763—75+871、79+275—76+335、77+660—77+900、78+381—78+600、78+538—83+070、83+070—83+375、83+700—84+150、84+503—84+594、84+633—84+678、84+900—85+430、85+960—87+610。上述16段均按二级后戗修筑，个别低洼堤段修筑三级后戗，高程在40.0~44.5米不等，宽度一般为12米，边坡1∶5，个别堤段宽度达到17米，有房台的堤段宽度为37~40米。

1998年按戗高43.5米、顶宽2~8.5米、边坡1∶5标准，对玉斑堤进行后戗加固及临湖石护坡加高翻修。1999年按二级戗顶高程44.5米、一级戗顶高程42.5米、顶宽各6.0米、边坡1∶5标准对围坝13+650—24+199和56+050—61+635段进行后戗加固，修筑后戗长10.16公里，计长10.16公里进行后戗加固。

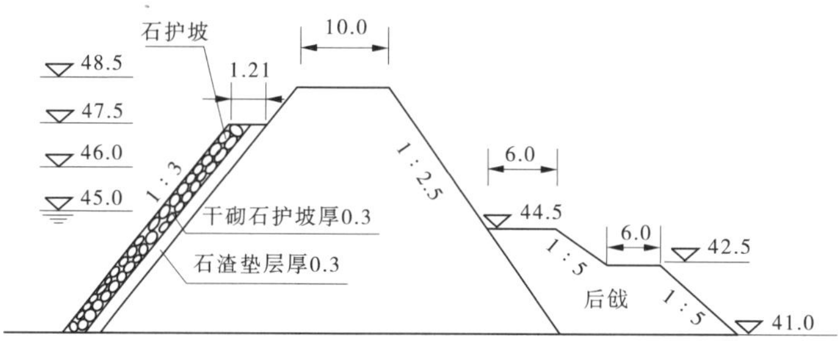

围坝后戗与石护坡翻修工程断面示意图 （单位：米）

（二）抽槽换土截渗墙

1976年先后在韩村坝段试做抽槽换土截渗，继而在熊村、阳城坝、二郎庙实施，抽槽深度4~6米，最深7米，抽沙换填黏土厚度2米。1976—1979年共完成黏土防渗墙7段（韩村2段、熊村和阳城坝各1段、二郎庙2段、青龙堤1段），长3 598米，修筑墙体47.77万立方米，投资109.83万元。

（三）锥探灌浆

1965年二级湖堤修复后，至1980年集中两次进行灌浆。第一次1967—1968年对表层进行锥深2.5米，锥孔11.96万眼；第二次1975年锥深5米，锥孔4.16万眼。两次灌浆长24.5公里，锥孔16.12万眼，灌入土方0.72万立方米。由于二级湖堤修筑时使用黏土较多，含水量大，堤身固结干裂产生裂缝较多，除开挖回填外，又于1987年、1989年、1990年进行深层密锥灌浆，以充填缝隙，共锥孔5.3万眼，灌入土方1.19万立方米，处理长度21.65公里。1991—1994年继续进行压力灌浆，加固围坝7段，长59.32公里，锥孔11.19万眼，灌入土方2.19万立方米，投资45.21万元。

（四）裂缝开挖

1991—1992年湖东围坝发生纵横3条裂缝，均于当年进行开挖回填处理，一般挖至裂缝完全消失处，高程在46.0米左右，回填后又进行密锥灌浆加固。2002年国十堤桩号339+579—339+704和339+021—339+320出现纵缝2条，于当年进行裂缝表层挖填1米深压盖灌浆加固。2003年两闸隔堤桩号0+000—0+430原背湖堤肩至整个堤顶路面出现裂缝宽1~12厘米、深0.3~0.5米的5条纵缝和2条横缝，纵缝长300~430米，其原因是临湖堤房台处堆积出湖河道开挖弃土，造成不均匀沉降，2004年7月对裂缝区进行了压力灌浆处理，并修复了堤顶硬化路面。

（五）低强度等级混凝土截渗墙

1977—1990年先后对南桥、索桃园、南桥路口、韩村（2段）共5段，长3 443米，采用直径0.6米联头潜水钻凿孔造槽形孔，孔深7~9米，平均8.8米，用低强度等级混凝土浇灌，按每立方米80公斤水泥、1 240公斤中沙、480公斤黏土配制浆液。完成墙体1.59万立方米，投资188.5万元。1991年熊村至韩村段截渗墙续建，长度627米，钻孔进尺3 199.75米，浇筑黏土混凝土4 888立方米，完成土方3.35万立方米，石方0.25万立方米，投资62.7万元。

（六）减压排水井

1976—1977年完成杜窑窝减压井（陶瓷及塑料）一段，长1 232米，92眼，井深8米，出水高程40.4米，井距10~15米，投资6.75万元。

二、三闸改建

十里堡、石洼、林辛三座进湖闸处在防御黄河大洪水的关键部位，由于黄河逐年淤积，为适应防御特大洪水的要求，从 1976 年开始分别对三闸进行改建。

（一）十里堡进湖闸

十里堡进湖闸于 1960 年初建，1978 年改建，设计流量 2 000 立方米每秒，闸室向上游面接长 17 米，增设基础桩 450 根，底板高程改为 42.5 米。

（二）石洼进湖闸

石洼进湖闸于 1966 年初建，1976 年改建，设计流量 5 000 立方米每秒，闸室向下游面接帮 6 米，增设基础桩 799 根，底板加修驼峰抬高至 42.5 米高程，下游增设二级消力池，防冲段加长至 119.1 米。

（三）林辛进湖闸

林辛进湖闸于 1967 年初建，1977 年改建，设计流量 1 500 立方米每秒，闸室向上游面帮宽长度 5.5 米，增设基础桩，底板抬高至 42 米高程，防冲段加长至 125.1 米。

1976 年 10 月至 1981 年 8 月，上述三闸改建累计完成土方 43.93 万立方米、石方 7.88 万立方米、混凝土 6.06 万立方米，投资 1 887.6 万元。

三、增建司垓退水闸

为解决超标准运用相继向南四湖泄水和新湖蓄水后排水问题，黄委决定增建司垓退水闸。该闸于 1987 年 10 月至 1988 年 12 月在围坝 42+750 处修建，为桩基开敞式水闸，设桩基 256 根，设计防洪水位 46.0 米，泄水流量 1 000 立方米每秒。全闸共 9 孔，孔口宽×高为 8 米×3.6 米（低孔宽×高为 8 米×3 米），闸顶高程 49.5 米，高孔底板高程 39.5 米（低孔 35.0 米），闸室总宽 111.3 米，顺水纵长 212.11 米，设四级消力池，完成土方 33.77 万立方米、石方 2.49 万立方米、混凝土 1.43 万立方米，投资 1 131.13 万元。

1988 年和 1991 年在闸下游至梁济运河之间修筑了西、东两段导流堤，长度分别为 181 米、621 米。1999 年按过流 500 立方米每秒的标准开挖了至梁济运河的泄水河道，运河堤未有开通。上游引渠直到 2011 年结合南水北调东线一期南四湖至东平湖输水航道的开挖一并开通，下游入梁济运河配套工程（运河堤及对岸防护设施）亦未建设，该闸建成后尚未运用。

第四章　除险加固治理

1990—1995 年黄河来水偏少，主河槽淤积萎缩，同流量水位升高，东平湖向黄河退水越来越困难。为扩大老湖泄洪能力，黄委《关于东平湖水库扩大老湖调蓄能力规划报告》的批复中，同意按老湖蓄水 46.0 米的设防标准加固二级湖堤。1993 年开始逐步治理，至 2003 年基本完成，10 年的时间完成了堤防培修加固、淤背加固、锥探灌浆、裂缝处理、石护坡翻修、险点消除、堤顶道路等，共计投资 1.32 亿元。1996—2000 年按照《黄河下游1996—2000 年防洪工程可行性研究报告》（九五可研），共完成防洪工程建设土方 1 022.86 万立方米、石方 36.55 万立方米、混凝土 2.38 万立方米，投资 3.3 亿元。2000 年根据黄委《亚行贷款项目——黄河下游防洪工程建设可行性研究报告》和《东平湖水库除险加固治理发展规划》（项目建议书）规划加固土方 1 090.56 万立方米、石方 95 万立方米、截渗墙 5 万立方米，总投资 15.05 亿元。2001—2005 年对东平湖水库除险加固治理，完成土方 760.63 万立方米、石方 8.18 万立方米、混凝土 9.2 万立方米，投资 2.11亿元，约占规划的 34.3%。

一、围坝堤防加固

围坝堤防原长 100.077 公里，其中黄湖两用堤 1998—2000 年按 2000 年防御花园口站 22 000 立方米每秒设防标准加高培修后，桩号 336+600—337+406 段长度从 806 米增加为 856 米，337+406—340+000 段长度从 2 420 米（因建设石洼、林辛、十里堡闸减少 174 米，后因堤防加高增加 47 米）增加到 2 467 米。徐庄、耿山口进湖闸除险拆除后按黄堤标准加修为两段山口隔堤，长度分别为 103 米、71 米。

至 2005 年，围坝堤防长由 100.077 公里增加为 100.348 公里。围坝共11 段，其中徐十堤、国十堤、国那里至武家漫 3 段，环湖山口隔堤 8 段（青龙堤、两闸隔堤、斑清堤、玉斑堤、卧牛堤、西汪堤、徐庄闸堤、耿山口闸堤）。1991—2005 年根据不同情况分别采取修筑后戗、加高加固、锥探灌浆、裂缝处理、坝基坝身截渗、堤防固脚等措施对围坝进行了一系列加固治理。

1975 年 8 月淮河大洪水后，预测黄河可能发生超大洪水，国家对东平湖蓄滞洪区提出了超标准运用要求，1995 年黄委重新推算确定东平湖新湖设计水位为 45.0 米、老湖设计水位为 46.0 米之后，对相应堤防按上述标准进行加固。1998 年按戗顶高程 43.13 米、顶宽 2~8.5 米、边坡 1：5 标准，对玉斑堤进行后戗加固及临湖石护坡加高翻修。1999 年按二级戗顶高程 44.5 米、一级戗顶高程 42.5 米、顶宽各 6.0 米、边坡 1：5 的标准，对围坝桩号 13+650—24+199 和 56+500—61+635，计长 10.16 公里进行后戗加固。1996 年黄河、大汶河发生较大洪水和 1998 年长江发生百年一遇大洪水后，国家加大防洪工程建设投资力度。1998 年黄湖两用堤部分按黄堤 2000 年防御花园口站 22 000 立方米每秒流量标准进行培修，至 2000 年结束，相继完成徐十堤、国十堤、斑清堤、两闸隔堤、青龙堤培修和徐庄、耿山口闸拆除修堤工程。1992—2001 年对围坝桩号 10+550—11+350 以及 77+420—78+390 范围内共 8 段修筑固脚工程，长 6 365 米，完成土方 6.09 万立方米、石方 0.52 万立方米，投资 229.07 万元。2003 年利用亚行贷款对 55+000—77+300 进行 4 段截渗墙加固长 17.86 公里；石护坡加高和翻修 4 段，长 660 米；石护坡翻修为混凝土护坡 7 段，长 21.741 公里。1991—1994 年对围坝进行压力灌浆，加固长度 59.32 公里，处理裂缝 36 条。1997—2000 年消除了 4 处（1997 年清河门、1998 年陈山口闸改建，1999 年和 2000 年徐庄和耿山口闸拆除堵复）险点。2000 年改建了国那里引黄闸，解决了渗径不足的问题。1986—2005 年消除各类险点 18 处，1991—2004 年开挖回填处理裂缝 17 条。1997—2005 年完成围坝加固（含后戗加高、石护坡翻修、截渗墙、堤顶硬化以及拆闸修堤等）长度 46.97 公里，完成土方 284.93 万立方米、石方 2.62 万立方米、混凝土 5.81 万立方米，投资 1.55 亿元。

二、围坝堤顶道路

围坝堤顶路面 20 世纪 90 年代之前多为土质，少部分修建砂石、页岩、沥青或混凝土路面。1979 年在石洼闸改建后，对桩号 10+471—25+600 段修建了砂石路面，至 2005 年已破损严重。1993 年动用堤防养护费 48.73 万元，修筑斑清堤及两闸隔堤沥青路面。2001 年斑清堤加高后，投资 154.52 万元，新修了沥青路面。1998 年任庄移民桥迁建后即将围坝桩号 32+200—32+850 段修筑为混凝土路面；同年，对围坝 48+400—50+520 段修建为砂石页岩路面；1999 年对徐十堤 0+000—7+245 段加高后即修为砂石路面。2002

2003 年将石护坡翻修为混凝土护坡

年东平河务局自筹资金对国十堤 8+500—9+105 段修建了混凝土路面，2001 年对桩号 25+600—32+200 段修建了砂石路面，2004 年对西汪堤 220 国道以东段（1+395—2+650）及辅道，由东平河务局职工集资 10 万元，地方集资 32.5 万元，修建了路基厚 0.16 米、路面厚 0.22 米、路宽 5 米、长 1 300 米的混凝土路面；同年，陈山口、清河门两闸隔堤堤顶出现纵缝，投资 34.22 万元进行堤防灌浆和路面修复。环湖围坝除上述硬化段外，其他段全部为土质堤顶路面。

围坝堤顶道路

三、二级湖堤加高加固

自 1993 年按老湖运用水位 46.0 米加高加固，至 2003 年除 220 国道戴庙路口外基本完成。1993 年按堤顶高程 48.0 米，顶宽 6.0 米，老湖侧石护坡顶高 47.8 米，新湖侧后戗顶高 45.0 米（桩号 8+850 以西 44.0 米），顶宽 6.0 米，部分堤段为二级戗台，台顶宽 22 米，边坡 1∶5，进行加高帮宽和石护坡加高翻修。1996 年在巩楼、王庄村台段（二级湖堤桩号 24+767—25+578）临老湖侧堤肩修筑浆砌块石防浪墙，长 46.93 米，墙高 1.1 米，宽 0.5 米。由于取土困难，二级湖堤加高培修工程持续 8 年才完成，1993—2000 年完成施工长度 30.131 公里、土方 287.04 万立方米、石方（混凝土）14.57 万立方米，投资 9 790.67 万元。

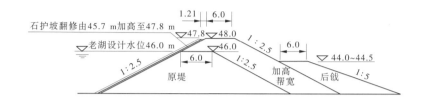

注：①二级湖堤改建加固项目：加高培修（含后戗）、放淤固堤、石护坡翻修、堤顶道路、锥探灌浆、裂缝挖填共 6 项；②10+050—15+150、19+244—24+767 等堤段为放淤固堤段，堤顶高程 42.0~44.0 m，宽 50~100 m，其余堤段为后戗与村台。

二级湖堤改建加固工程示意　　（高程：大沽；单位：米）

二级湖堤新湖侧多处洼地，常年积水，自 1973 年开始采取自流淤填与机淤加固两种方式实施连续淤背加固。桩号 7+280—14+100 利用国那里引黄闸自流放淤背湖洼地，长约 7 公里，宽约 170 米；1973—1981 年连续放淤，高程 39.3~40.4 米，一般淤厚 1~2 米，连同 1969—1973 年的断续放淤，至 1981 年已淤土 230 万立方米。1981 年以后因水位限制放淤效果不好，1984 年又试淤一次即行停止。

二级湖堤桩号 14+000 两侧常年积水，为了加固堤防并为堤防加高备土，1973 年在黑虎庙建立造船基地，1975 年自造 1 艘电动绞吸式挖泥船进行试生产，1976 年又造一艘电动绞吸式挖泥船运行至 1985 年。1976—1990 年共淤填土方 394.45 万立方米，完成投资 516.7 万元（其中 1986—1990 年淤土 148.32 万立方米，完成投资 252.49 万元）。1986—2002 年相继购置 6 艘挖泥船，加快机淤进度，并为今后加高堤防储备土源。1991—2002 年完成机淤长度 14.717 公里，淤宽 50~100 米，高程 42.0~44.0 米，完成土方 192.19 万立方米，投资 1 976.57 万元。完成的大部分机淤土方用于 1994—1999 年二级湖堤加高培厚工程。1986—2004 年共计完成淤背土方 330.51 万立方米，投资 2 229.06 万元。

1991 年由于二级湖堤裂缝较多，在 1987—1990 年灌浆处理的基础上继续完成长度 3.35 公里，钻孔 0.76 万眼，灌入土方 1 528 立方米，投资 2.78

万元。1987—2004年开挖处理纵横裂缝33条（纵缝9条、横缝24条），消除黄委在册险点2处（二道坡、大安山老运河口两段堤防加高帮宽）。

石护坡翻修及水毁修复。1993—2001年完成石护坡翻修及加高长度28.331公里，2004年完成2003年风浪水毁石护坡修复，长12.3公里。共计完成土方3 174立方米、石方1.914万立方米（含混凝土喷护137.6立方米），投资296.73万元。

四、二级湖堤堤顶道路

1998—2000年进行二级湖堤加高帮宽，完成了堤顶道路硬化工程。参照平原微丘三级公路标准，沥青路面宽5米、厚5厘米。桩号0+000—5+088段沥青路面于1999年完成，投资172.83万元。2004年该段堤顶路面损坏严重，2005年将沥青路面改修为混凝土路面，路面宽5米，混凝土厚16厘米，投资58万元。桩号5+100—26+731段沥青路面于2002年修筑，投资1 099.32万元。

二级湖堤沥青堤顶道路

五、涵闸新建与改建

在除险加固治理过程中，为了达到东平湖水库"分得进、守得住、排得出、防洪保安全"的要求，新建了庞口防倒灌闸，改建了清河门、陈山口两个出湖闸和八里湾泄洪闸。

（一）新建庞口防倒灌闸

该闸位于东平县斑鸠店镇庞口村东，陈山口闸下出湖河道入黄（河）末端围堰上。其作用是配合陈山口、清河门出湖闸向黄河泄水。在黄河高水时关闭，以防黄河倒灌淤积，东平湖大水时开启该闸或根据需要破东侧围堰共同泄洪。

东平湖出湖河道入黄口，由于黄河多年倒灌淤积，1990年8月18日老湖水位达到历史最高洪水位，超警戒水位41天，出湖河道泄洪不畅，二级湖堤防守非常困难，险情危急。8月2—11日，山东省防汛指挥部紧急调用驻鲁部队180名官兵，进行出湖河道水下爆破疏浚加深河道泄洪，解决了泄洪受阻问题。1991年对出湖河道进行人工和机械开挖清淤；2001年也因排洪受阻又进行一次水下爆破和挖泥船清淤。

为了彻底解决出湖河道倒灌淤积问题，2002年4月黄委批准新建庞口防倒灌闸，主要建筑物为3级，抗震烈度Ⅶ度，结构为桩基开敞式涵闸，设桩基62根，9孔，平面钢闸门（宽3米、高6米），配备9台固定螺杆式2×25T启闭机。设计流量（湖水位43.0米、黄河水位41.9米）450立方米每秒（加大流量740立方米每秒）；闸身总宽64.8米，顺水纵长94米，桥面宽4米。闸室与东侧围堰爆破口门（宽135米）间修作灰土隔墙防护，闸后消能采用综合式消力池。该闸于2003年3月开工，当年8月完工。完成土方8.65万立方米、石方0.76万立方米、混凝土0.26万立方米，投资1 022.02万元。

经过2003—2007年汛期泄洪运用，效果较好，但在闸堰同时过流运用后，堵复不及时，出湖河道仍然淤积。由于黄河和大汶河来水时机不尽一致，很难把控，十分必要在东侧围堰上扩建一闸，达到不破围堰排水，以彻底解决淤积或因破堰带来的堵复困难。

（二）清河门闸改建

该闸于1968年3月初建，设计流量1 300立方米每秒。1992年汛前检查发现闸门破损严重。1993年首先更换钢筋混凝土平板闸门。为了泄水安全，1996年12月至1998年5月改建，考虑黄河倒灌淤积等因素，将闸底板由36.5米抬高至39.0米，其他设计指标不变，并在临湖侧接长底板5.8米，接高闸墩，新加修机房。完成土方12.88万立方米、石方0.56万立方

米、混凝土 0.507 万立方米，投资 1 292.85 万元。

（三）陈山口闸改建

该闸于 1958 年 11 月初建，设计流量 1 200 立方米每秒。由于黄河常年倒灌淤积，圆弧形钢闸门存在反向挡水不足问题，1995 年被列为黄委在册险点。1998 年 2—11 月改建，保留原闸公路桥、机架桥、工作桥胸墙闸墩和底板，将闸底槛由 37.0 米高程抬高至 39.0 米高程，改建为平板钢闸门，每孔配备 2×63T 固定卷扬式启闭机，拆除旧启闭机房并新建。完成土方 16.23 万立方米、石方 0.26 万立方米、混凝土 0.27 万立方米，投资 1 520 万元。

（四）八里湾泄洪闸改建

该闸是沟通老湖向新湖分泄洪、一般情况下不破二级湖堤并兼顾排水和灌溉的分洪闸，改建后新址为二级湖堤 15+086 处。

原八里湾引水闸在二级湖堤 15+750 处，东平县八里湾村附近。1965 年由山东省交通厅运河航运局初建，设计防洪水位 44.5 米，设计流量 25 立方米每秒，为梁济运河航运补水兼顾新湖灌溉抽排水。改建前由梁山县水利局管理，改建后交由东平湖管理局东平管理局管理。

20 世纪 90 年代二级湖堤加高时，该闸没有改建，防洪标准不足。为消除险点改建为泄洪闸，增加老湖南排能力，并保留排灌功能。设计防洪水位老湖侧 46.0 米，相应新湖 38.0 米；设计泄洪流量 450 立方米每秒，校核流量 800 立方米每秒；灌溉引水流量 25 立方米每秒，排涝流量 18.82 立方米每秒；二级建筑物；闸顶高程 48.51 米，闸底板高程（高孔）41.51 米，1 个低孔高程 39.01 米；共 7 孔，高孔宽 8 米、高 3.5 米，1 个低孔宽 8 米、高 3 米，平板钢闸门，每孔配备 2×25T 固定卷扬式启闭机（低孔 2×40T）；设二级消力池。该闸由山东黄河东平湖工程局承建，于 2002 年 12 月 28 日开工，2004 年 9 月完成。完成土方 21.67 万立方米、石方 1.29 万立方米、混凝土 0.64 万立方米，投资 2 233.83 万元。

六、涵闸维修与拆除堵复

至 2005 年，东平湖管理局共有大中型涵闸 10 座、小型涵闸 11 座。其间对石洼、林辛、十里堡闸等涵闸（洞）不断进行维修加固，消除隐患，

1991—2005 年维修加固投资达 1 000 多万元。1999 年拆除黄委在编险点徐庄和耿山口两闸，按黄堤一级堤防标准改修为两段山口隔堤，拆除和修堤投资 357. 81 万元。1967—2005 年陈堤涵洞、张坝口闸拆除堵复；辘轳吊、刘口、宋金河、国那里引黄闸相继改建，陈山口引湖闸在原址拆除改建为南水北调东线陈山口引水闸。

第五章　功能提升治理

2008 年 7 月，国务院批复《黄河流域防洪规划》（简称《规划》），《规划》要求力争到 2015 年，初步建成黄河防洪减淤体系，基本控制洪水，确保黄河下游防御花园口站洪峰流量 22 000 立方米每秒，堤防不决口，逐步恢复主槽行洪能力，初步控制游荡型河段河势；基本控制人为产生的水土流失，减轻河道淤积；上中游干流、主要支流重点防洪河段的河防工程基本达到设计标准，重要城市达到规定的防洪标准。到 2025 年，建成比较完善的防洪减淤体系，基本控制洪水和泥沙。要坚持"上拦下排、两岸分滞"调控洪水和"拦、排、放、调、挖"综合处理泥沙的方针。黄河下游分滞洪区工程的布局为：东平湖蓄滞洪区作为分滞黄河洪水的重点蓄滞洪区，保留北金堤滞洪区作为处理超标准大洪水的临时分洪措施，山东黄河南北展宽区不再作为滞洪区运用。《规划》分期实施，近期（2001—2010 年）规划部分包括完成临黄大堤加高加固、东平湖蓄滞洪区加固和滩区安全建设；控导工程新续建，险工及控导工程按近期设计标准进行加固；开展挖河固堤及"二级悬河"治理，基本完成东坝头至陶城铺段"二级悬河"治理任务；完善防洪非工程措施及工程管理等。

东平湖蓄滞洪区作为处理黄河下游洪水的重点蓄滞洪区，是《黄河流域防洪规划》的重要组成部分。2012—2020 年按照《黄河流域防洪规划》、近期（2001—2010 年）规划及批准的项目，对提升东平湖蓄滞洪区的防洪综合功能进行综合治理。先后完成了二级湖堤加高加固（新建栅栏板混凝土护坡）、庞口闸扩建（新建庞口东闸）、进湖闸群除险加固（石洼、十里堡、林辛闸改建）以及黄河东平湖蓄滞洪区防洪工程治理等。共完成各类工程拆除 1.15 万立方米，开挖回填土方 319.54 万立方米、石方 15.35 万立方米，混凝土 11.58 万立方米，钢筋制安 1 532.34 t，新建翻修防汛沥青混凝土路面 126.4 公里，投资 90 565.55 万元，征地补偿及移民安置费 5 378.32 万元。对东平湖蓄滞洪区的蓄滞洪、抗旱排涝、南水北调东线输水、航运以及旅游开发等多种功能的提升打下了坚实的工程基础。

一、二级湖堤新建栅栏板混凝土护坡

2003 年由于"华西秋雨"的影响，二级湖堤石护坡遭受风浪袭击，坍塌严重，损坏长度 12.3 公里，面积 4.54 万平方米。为了加强二级湖堤石护坡抗风浪的能力，决定改修加高加固二级湖堤石护坡为现浇混凝土栅栏板混凝土护坡。2011 年 12 月国家发改委批复《关于黄河下游近期防洪工程可行性研究报告》，2012 年 8 月水利部批复该工程初步设计，该项目被列为黄河下游近期防洪工程建设子项目。按 4 级堤防，设防水位 44.79 米，堤顶宽 6 米，错车道处 8 米，地震烈度Ⅶ度进行加高加固。主要对二级湖堤桩号 6+594—26+731 段新建栅栏板混凝土护坡长 20.137 公里。桩号 6+594—9+600、23+600—26+731 两段堤防高度不满足设计要求，桩号 9+600—23+600 堤防高度和石护坡厚度均不满足设计要求。通过现浇混凝土栅栏板护坡和设置防浪墙来解决。设计标准护坡加固现浇混凝土栅栏板主要有两种型号：二级湖堤桩号 9+600—23+600 段为 258 厘米×328 厘米，厚 34 厘米；桩号 6+594—9+600 和桩号 23+600—26+731 段为 222 厘米×282 厘米，厚 32 厘米；另有 6 种异形板作为补充。挡梁采用 M10 砂浆砌石，顶宽 0.5 米，底宽 0.78 米，顶部高度与栅栏板平。混凝土防浪墙位于栅栏板顶部，墙顶高程为 47.11~47.53 米，最小高度 0.32 米，顶宽 0.3 米，底宽 0.2 米，埋深 0.2 米，采用 C25 级配混凝土。错车台处顶宽 8 米，错车台长 15 米，两侧过渡段各为 7.5 米，边坡 1：2.5，并用沥青混凝土路面硬化。桩号 6+594—26+731 段长 20.137 公里进行加高加固，其中桩号 6+594—26+731 段长 20.137 公里进行护坡加固，桩号 9+600—23+600 段长 14 公里，另修 0.32 米高的防浪墙；安排错车道 25 处，错车道（含过渡段）按长 30 米、总宽 8 米设计。

二级湖堤栅栏板混凝土护坡

该工程项目法人为山东黄河河务局工程建设中心（原山东黄河河务局工程建设局），由山东黄河勘测设计研究院设计，河南立信工程咨询监理有限公司和山东龙信达咨询监理有限公司监理，山东黄河东平湖工程局和淄博市黄河工程局负责施工。2012 年 8 月 28 日开工，2014 年 8 月 8 日完成全部工程。完成土方 1.62 万立方米、石方 1.91 万立方米、混凝土 7.34 万立方米，概算投资 9 059.54 万元，变更增加投资 624.33 万元，共计投资 9 683.87 万元。

二、庞口防倒灌闸扩建

2003 年庞口防倒灌闸建成后，在处理 2004 年、2005 年大汶河洪水，特别是 2007 年大汶河洪水中暴露出一些问题，如围堰破口概率大，若堵复不及时，遇黄河中常洪水就会淤积出湖河道。如遇到黄、汶交替来水，围堰破堵必须交替进行，很难把控实施，且围堰破口后口门宽度发展很难预测，2007 年破口口门由 15 米扩展至 85 米，深度由 2.5 米冲刷至 13 米，极易出险，破堵费用难以估算（2007 年花费 1 100 万元）。实践证明，闸堰结合方案不能适应东平湖泄洪出湖运用要求。为此，于 2011 年 12 月将庞口闸扩建任务纳入"黄河下游近期防洪工程建设可行性研究报告"中，经国家发展和改革委员会批复实施。主要运用方式是变围堰破口为闸门控制退水，避免黄、汶较大来水时造成围堰频繁破堵和退水入黄河道淤积的问题。

庞口防倒灌闸（右为西闸，左为东闸）

因此，庞口防倒灌闸扩建工程规模应满足老湖单独处理大汶河 20 年一遇以下洪水，遭遇黄河中常洪水时，老湖蓄水位不超过 44.79 米。同时，庞口防倒灌闸扩建后总过流能力应与退水入黄河道、两出湖闸的过流能力相适应，以充分发挥退水入黄河道及两出湖闸的泄流能力。拟定庞口闸扩建规模为：大汶河发生 20 年一遇洪水、遭遇黄河中常洪水时，控制老湖最高水位不超过 44.79 米，经计算，庞口防倒灌闸扩建后，过流能力满足设计要求。

庞口防倒灌闸扩建工程，实际是新建东闸，共 9 孔，单孔净宽 6 米，孔高 3.5 米；闸室总宽 64.8 米，总长 139.6 米（闸室长 9 米），闸底板高程 38.3 米，闸墩顶部高程 43.8 米，上部布置交通桥和管理房 149.53 平方米。平板钢闸门 9 扇，2×250 千牛螺杆式启闭机 9 台，100 千伏·安变压器 1 台，10 千伏高压线路 700 米，基础为钢筋混凝土灌注桩基，接长老（西）闸临黄侧格宾网石笼和抛石槽 15 米。建筑物等别为 Ⅲ 等，主体建筑物级别为 3 级。设计地震烈度为 Ⅶ 度，闸上水位 43.45 米，闸下水位 43.23 米，挡黄河水位 43.49 米，淤沙高程为 41.49 米，设计闸顶高程 43.8 米。

该闸由山东黄河河务局工程建设中心建设，山东黄河勘测设计院设计，河南立信工程咨询监理有限公司监理，山东黄河工程集团有限公司施工。2012 年 11 月 29 日开工，2013 年 6 月 30 日主体工程完工，2015 年 7 月 5 日全部工程竣工。完成土方 11.06 万立方米、石方 1.82 万立方米、混凝土 0.29 万立方米，概算投资 2 121.33 万元，变更增加投资 377.35 万元，共计 2 498.68 万元。

三、进湖闸群除险加固

为了确保黄河发生大洪水时，能及时将黄河洪水分入东平湖，削减黄河洪峰流量，确保黄河艾山以下堤防防洪安全。2016 年国家发展和改革委员会批复同意山东黄河石洼、林辛、十里堡分洪闸除险加固工程建设项目，按照水利部批复的初步设计规模，于 2017 年 2 月开工建设，2019 年 3 月全部完成。

（一）石洼分洪闸除险加固

石洼分洪闸位于东平县戴庙镇石洼村附近，黄堤右岸桩号 337+795—338+192 处。除险加固仍维持原工程规模，设计分洪流量 5 000 立方米每秒、校核分洪流量 6 000 立方米每秒。工程等别为 Ⅰ 等，主要建筑物级别为 1 级。水闸建筑物按地震基本烈度 Ⅶ 度设防。对闸室段护面、减载及加固处理、胸墙加固，拆除重建机架桥、公路桥、启闭机室及桥头堡，更新闸门及启闭设备和电气设备，修复测压管，新设综合自动化系统，拆除重建管理房等。

2017 年 2 月 20 日开工，2019 年 3 月 20 日完工。该项目法人为山东黄河河务局工程建设中心，土建部分由山东黄河东平湖工程局承建，金属部分由黄委黄河机械厂承建安装。共完成拆除工程 7 497.27 立方米，混凝土浇筑 6 603.99 立方米，钢筋制安 892.6 吨，新建桥头堡启闭机房 2 188.54 平方米，完成投资 8 669 万元，征地及移民安置补偿投资 23 万元。

（二）林辛分洪闸除险加固

林辛分洪闸位于东平县戴庙镇林辛庄（已迁移至梁山县信楼乡）附近，临黄堤右岸大堤桩号 338+886—339+020 处。按照水利部批复的设计方案，保持原设计规模，设计分洪流量 1 500 立方米每秒；主要建筑物级别为 1 级，水闸建筑物按地震基本烈度 Ⅶ 度设防。对闸室段护面、减载处理；拆除重建机架桥、公路桥、启闭机房及桥头堡；防冲槽加固；更新闸门及启闭和电气设备；测压管修复等。该项目法人为山东黄河河务局工程建设中心，土建工程（含水保、环保）由山东安澜工程建设有限公司承建，金属结构由中国葛洲坝集团机械船舶有限公司承建。2017 年 2 月 14 日开工，2019 年 3 月 27 日完工。完成清淤 31 305 立方米，土方开挖回填 9 012 立方米，拆除工程量 2 677 立方米，混凝土浇筑 1 877.42 立方米，钢筋制安 402.24 吨，完成工程投资 4 113 万元，征地及移民安置投资 15 万元。

（三）十里堡分洪闸除险加固

十里堡分洪闸位于东平县戴庙镇十里堡村附近，黄堤右岸（徐十堤桩号 6+832—6+968）。按照水利部批复的设计方案，保持原设计规模，设计分洪流量 2 000 立方米每秒，设计防洪水位 49.79 米（黄海高程，下同），校核防洪水位 50.79 米，主要建筑物级别 1 级。对该闸进行闸室段护面处理；拆除重建机架桥、公路桥、启闭机室及桥头堡；更新闸门、启闭和电气设备；新设测压管等。该项目法人为山东黄河河务局工程建设中心，土建工程（含水保、环保）由菏泽黄河工程局承建，金属结构安装由黄委黄河机械厂承建。该闸于 2017 年 2 月 16 日开工，2019 年 3 月 20 日完工。完成拆除工程量 1 334 立方米，混凝土浇筑 1 214.84 立方米，钢筋制安 237.5 吨。完成工程投资 3 462 万元，征地及移民安置投资 15 万元。

四、蓄滞洪区防洪工程治理

2016 年 4 月，《国家发改委关于黄河东平湖蓄滞洪区防洪工程可行性研究报告的批复》（发改农经〔2016〕786 号）文件中，批复"黄河东平湖蓄滞洪区防洪工程治理"，当年 12 月，《水利部关于黄河东平湖蓄滞洪区防洪工程初步设计报告的批复》（水规计〔2016〕424 号文）批复该工程初步设计。

山东黄河河务局东平湖管理局按照国家发展和改革委员会及水利部初步设计报告的批复，实施了东平湖蓄滞洪区围坝堤防护坡拆除重建和新建、围坝固脚防护、堤防加固和新建、堤顶道路和穿堤建筑物建设、退水闸机电设备改造及引河疏浚、陈山口闸公路桥改建；大清河堤防加高帮宽，护坡拆除重建，堤顶道路建设，填塘固基，险工、控导工程加固和下延以及穿堤建筑物改建等一揽子工程。

东平湖蓄滞洪区防洪工程治理，于2017年3月5日开工建设，2020年3月31日全部完成。该项目由山东河务局工程建设中心建设，山东黄河勘测设计研究院有限公司设计，山东省科源工程建设监理中心等4个监理单位监理，工程分别由黄河水电工程建设有限公司、山东黄河工程建设集团有限公司、山东临沂水利工程总公司、山东润泰水利工程有限公司承建。完成开挖回填土方197.38万立方米、疏浚土方105.45万立方米、石方12.32万立方米、混凝土2.99万立方米，新建翻修防汛沥青混凝土路面126.4公里，（80.84万平方米）。完成投资62 139万元，征地及移民安置费5 325.32万元。

（一）堤防加固工程

主要完成围坝、卧牛堤、玉斑堤、大清河右堤石护坡拆除重建共60.385公里，两闸（陈山口与清河门闸）隔堤石护坡翻修0.246公里，围坝护堤固脚2.454公里，青龙堤堤防缺口堵复工程0.06公里，玉斑堤截渗0.15公里，大清河左堤加高帮宽及堤顶道路整修20公里、截渗工程3.9公里，大清河右堤背河堤脚坑塘填筑10处。

（1）围坝护坡。桩号10+650—55+000段上部预制混凝土联锁块护坡厚度0.16米，下接雷诺护垫护坡厚0.3米，坡比1：2.9～1：3.1。

（2）卧牛堤护坡。上部预制混凝土联锁块护坡厚0.12米，下部雷诺护垫护坡厚0.25米，坡比1：3。

（3）玉斑堤护坡。上部预制混凝土联锁块护坡厚0.12米，下部雷诺护垫护坡厚0.25米，坡比1：2.9～1：3.1。

（4）大清河右堤。上部预制混凝土联锁块护坡厚0.12米，下部雷诺护垫护坡厚0.3米、坡比1：2.5。

（5）两闸隔堤护坡。干砌石护坡厚0.3米，坡比1：3。

（6）围坝护堤固脚。采用C30钢筋混凝土悬臂式挡土墙，混凝土抗冻强度等级 F150；墙身高 1.2 米，顶宽 0.3 米、底板厚 0.3 米、宽 1.2 米。

（7）青龙堤缺口堵复。堤顶高程 48.46 米（1985 国家高程基准，下同），顶宽 11 米，临背边坡均为 1：3。

（8）玉斑堤截渗加固。水泥土搅拌桩墙体厚度 0.2 米，抗压强度大于 0.5 兆帕，渗透系数小于 $1×10^{-6}$ 厘米每秒。

（9）大清河左堤加高帮宽、堤顶整修及加固。按堤顶高程 49.31~57.60 米、堤顶宽 8 米、临背边坡均为 1：3 进行加高帮宽及堤顶道路整修。加固截渗墙顶高程原则上低于现堤顶 0.5 米，底部原则上嵌入相对不透水层 0.5~1.0 米。水泥土搅拌桩墙体厚 0.2 米，抗压强度大于 0.5 兆帕，渗透系数小于 $1×10^{-6}$ 厘米每秒。

（10）大清河右堤坑塘填筑。按照土料黏粒含量不小于 10%、填筑土料含水量与最优含水量的允许偏差±3%、压实度不小于 0.91 进行填筑。

（二）堤顶防汛路工程

堤顶防汛路工程参照平原微丘三级公路标准，路面设计年限 10 年，计算行车速度 30 公里每小时，对围坝、大清河南北堤堤顶、玉斑堤、卧牛堤、二级湖堤等修建沥青混凝土路面 109.266 公里，翻修 17.131 公里。面层类型采用细粒沥青混凝土 AC-13C 型路面，厚 5 厘米；路面宽围坝、大清河左堤及玉斑堤均为 6 米，卧牛堤、二级湖堤均为 5 米，大清河右堤为 4 米；设 2%的双向横坡，基层和底层各厚 15 厘米；当堤顶足够宽时，路肩宽度为 2×0.75 米（含路缘石宽 2×10 厘米），当堤顶宽度不足时，路肩宽度为路缘石内侧至堤肩；路肩设 3%单向横坡。

围坝汶上段堤顶道路

（三）穿堤建筑物

在东平湖蓄滞洪区堤防上，20 世纪 50—70 年代修建了一些穿堤建筑物（排灌、排涝站），使用多年，损坏严重，影响蓄滞洪区的安全运用，对此，2017 年 3 月至 2019 年 12 月按《国家发改委关于黄河东平湖蓄滞洪区防洪工程可行性研究报告的批复》进行拆除重建。

（1）王台排涝站拆除重建。按设计流量 6 立方米每秒，排涝站等别Ⅳ等，泵站规模为小（1）型工程，主要建筑物 4 级，次要建筑物和临时性建筑物 5 级，进行拆除重建。

（2）路口排涝站拆除重建。按设计流量 5.6 立方米每秒，排涝站等别Ⅳ等，泵站规模为小（1）型工程，主要建筑物 4 级，次要建筑物和临时性建筑物 5 级，进行拆除重建。

（3）卧牛堤排涝站拆除重建。按设计排涝流量 6.8 立方米每秒，排涝站等别Ⅳ等，泵站规模为小（1）型工程，主要建筑物 4 级，次要建筑物 5 级，进行拆除重建。

（4）马口闸拆除重建。按引水流量 4 立方米每秒，排涝流量 10 立方米每秒，主要建筑物 1 级，次要建筑物和临时性建筑物 3 级，进行拆除重建。

（5）堂子排灌站穿堤涵洞拆除重建。穿堤涵洞保留原规模，按涵洞尺寸 2.0 米×1.85 米（宽×高），共 4 节，每节长 9.2 米，涵洞底板高程 40.78 米，进行拆除重建。

（6）穿堤建筑物拆除堵复。林辛淤灌闸原名放淤闸，开挖底高程 40.85 米，开挖底宽 10.25 米，开挖边坡 1∶3；尚流泽引水涵洞开挖底高程 40.92 米，开挖底宽 5.9 米，开挖边坡 1∶3，在 49.12 米高程处设马道宽 2 米；后亭引水涵洞开挖底高程 43.42 米，开挖底宽 7 米，开挖边坡 1∶3，在 49.12 米高程处设马道宽 2 米；范村引水涵洞开挖底高程 41.92 米，开挖底宽 6.5 米，开挖边坡 1∶3，在 49.12 米高程处设马道宽 2 米。

（四）河道整治工程

（1）险工改建加固。险工坝顶高程按大堤设计堤顶高程减堤顶安全加高值；根石台高程与大清河流量 1 100 立方米每秒水位持平；坝顶宽度，丁坝顶宽 12 米，护岸顶宽不小于 6 米，联坝顶宽 10 米；坝坡按坦石边坡取值 1∶1.5，对于坦石质量较好且边坡缓于 1∶1.1 的加高工程，维持原边坡坡度不变，按顺坡进行改建加固。

（2）控导工程改建加固。顶高程及坝型维持现状，按裹护体顶宽 1 米、外坡 1∶1.5、内坡 1∶1.3 进行改建加固。

（五）退排水工程

（1）陈山口出湖闸防汛交通桥应急改建工程。按照主要建筑物 1 级，地震烈度Ⅶ度，双向二车道二级公路进行改建；桥梁宽度 8.9 米，桥面横坡 1.5%（双向），设计汽车荷载为公路-Ⅰ级。

（2）清河门出湖闸改建工程。按照主要建筑物 1 级，次要建筑物 3 级，设计流量 13 000 立方米每秒；设防水位临湖侧 44.72 米、临黄侧 46.12 米，底板高程 35.22 米，闸孔 15 孔，单孔净宽 6 米，平面钢闸门，固定卷扬启闭机抗震设防烈度Ⅶ度，进行改建。

（3）出湖闸前河道开挖疏浚。陈山口闸前河道沿主槽向上游扩挖，断面底宽 120 米、河底比降 1/6 000，河底高程 37.72~37.89 米；清河门闸前河道沿主槽向上游扩挖，断面底宽 150 米、河底比降 1/6 000，河底高程 37.72~37.89 米。两闸前河道在桩号 1+000 处交汇在一起，交汇后河道断面按该处生产堤之间河道宽度进行全断面开挖，断面平均底宽 540 米，比降 1/6 000；开挖末端断面桩号 2+400，河底高程 37.89~38.12 米，边坡 1∶5。

第六章 蓄滞洪区兴利建设

东平湖自然蓄滞洪区时期，湖内就修建了不少兴利工程设施，东平湖水库建成后已拆除。1963年以后移民返库，新湖区恢复农业生产，利用国家移民经费和地方自筹等各项资金，又重新进行建设，至1990年已初具规模。主要包括新、老湖区，滨湖区及库区周边治理。

一、新湖区治理

新湖区面积418平方公里，以老运河为界，东区属东平县，区内面积102平方公里；西区属梁山县，区内面积316平方公里。

1950年自然蓄滞洪区时期，新临黄堤建成后，东区成为封闭洼地，易积水成灾。自1965年开始以排涝为主结合灌溉，先后开挖两大干沟，配套修建了辘轳吊、刘口、刘楼、蒋口排灌站，完成土方1 060万立方米、石方5.4万立方米，投资284万元。

西区在建库前局部修建了一些排灌设施。1956年首先在国那里修建了4条虹吸管，引黄河水3.88立方米每秒，灌溉小安山以北农田约8.4万亩。1958年又在八里湾、王仲口修建排灌引水工程，分引老湖水8.5立方米每秒，可控制灌溉面积30万亩。建库后上述工程废除。

1963年由于水库改变运用方式，于当年修建柳（流）长河泄水闸，1964年疏挖柳长河，1965年修建八里湾引水闸，可通过柳长河排涝及引水灌溉。1966年修建国那里引黄闸，1972年修建八里湾排涝站，1973年修建码头泄水闸，1974年开挖戴码河（修建码头闸前，戴庙至柳长河称戴柳河），自1970年在骨干排涝河道上陆续修建小型排灌站52座，1980年扩改建八里湾为排灌两用的泵站。至1990年逐步形成了以国那里引黄闸为主的引黄灌区和排涝体系，灌溉面积26万亩，排涝面积300平方公里。

二、老湖区治理

老湖区常年蓄水面积209平方公里，多以渔业生产为主。湖西北部及大清河入湖口处，有10多万亩土地枯水期外露。1963年移民返迁后，群众自发围湖造田，并在湖西、湖北修了 11 处小型排（涝）灌站，灌溉面积 1.24 万亩；在湖东大清河口区修建 9 处小型扬水站，灌溉面积 0.36 万亩。湖东沿山区高地，自 1970 年由国家扶持修建了二十里铺等扬水站 10 处，灌溉面积 12.29 万亩，并配套干支渠总长 86.33 公里，国家投资 600.67 万元。老湖区通过治理，充分利用东平湖水资源发展湖区渔业、山区农业生产。

三、滨湖区治理

（一）银山封闭圈

银山封闭圈位于老湖西北部，临河靠湖，四周山口隔堤包围形成封闭圈，面积 49.85 平方公里，耕地约 5 万亩。因封闭灌排困难，易旱涝成灾。1961—1971 年先后修建了 4 处扬水站、2 处排灌站，排灌总面积 11.19 万亩，并开挖南、北排水沟，将涝水分别排入黄河和东平湖。

（二）稻屯洼

稻屯洼位于水库回水区大清河北岸，三面环山，南临大清河，面积 76.5 平方公里，63 个自然村 7.75 万人，7.3 万亩耕地。早在 1969 年初，修建大清河北堤后即形成积水区，同时也作为大汶河超 7 000 立方米每秒流量，确保南堤安全的分滞洪区。为了解决洼内群众生产生活问题，1965 年对王台大小涵闸进行改建合并，1962—1964 年先后开挖南金线河、石马河、白吉河等骨干河道，并加修束水围埝，将积水区控制在 2 万亩左右，埝外开挖台田沟，发展上粮下鱼。1968—1980 年建排灌站 14 处，排灌面积 5.08 万亩，实现了高水自流、低水可排，保证了稻屯洼农业生产。

（三）州城洼

州城洼位于围坝东侧，东平州城周围，面积约 50 平方公里。州城在宋咸平三年（1000）从须昌城（东平湖老湖内）搬来时，原为高地，多年修筑堤坝需用土料，加之黄河和大汶河洪水的冲淤，致使州城周边低洼。东平湖水库蓄水后渗水及东部客水聚集此地，积涝成灾。1960 年自武家漫沿围坝外侧首挖湖东排渗沟至张坝口，将渗水排入梁济运河，灾情有所缓解。1966 年建设马口引水涵洞，1970 年改建为排灌两用站，排灌能力 6 立方米每秒。至此，州城洼地旱涝均得到治理。

四、库区周边治理

东平湖一带处于黄、汶、运交汇处，周高中洼，历史上属河流水系聚集地。建库后周边水系被打乱。为了理顺排水渠系，1959—1963 年围绕围坝先后开挖湖东湖、南湖、西湖 3 条排渗沟，使渗水和原有水系经过治理，统一排入梁济运河。湖西排渗沟经过不断治理，至 1967 年改建为梁济运河，总流域面积 3 306 平方公里。

第四篇　东平湖蓄滞洪区运用

1949 年黄河大洪水进入东平湖，并漫延至周边 8 个县、市，淹没损失巨大，但对缓解山东黄河下游防洪压力十分明显。此次自然蓄滞洪水，引起黄委的高度重视，上报国务院将东平湖确定为自然蓄滞洪区。从此，东平湖从自然无序控制分洪过渡到人为有序地控制分洪，至今已走过了 70 多年的光辉历程。建库前后，经过一系列工程措施和人力防守等非工程措施的实施，保障了东平湖蓄滞洪区解决黄河洪水和常年蓄滞大汶河洪水的安全运用，为山东黄河下游堤防和两岸人民群众生命财产安全作出了重大贡献。

第一章　建库前运用纪实

　　东平湖在建设水库之前，经过了 4 次自然蓄洪运用，淹没面积巨大，损失严重。1949 年自然蓄洪淹没面积近 2 000 平方公里，涉及 8 个县、市，总受灾人口达 100 多万，损失惨重。1954 年，黄、汶洪水相遇，爆破二级湖堤黑虎庙口门，东平第二滞洪区蓄洪，共淹没耕地 12.5 万亩，倒塌房屋 32 366 间。1957 年，黄、汶洪水相遇，老湖水位达 44.05 米，由于稻屯洼被迫蓄洪，减少了一次破一道防线的分洪。1958 年，黄河发生 22 300 立方米每秒的大洪水，比 1949 年多出了 10 000 立方米每秒的洪水流量，山口民埝漫决，黄水进入东平湖，安山水位达到历史最高 44.81 米，超过保证水位 1.31 米，高出设计堤顶 0.01 米，当地党政军民在上级"加强人防，固守大堤，确保安全"方针的鼓舞下，团结一致，坚守大堤，抢修挡水子堰，确保了二级湖堤的安全。

一、1949 年东平湖自然蓄洪

　　1949 年 9 月汛期，正值中华人民共和国成立前夕，东平湖防洪工程体系尚未完全建立。黄河连续发生了 7 次较大洪水，洪水自然进入东平湖，临黄山口民埝决口，运西堤及旧临黄堤难以抵挡洪水，漫溢遍流，致使洪水淹没面积超出东平湖，漫延扩大至周边县市，损失严重。

　　9 月 14 日，黄河花园口站出现 12 300 立方米每秒的洪峰，流量在 10 000 立方米每秒以上持续 2 天多，5 000 立方米每秒以上持续半月多。14 日洪水位超过 1937 年 1~1.5 米，黄河洪水先是由清河门、荫柳棵一带倒灌入湖，原有临黄各山口民埝、运河东西堤以及旧临黄堤低矮残缺，标准不一，大水到来后，虽经各级地方政府大力组织人力防守，但终因堤防御洪能力薄弱而多处决口漫溢。

　　大陆庄民埝（临黄堤）是防守的重点，也是最关键堤段。9 月 12 日梁山县九区区长亲自率领 8 名干部，组织 500 名民工上堤防守，13 日又增添 1 500 人。13 日黄水从荫柳棵、清河门一带倒灌入湖，由于堤防工程基础差、堤身单薄，于 13 日 23 时洪峰前，山口民埝在九区魏河村北决口，14 日 12 时流至徐毛民埝，傍晚水深达 2 米；14 日黄河花园口站洪峰流量达

12 300 立方米每秒，约 12 时马山头临黄民埝决口直冲徐毛民埝；15 日 12 时左右，由于老湖水位上涨迅速，金山坝在吴桑园东北又向西决口，22 时运西堤戴庙、刘圈也决口北流，三流汇合后直向西流；16 日 3 时到达戴庙西魏庄、三里庄、大陆庄、沈楼一带，此时大陆庄民埝两面受水，在人少料缺的情况下，于 16 日 5 时因漏洞决口，黄河洪水居高临下，直灌东平湖，湖水位急速抬高，各类堤防危在旦夕。

沿湖各级党委、政府组织数万名干部群众，奋力抢修子埝，加固险工。他们不怕风雨，不顾疲劳，与洪水搏斗了 20 多个昼夜，但终因水势强悍，堤防薄弱，加之长时间洪水浸泡，开始在旧临黄堤刘庄、运西堤八里湾、三里铺东西、宋江碑等 5 处决口，以后所有堤线或漫或决，几乎全线过水，最高湖水位达 44.86 米，淹没范围迅速向南漫延。不仅梁山、东平、汶上、南旺等县有 964 个村庄 78 万亩耕地受淹，而且附近的郓城、嘉祥、济宁、巨野等县（市）也有部分土地被淹，受灾总面积近 2 000 平方公里，约有耕地 150 万亩，受灾人口 100 多万，灾情严重。

洪水进入自然蓄滞洪区后，对减轻当时平原、山东两省黄河两岸堤防安全危机，确保此次洪水安全入海，彰显了巨大的削减洪峰作用，为研究制定自然蓄滞洪区的统一治理规划奠定了基础。

二、1954 年东平第二滞洪区蓄洪

1954 年 8 月，由于黄、汶相遇洪水并涨，老湖蓄滞水位迅速上涨至 42.97 米，防洪形势十分严峻，山东省防指果断决策，适时爆破东平县黑虎庙门口，向东平第二滞洪区泄洪。虽然牺牲了局部，但确保了山东黄河下游堤防的安全。

1954 年 8 月 5 日，黄河花园口站发生 15 000 立方米每秒的洪峰，6 日洪水开始倒灌入湖，11 日孙口站出现 8 640 立方米每秒的洪峰。13 日大汶河来水，戴村坝洪峰流量为 3 670 立方米每秒。黄、汶洪水分别进入东平湖，使湖水位迅速上涨至 42.97 米，高出 1949 年最高洪水位 0.72 米，东平湖 140 余里的堤防连续发生塌坡墩蛰险情，部分堤段出水仅 0.2 米左右，并遭受风浪袭击，东平湖老湖防汛形势异常严峻。

洪水发生后，东平县县委书记吴瑞泉、县长苏元光带领各级干部职工，迅速组织 25 000 余名干部群众昼夜抢修子埝挡水。由于黄、汶洪水并涨，水位持续上升，全线防守吃紧，梁山县一线堤防受到严重威胁。并预报黄河

干流后续洪水较大，为牺牲局部，顾全大局，确保山东黄河下游堤防防洪安全，山东省防汛抗旱指挥部决定开放东平第二滞洪区蓄洪。于 13 日 7 时爆破东平县旧临黄堤黑虎庙口门分洪。分洪后，湖水位很快回落到 42.35 米，控制了艾山下泄流量最大 7 900 立方米每秒，达到了河湖安全的运用效果。

爆破前后，在山东省有关部门的协助和支持下，东平县委、县政府领导带领各级干部，组织 900 多只船和部分大车，深入现场，指挥搬迁抢救，并在附近沿湖村庄和湖外搭建临时庵棚，安置受灾群众，使滞洪区内近 3 万人及时转移至安全地带，做到了无人员伤亡。

这次分洪东平县作出了巨大牺牲，共淹没耕地 12.5 万亩，倒塌房屋 32 366 间。国家曾三次拨付救济款 3.94 亿元（旧币）扶持生产救灾，堵口排水经费 62.89 亿元（旧币），使东平第二滞洪区内群众第二年即恢复了正常的生产生活秩序。

三、1957 年大汶河大水

1957 年 7 月，由于黄、汶相继发生洪水，进入东平湖老湖，水位达到最高 44.06 米，超过保证水位 0.56 米，老湖堤防防守压力大增，正欲启动 1954 年爆破黑虎庙破口向东平第二区泄洪区分洪方案，不料稻屯洼被迫泄洪，缓解了老湖堤防防守压力。

1957 年汛期，黄河中游干支流域大雨集中，连续发生 7 次洪峰，7 月 19 日花园口站出现 13 000 立方米每秒的较大洪峰，22 日 4 时孙口站洪峰为 11 600 立方米每秒，水位已超过当时堤防设计保证水位 0.16 米。同时，大汶河流域进入 7 月，平均降雨 492 毫米，接近常年一年的降水量，于 7 月 11 日、13 日、19 日、21 日连续发生 4 次较大洪水；7 月 19 日临汶站发生流量 6 810 立方米每秒的大洪水，3 日洪量达到 6.08 亿立方米，7 日洪量为 9.24 亿立方米，正与黄河洪水相遇，东平湖水位自 7 月 11 日起一直急速上涨，由于汶河来水先占据了有效库容，黄河洪水受湖水顶托，从银马堤、郑铁堤等进水后，大部分从斑鸠店到陈山口间又流入黄河，削减洪峰的作用不大，以致造成黄河下游防洪十分不利的紧张形势。7 月 23 日下午，湖水位涨至 44.06 米，超过保证水位 0.56 米，湖堤一般出水 0.7 米左右，预报黄、汶均有后续洪水，情况危急。据此，山东省政府为了确保黄河防洪安全，研究决定按 1954 年运用情况，采取爆破东平县旧临黄堤黑虎庙口门利用东平第二滞洪区分洪措施，以降低湖区水位，争取多滞蓄黄河洪水，削减艾山下泄洪峰。24 日 7 时下达命令,要求 24 日 11 时前在黑虎庙按计划挖好药室,埋好炸药,做好爆破准备。东平第二滞洪区内居民和粮、物全部安排搬迁撤离,待湖水位继续上涨时,即启爆分洪。

山东省防汛指挥部副指挥、副省长李澄之到山东河务局主持研究分析分洪事宜,但由于大汶河洪水进入大清河后,于 19 日 19—20 时先后在北堤韩山头、马口、辛庄等 3 处漫溢决口,稻屯洼被迫蓄洪,滞洪量约 2 亿立方米。加上小汶河自然分流,最大流量 1 040 立方米每秒,3 日总量 1.065 亿立方米,7 日总量 1.907 亿立方米。由于当时风小无浪,黄河上游水情缓和,洪水陡涨陡落,原预报湖水位偏高,地县领导要求加强人防措施,不再分洪,以减少洪水灾害。山东省防汛指挥部指挥、副省长王卓如批示:汶河洪峰进入东平湖察看情况,再定是否蓄洪。24 日 16 时,大汶河戴村坝站洪水流量 4 700 立方米每秒,进入东平湖时,黄河洪水已经回落,同时孙口站流量降至 5 500 立方米每秒,东平湖团山站出流已接近或超过进湖流量,最高水位涨至 44.06 米后,即逐渐回落,故山东省防汛抗旱指挥部决定取消黑虎庙分洪的决定,加强人力防守,减少了一次分洪运用的淹没损失。

这次稻屯洼被迫蓄洪,造成 60 个自然村被淹,最大水深约 5 米,东平县组织 620 只船 6 000 多人进行抢救,20 日决口洪水于王台回归大清河,经 3 个昼夜奋力施救,救出群众 4.5 万人。为了保证灾区群众安全,中共山东省委、省人委于 20 日派 4 架飞机投送救生器材 500 具,熟食 7 000 斤[①],并派汽船一艘,协助抢救,稻屯洼滞洪区群众先后得到安全转移。

四、1958 年东平湖超标准蓄洪

1958 年,黄河发生了有文字记载以来的最大洪水,洪水漫决山口民埝,灌入东平湖老湖,湖水位达到历史最高,超过保证水位 1.31 米,严重段超过堤顶 0.2~0.4 米,加之风浪袭击,大有漫溢的危险,形势万分紧急。为了减少漫溢决口带来大面积的淹没损失,上级要求"加强人防,固守大堤,确保安全",经过 8 个昼夜激战,终于转危为安,创造了超标准运用的奇迹,彰显了人力防守战胜洪水的巨大威力。

1958 年 7 月 17 日,花园口站发生 22 300 立方米每秒的大洪水,19 日上午洪水开始在清河门倒灌入湖。由于黄河洪水上涨迅速,下午漫滩即冲开银马、郑铁、子路等山口围埝进入湖内,小部分绕过斑鸠店顺清河口回归黄

---

① 1 斤＝500 克,全书同。

河。20日12时孙口站洪峰流量15 900立方米每秒，进湖流量大增。据推算：山口最大分洪量为9 500立方米每秒，湖水位急剧上涨，自41.28米起涨，以每小时8~14厘米的速度上涨，到21日23时大安山水位升至44.81米，超过保证水位1.31米，高出设计堤顶0.01米，最严重堤段高出堤顶0.2~0.4米，加之遭遇5级东北风袭击，部分堤段波浪越堤而过，形势万分危急。

1958年黄河大洪水，全线组织加强人力防守

根据中共山东省委在洪水到来以前的部署，原安排东平第二滞洪区进行蓄洪，由于后续洪水不大，洪峰稍瘦，总量较小，综合考虑到大汶河未来大水以及天气晴朗等情况，遵照黄河防总决定采取"依靠群众，固守大堤，不分洪，不滞洪，坚决战胜洪水"的方针，梁山、东平两县动员沿湖党政军民，全力以赴，上堤防守，坚守运西堤、运东堤和旧临黄堤，地县领导干部到现场坐镇指挥，决心以"人在堤在，水涨堤高"的精神，组织一道坚强的人防大军，与风浪洪水展开搏斗。共调动各级干部、驻军官兵、学校师生1 444人，基干班防汛队56 019人，妇女突击队2 100多人，平均每公里近1 000人。对运东堤、运西堤、旧临黄堤普遍加1米高的挡水子埝，还对高度不足和遭风浪破坏的堤段，两次重点抢修加固高0.8~1.5米的子埝，长44.3公里。共抢护险情81处，其中漏洞4个，管涌2处，涵闸漏水3处，堤身渗水子埝坍塌72处，共计长6 000多米。抢修动用土方13.29万立方米，石方0.51万立方米，麻袋草袋32.9万条，各种软料97万余公斤，木桩4.3万根。

　　经沿湖各级党政军民和黄河业务部门的通力协作，奋力拼搏 10 个昼夜，艰难度过了最紧张的 6 个昼夜（水位超过设防标准的时间）。在超标准蓄洪的时间里，到处险情不断，各级指挥员和抢修人员临危不惧，面对风浪袭击，不怕困难、顽强战斗、奋力抢护，确保了运西堤、运东堤和旧临黄堤转危为安，完成了这次超标准蓄滞洪运用任务，为山东黄河战胜 1958 年大洪水作出了巨大贡献。

第二章　建库后运用纪实

东平湖水库建设完成后，共有两次分洪运用，第一次是 1960 年试蓄水运用，第二次是 1982 年人为有序控制向老湖分洪。1958—1959 年东平湖水库建设完成后，于 1960 年结合抗旱蓄水灌溉，进行了试蓄水运用。当蓄水达到 41.5 米时，围坝堤防出现了渗水、管涌、漏洞及石护坡坍塌等险情，随着水位的升高，险情更加严重，加之灌溉工程配套设施未有建设，灌溉效益不能发挥。因此，停止试蓄，将湖水排入黄河和梁济运河。由于湖区低洼，排水困难，持续三年之久才涸出还耕。1982 年 8 月，黄河发生 15 300 立方米每秒的大洪水，东平湖老湖首次进行有序控制分洪，分洪历时约 3 个昼夜，分洪总量为 4 亿立方米，湖水位达到 42.11 米，保证了黄河下游堤防安全。

一、1960 年东平湖试蓄

东平湖水库围坝是 1958 年秋季突击抢修的，未进行地质勘探，湖东坝段古河道横穿地下，坝基、堤身存有隐患。1960 年 7 月，东平湖水库结合蓄水灌溉支援农业生产，进行了试蓄水运用。当蓄水达到 41.5 米时，西坝段出现渗水，东坝段出现管涌、裂缝、漏洞及石护坡坍塌等险情，随着水位的不断上升，险情越来越重；当蓄水达到 43.5 米时，险情十分严重，不得不停止蓄水。后因位山枢纽破坝，水库改变运用方式，大批移民返迁，为返库移民恢复生产生活进行紧急排水，由于排水设施不够完善，至 1964 年新湖区经过三年的排水才基本恢复生产生活秩序。

在 20 世纪 50 年代后期，黄河下游连续几年旱灾，山东沿黄普遍发展引黄灌溉事业。为了保证黄河有可靠的水源，1960 年山东省委、省政府和省防汛抗旱指挥部决定 "抓住整个汛期的有利时机，分期分批有计划地利用东平湖蓄水，蓄水位达到 45.0 米"，于 7 月 26 日运用拦河闸关门挡水，开启徐庄、耿山口两闸分黄河水进入东平湖，28 日爆破二道坡口门，水进入梁山新湖区。于 8 月 5 日 16 时又在东平县刘庄南爆破旧临黄堤，使湖水进入东平新湖区。8 月 31 日湖水位达到 42.7 米，为了使库区多蓄水，又开放了十里堡进湖闸放水，9 月 17 日最高蓄水位达 43.5 米，相应蓄水量 24.5 亿立方米。

试蓄开始后，当全湖水位上升到41.5米时，东坝段即出现管涌险情，西坝段出现渗水现象。随着湖水位的不断上涨，险情越来越严重。省政府安排菏泽、泰安、济宁3个地区出动民工5 500人负责巡堤查水、抢险和修做加固工程。省水利厅、山东河务局为支援水库蓄水防守，组织有防汛经验的干部114人、有抢险技术的工人137人作骨干力量，分别深入各个防汛堤屋充当基层领导骨干，带领民工分段负责防守和加固工程。当蓄水位达到43.5米时，险情十分严重，特别是东坝段更为严重。据统计，蓄水期间东平湖水库围坝共发生漏洞9个，渗水长48 651米，裂缝长11 087.5米，石护坡坍塌48 420.1平方米，较大管涌12 922个。

当时，由于利用湖水灌溉的配套工程未有修做，无法引用灌溉，蓄了水不能发挥其经济效益。经省政府批准停止蓄水，10月26日以后启用陈山口出湖闸和耿山口、徐庄进湖闸开始向黄河放水。10月26日湖水位下降到42.5米时，险情逐渐减轻，趋向稳定。

由于黄河河床和出湖河道不断淤积抬高，湖水向外排泄困难。1962年11月，破除清河口门加大排水，仍然不能使湖水位降到使大部分耕地恢复耕种的程度，一直到1963年柳长河闸建成，柳长河和湖西排水沟疏通后，湖底水通过柳长河闸向湖西排渗沟排水至南四湖，到1964年新湖区的耕地才基本上涸出，恢复了正常的生产生活秩序。

二、1982年老湖分洪

1982年8月，黄河发生15 300立方米每秒的大洪水，东平湖水库首次分洪处理黄河大洪水。黄河安危，事关重大，为确保黄河不出问题，经上级批准决定使用东平湖老湖蓄洪。经蓄洪运用，工程运行良好可靠，但分洪闸后2公里内土地淤沙严重，造成了许多遗留问题。

自1982年7月8日起，黄河中、下游三花间连降暴雨，8月2日20时，花园口站出现洪峰流量15 300立方米每秒，这是自1958年以来黄河下游发生的最大洪水。10 000立方米每秒的洪水持续52小时，高村站洪峰流量为12 800立方米每秒，经过宽河道滞蓄削减后，孙口站洪峰流量依然达到10 400立方米每秒，大河水位高于1958年最高水位1~2米，全部漫滩过水，严重威胁艾山以下窄河道的行洪安全。

当时，中共中央、国务院以及豫、鲁两省政府都非常重视，确保黄河的安全责任重大。1982年8月3日确定利用东平湖老湖区分洪，控制艾山下泄流量不超过8 000立方米每秒洪水，以确保济南市、津浦铁路桥、胜利油田和山东黄河下游两岸人民生命财产安全。为此，中共山东省委副书记、副省长、省防汛抗旱指挥部指挥李振和中共菏泽地委书记于波海、菏泽军分区副司令员程枫、黄河水利委员会副主任刘连铭、山东河务局副局长张汝淮、位山工程局局长李善润等领导亲临现场指挥部署分洪工作。山东省东平湖水库防汛指挥部根据上级批准运用方案，立即开展工作。

1982年8月十里堡闸向老湖分洪

8月3日13时，山东省军区工兵八团副团长杜存章率领220人，奉命到达东平湖金山坝执行爆破任务。在位山工程局安装队配合下，于当日挖好药室，爆破口门两个，长100米，平均削低2米。平阳县旧县乡浮粮店生产堤已于当日破除。

8月4日，东平湖水库防汛指挥部上报了《东平湖老湖区分洪运用具体操作运用方案》，经批准后，立即向沿湖各县下达了《关于迅速做好老湖区分洪运用准备工作的紧急通知》，各级防汛指挥部迅速行动，为保障人民生命财产安全，在各方面的大力协助下，动用干部963人、解放军70人，组织汽车259辆、拖拉机291辆、木船821只投入搬迁救护，快速地在2天内就将老湖需要搬迁的2.27万人顺利迁出，生产资料和物资亦都转移到安全地带。

8月6日22时，孙口站流量达到8 440立方米每秒时，根据山东省防汛抗旱指挥部的命令，由东平湖水库防汛指挥部指挥长、菏泽军分区副司令员

蓄洪前的安全转移

程枫主持，立即开启林辛进湖闸向老湖分洪，分洪流量 1 110 立方米每秒，上游流量持续增大，不断调整提高闸门，到 7 日 11 时，孙口站流量超过 10 000 立方米每秒时，又开启十里堡进湖闸，分洪流量 1 330 立方米每秒，两闸同时最大分洪流量 2 400 立方米每秒，以控制分洪后艾山下泄流量不超过 8 000 立方米每秒。到 8 日以后孙口站流量已降到 8 000 立方米每秒以下，仍是下降趋势，于 9 日 19 时开始关闸，到 23 时全部关闭。两闸分洪历时分别为 71 小时与 60 小时。

东平湖老湖蓄洪淹没景象

分洪历时约 3 个昼夜，两闸分洪流量合计为 1 500~2 000 立方米每秒，最大达到 2 400 立方米每秒。分洪期间两闸共启闭调整 31 次，运用比较灵活。分洪总量为 4 亿立方米，加上底水和大汶河来水，分洪后期水位为42.11 米，尚未达到二级湖堤规定的上堤设防水位，但在闸下至金山坝一带（约 7 公里）水位大部分高于设防水位。为确保分洪运用堤防安全，东平、梁山两县共组织基干班 3 898 人上堤防守，其中涵闸防守与围堰破除 651人，临黄山口堤防守 1 593 人，二级湖堤防守 1 654 人。

分洪期间，除少数堤段有渗水现象外，工情比较平稳，分洪后艾山下泄最大流量为 7 430 立方米每秒，泺口下泄最大流量为 6 110 立方米每秒，水位比 1976 年低 0.5 米左右，泺口以下河段洪水未漫滩，减轻了山东黄河下游堤防防守压力。这次蓄洪，尤其对河口孤东油田的安全生产起到保护作用，对战胜中华人民共和国成立以来第二次大洪水作用显著。

东平湖水库改建后第一次分洪运用实践表明，工程体系比较可靠，具有一定处理洪水的能力，削减洪峰流量的作用加大了，降低艾山以下防洪水位的效果更加显著，并为黄河下游窄河道防洪安全提供了较可靠的保障。分洪后，省、地、县领导带领有关部门对受灾群众进行看望和慰问，对群众保黄河安澜、保大局所作出的牺牲表示感谢，责成有关部门认真调查统计上报受灾情况，最大限度地对受到的损失进行补偿。

第三章 大汶河洪水调蓄运用

东平湖蓄滞洪区不但具有处理黄河大洪水的作用，而且也具有常年接纳大汶河洪水的功能。每年汛期，大汶河洪水全部进入东平湖，根据蓄水和黄河来水预测情况，适时进行调蓄，将正常蓄水位以上湖水排入黄河，为黄河来大洪水准备库容。有时黄、汶洪水相遇，必须对其采取工程措施，进行科学调度和调蓄运用，以备防御黄河大洪水之需。

一、1990 年大汶河大水

1988 年 10 月至 1990 年 5 月，大汶河戴村坝站连续 20 个月入湖流量为零，造成东平湖老湖 1989 年 11 月至 1990 年 6 月出现"湖干"（老湖水位均值为 38.5 米以下）现象。湖区群众在干涸的湖地上种上了小麦，小麦长势良好。可惜的是 1990 年 6 月，大汶河就开始来水，一湖丰收在望的麦田被淹没了。

1990 年 6 月中旬至 8 月中旬，大汶河流域连降暴雨，总降雨量达 836.4 毫米，致使戴村坝站相继发生 1 000 立方米每秒以上洪峰流量 5 次，其中 7 月 22 日发生汛期最大流量 3 250 立方米每秒，为 1966—1990 年最大流量。整个汛期来水总量近 18 亿立方米，比多年平均来水量多 77%。由于降雨集中，水量大，持续时间长，加之出湖河道因多年黄河倒灌淤积抬高导致泄流不畅，以及黄河洪水顶托，老湖水位持续上升，至 8 月 18 日水位达到建库以来最高洪水位 43.72 米，蓄水量 6.57 亿立方米。

7 月 25 日，东平湖老湖水位超过警戒水位（42.50 米），7 月 30 日当蓄水位超过紧张水位（43.0 米）时，根据预报后续洪水，老湖水位会继续上涨，北排入黄困难，东平湖老湖各类防洪工程随着水位的不断升高频频出险，防汛形势异常严峻。

山东省东平湖防汛指挥部副指挥、位山工程局局长石德容，立即召集东平湖防汛指挥部办公室会议，要求迅速行动起来，全力投入大汶河洪水调蓄和老湖工程的防守。兵分两路，一路奔赴陈山口视情组织排洪泄洪，确保大汶河洪水排泄入黄，减轻二级湖堤防守压力；一路到二级湖堤组织群众防汛队伍上堤防守，确保万无一失。

东平湖管理局作为山东省东平湖防汛指挥部办公室，发挥了参谋职能作用，将汛情立即汇报给山东省防汛抗旱指挥部黄河防汛办公室，通报东平湖防汛指挥部成员单位和泰安、济宁、济南三市防汛指挥部。将局机关处室正常工作打乱，按照防大汛组织方案要求，迅速组织防大汛工作职能组，立即开展工作，实施调蓄大汶河洪水方案。首先开启陈山口和清河门2个出湖闸，加大流量向黄河泄洪，其次通知东平、平阴两县防汛抗旱指挥部，调集群众防汛队伍到各责任段上堤防守，确保二级湖堤和山口隔堤、黄湖共用堤防安全。

这一严重汛情引起了各级领导的重视。从国家防总、黄河防总到山东省防指、山东河务局的领导对东平湖的防洪安全问题都非常重视。山东省委书记姜春云多次询问抗洪抢险情况，省防汛指挥部副指挥、副省长王乐泉于7月31日，在平阴县陈山口（平阴出湖闸管理所驻地）召开有关市县和济南军区、省军区及黄河河务部门领导参加的紧急防汛会议。为防黄河大洪水的到来，及时腾出老湖库容，经研究确定实施东平湖出湖河道水下爆破泄洪调蓄洪水的方案，并落实紧急工程抢护措施和湖区受灾群众的救灾问题。会议确定由济南军区派出工兵和舟桥部队实施水下爆破，位山工程局派出工程技术人员协助实施并负责后勤服务，以缓解老湖防洪压力，确保不用新湖蓄洪，以减少淹没损失。

8月1日，出湖河道水下爆破泄洪方案确定后，山东河务局、山东省东平湖水库防汛指挥部、位山工程局，以及东平、平阴两县政府领导在陈山口召开爆破泄洪工作会议。山东河务局副局长陈效国主持会议，责成位山工程局除安排老湖防守指挥机构外，专门成立出湖河道水下爆破泄洪前线与后方指挥机构，确定由位山工程局副局长贾振余为前线指挥、工务科副科长张士卫为技术总负责人、平阴出湖闸管理所所长张吉勇为后勤指挥，协助部队进行爆破泄洪。要求两县积极做好出湖河道两岸群众工作，配合水下爆破泄洪工作。

8月2日，解放军官兵共180余人、20多辆军车开赴陈山口，打响了出湖河道水下爆破泄洪的战斗。自8月2日13时13分开始爆破，战士不顾路途劳顿，立即投入战斗，搭建打桩平台，在水下木桩根部捆扎炸药及爆破装置，冲锋舟往来于陈山口和入黄口之间，不时，炮声隆隆，几十米的水柱冲向天空，水下爆破正式启动。至11日爆破6天（2~5日、9日、11日），耗用炸药15.46吨、雷管5600枚，爆破疏浚河道长711米，面积1.78万平方

1990 年 8 月水下爆破疏浚会议在陈山口召开

米，扩宽河道 10~36 米，河道加深 1~1.5 米，增加了过流断面。之后又组织梁山黄河修防段和位山工程局安装公司两个抢险队 116 人，对阻水河段进行疏挖，加大出湖流量，至 8 月 23 日出湖泄水流量达到 582 立方米每秒，入黄流量增加约 1/3。出湖河道经过水下爆破泄洪，至 9 月 3 日，老湖水位降至 42.0 米以下，累计超过警戒水位 41 天，超过紧张水位（43.0 米）24 天，基干班上堤防守 43 天。汛期来水 17.12 亿立方米，是 1965—1990 年 26 年间最多的一年。

1990 年 8 月 2 日出湖河道水下爆破情况

此次出湖河道水下爆破泄洪调蓄的实施，确保了二级湖堤、大清河和山口隔堤堤防防守安全，减轻了老湖防守压力，为二级湖堤提前撤防创造了条件，避免了一次实施东平湖新湖蓄洪运用而带来不可估量的重大损失。

二、1994年大汶河大水

1994年，黄、汶河虽然只发生了中小洪水，但由于出湖河道泄洪不畅等，却又发生了黄、汶洪水遭遇的情况，老湖高水位持续34天的汛情，致使多处工程出险。

1994年8月上旬，泰莱山区普降大雨，8月9日戴村坝站发生1 120立方米每秒流量的洪峰，老湖水位迅速上涨。7月10日黄河花园口站发生第一次洪峰，流量4 650立方米每秒；8月8日花园口站发生第二次洪峰，流量6 300立方米每秒。8月10日22时孙口站出现洪峰流量3 490立方米每秒。黄河第二次洪峰引起出湖河道入黄口水位上涨，黄河水位高出湖水位，发生黄、汶洪水遭遇的严重情况。为防止黄河水倒灌入湖，及时关闭了陈山口、清河门两个出湖闸。受黄河第二次洪峰水位顶托，8月11日20时老湖水位超过42.5米警戒水位，12日升至42.61米（1994年最高水位）。8月12日12时，入黄口黄河水位开始低于老湖水位，随即开启陈山口出湖闸向黄河泄洪。至8月19日8时，老湖水位降至42.50米，超警戒水位历时8天，42.0米以上高水位持续34天。老湖高水位期间，二级湖堤共出现渗水险情2处，石护坡坍塌险情5处，长565米，抢险用石612立方米。黄河花园口站7月10日、8月8日两次洪峰期间，黄河工程有7处22坝次出险，抢险用石2 575.6立方米，铅丝2 218公斤。黄河低滩漫水淹地1 722亩，直接经济损失516.6万元。为防止出湖河道淤积，在入黄口门围堰处采取两次打桩挂柳防淤措施，效果较好，两次共用柳料5.39万公斤。

三、1995年大汶河大水

1995年8月中旬至9月中旬，大汶河流域连降大到暴雨，持续时间长，入湖水量不断增加，致使老湖两次超警戒水位22天。正值黄河"七下八上"的防汛关键期，为防黄河来大水，抓住黄河水小的有利时机，提前开启陈山口、清河门两个出湖闸向黄河泄水，降低老湖水位，腾足库容。

8月中旬大汶河流域连降大暴雨，入湖水量增加迅猛。为了及时调蓄大汶河洪水，以防黄河来大洪水，择机提前于8月16日18时和19日12时相继开启陈山口、清河门两个出湖闸向黄河泄水。23日14时老湖超警戒水位至42.51米，24日戴村坝站出现836立方米每秒的洪峰，25日20时老湖水位升至42.82米。

由于当时黄河水位低，排水及时，9月2日20时老湖水位降至警戒水位以下。9月2日晚，大汶河流域又降暴雨；4日20时，戴村坝站洪峰达1 000立方米每秒；5日8时，老湖水位又升至42.6米，再次超警戒水位；8日20时达汛期最高水位42.9米；15日14时，老湖水位降至警戒水位以下，老湖两次超过警戒水位22天。整个汛期，老湖共接纳大汶河来水11.69亿立方米。

超警戒水位期间，东平湖水库防汛指挥部迅速组织县乡干部14人、11个基干班154人、护堤员149人上堤防守；抽调黄河业务部门干部职工150人轮班指导防守、巡查险情。

由于老湖超警戒水位时间长，风浪淘刷损坏二级湖堤石护坡40余处，长505米，面积2 557平方米，坝体土坡被冲蚀坍塌深达1米以上。大清河入湖口处围坝及卧牛堤、二级湖堤均发生了不同程度的渗水险情，累计长8 490米；二级湖堤桩号20+980处背坡堤脚出现一直径10厘米的管涌；腊山、堂子两处扬水站出现严重漏水险情。

汛期，东平湖水库防汛指挥部按照防汛有关程序及抢险规定及时调度调蓄，启闸排洪，并组织抢险，确保全部各类防洪工程的安全。大清河工程抢险抛石3 290立方米；二级湖堤石护坡及土体被风浪冲毁4 074.2立方米，防护抢险用石408立方米，管涌抢护土方1.172万立方米，麻袋160条，出湖围堰破除土方3 530立方米。

四、2001年大汶河大水

2001年7月下旬至8月上旬，大汶河流域连续发生强降雨过程，最大点雨量353毫米，形成两次较大洪水入湖，戴村坝最大流量2 610立方米每秒，老湖水位上升到历史最高水位44.38米。虽紧急采取启闸北排入黄措施，但排水困难。终因这次洪水来势凶猛流急，水位上升快，致使大汶河和东平湖老湖不断出险。

（1）洪水肆虐，水库堤坝、二级湖堤多处出险。2001年7月下旬，大汶河流域连续发生强降雨过程，平均降雨量209毫米，最大点雨量353毫米。7月31日11时、13时，南支楼德站、北支北望站分别出现609立方米每秒、730立方米每秒洪峰，两支洪水汇流后，至8月1日12时，戴村坝站出现1 050立方米每秒洪峰。4日4—12时上游再降大雨，局部特大暴雨，4日10时戴村坝站洪峰达到2 610立方米每秒。洪水过程中，大汶河上游新泰田村水库发生险情，中游汶上县琵琶山拦河坝和下游戴村坝乱石坝均发生溃口险情。

2001 年 8 月，戴村坝乱石坝溃口

　　大汶河两次洪水入湖，老湖水位急剧上涨，7 月 31 日 20 时超过 42.5 米警戒水位。由于出湖闸上下游出湖河道淤积、围垦、阻水障碍以及老湖内金山坝未破口等，水位持续上涨，8 月 2 日 4 时达 43.0 米，5 日开始水位以每小时 6~10 厘米迅猛攀升，5 日 17 时超过 44.0 米，7 日 1—14 时水位升至建库以来最高洪水位 44.38 米，超过警戒水位 1.88 米。7 日 14 时 40 分老湖水面突起 8 级北风，涌浪高达 4 米，历时约 40 分钟，尚未加高的二级湖堤八里湾闸缺口段出现漫顶和坍塌险情（二级湖堤均加高至 48.0 米，只有八里湾闸段未加高），正准备吊装运往出湖河道清淤疏浚的两只吸泥船和一只拖轮船被大浪涌上石护坡，遭重创后沉入湖中，损失严重。

　　由于紧急采取对出湖河道水下爆破、挖泥船疏浚等加大泄流的措施，加之后续洪水逐渐减少，自 7 日 18 时起，水位缓慢回落。10 日 14 时水位降至44.0 米，26 日 6 时降至 42.5 米，超过警戒水位共 27 天。

　　（2）组织严密防守，多措并举排洪，确保险情不再发生。汛情发生后，东平湖管理局立即按照防御大洪水机构设置意见，各职能组立即上岗到位，组织严密防守，7 月 31 日 20 时按指令开启陈山口、清河门闸向黄河泄洪，降低水位。8 月 1 日戴村坝发生溃口险情后，东平湖水库防指立即成立戴村坝抢险指挥部，现场组织抢护。

　　由于出湖闸上下河道淤积加之围湖造田，泄洪不畅。对此，省政府主要领导亲自坐镇指挥，采用水下爆破、挖掘机、高压水枪冲击、绞吸式挖泥船

2001 年 8 月，二级湖堤八里湾段受风浪袭击出险

疏挖等措施，对出湖河道实施紧急疏浚，加大出湖流量。8 月 1 日调集推土机、挖掘机疏挖出湖河道，5 日山东省防汛抗旱指挥部调集官兵共 260 余人，进行出湖河道水下爆破。先后共调集陆用挖掘机 7 台、水陆两用挖掘机 1 台、泥浆泵 15 组、绞吸式挖泥船 2 艘、管道疏通机 4 台，多管齐下，扩宽挖深出湖河道。同时，调用冲锋舟 20 艘，清除闸上引河阻水水生植物。到 8 月 8 日 18 时最大泄洪流量达 670 立方米每秒，老湖水位迅速降低。

2001 年 8 月，挖泥船对出湖河道进行清淤

7 月 31 日 20 时，老湖水位超过 42.5 米警戒水位后，东平湖水库防汛指挥部及时调集黄河职工、护堤员上堤防守。中国人民解放军驻鲁部队和武警部队出动 2 000 多人支援防守。参加东平湖、大清河抗洪防守抢险的各类人员，最多人数日达 1.88 万人（不包括金山坝抢险），日最多投入机械车辆

1 200辆（台）。省黄河防办及时派出通信应急小分队并送来固定电台及手持机支援抗洪抢险。

五、2019年应对台风影响

2019年8月10—12日，受"利奇马"台风影响，大汶河流域普降大到特大暴雨，形成最大洪水过程，致使东平湖老湖水位上涨至41.27米。在上级防汛指挥部的正确领导下，东平湖水库防汛指挥部积极会商，实施科学调度，适时开启出湖闸泄水，确保东平湖、大清河防洪工程和人民群众生命财产安全。

8月10—12日，受第9号台风"利奇马"影响，大汶河流域迎来入汛后全流域最强降雨，平均降雨量178.8毫米，最大降雨量369毫米。8月12日4时40分戴村坝过流，5时流量194立方米每秒，至11时涨至1 710立方米每秒。随后流量下降，8月23日8时流量降至8立方米每秒；25日18时30分戴村坝停止过流。8月12日4时40分至8月25日18时30分，整个洪水过程入湖水量2.96亿立方米。

随着汶河洪水持续进入东平湖，老湖水位急速上涨，8月11日8时水位39.84米，13日12时48分达到汛期汛限水位40.72米。16日6时达到最高水位41.27米，持续到22时，蓄水4.97亿立方米。17日0时老湖水位回落，8月23日16时48分降至汛期汛限水位40.72米，蓄水4.11亿立方米。

为确保东平湖防洪安全，根据调度原则，省黄河防办、东平湖水库防汛指挥部积极进行会商，及时作出部署并下发调度通知。要求：当黄河南桥水位低于老湖水位0.5米时，及时开启出湖闸泄洪。12日10时老湖水位39.87米，黄河南桥水位38.71米，满足向黄河泄流条件。10时20分东平湖水库防汛指挥部发布《关于开启陈山口闸的通知》，13日7时45分东平湖水库防汛指挥部发布《关于开启清河门闸的通知》。根据防洪预案，综合考虑后续大汶河来水和老湖水位降至40.72米汛限水位情况，8月23日8时30分，东平湖水库防指发布《关于关闭清河门出湖闸的通知》；16时48分，又发布《关于关闭陈山口出湖闸、庞口闸的通知》。8月12日11时40分至23日18时调度陈山口闸、清河门闸、庞口闸6次，升降闸门80孔次，历时约11天，共泄水入黄1.58亿立方米。

这次洪水过程，虽未造成工程出险，但河势发生较大变化，多数险工、控导出现未靠溜的现象。陈山口至入黄口河道芦苇阻水，庞口闸下黄河淤积，致使排水困难。对此次洪水，各级指挥部领导非常重视，国家防总8月8日11时启动了防台风"利奇马"Ⅲ级应急响应，省防汛抗旱指挥部11日21时启动防台风Ⅲ级应急响应，22时东平湖水库防汛指挥部启动防汛Ⅲ级应急响应。多次召开会商会、防汛例会，并派出工作组给予现场指导。山东河务局、泰安市、东平县对此非常重视，山东河务局多次通过视频进行会商安排。东平湖管理局按照要求，综合、水情、工情三个职能组全员到岗到位，抢险队员集结待命，为应对台风对防洪工作的影响，做足了充分的准备。

为应对台风、洪水带来的工程危害，8月12日12时至14日9时，调集东平县6个乡镇的基干班共608名干部群众上堤防守，巡堤查险。为了做到排水畅通，提前于6月1—28日完成庞口闸下清淤，共投入4台挖掘机、3台推土机、10台自卸车，完成土方6.9万立方米。自8月9日至13日23时20分，东平县黄河防指紧急安排部署，由山东河务局紧急协调从湖北洪湖调用1艘大型多功能船，对出湖河道芦苇及水生生物进行清除，主河槽芦苇清除全部完成，共737.4亩。8月14日至23日8时，清除主河槽以外区域芦苇共341.55亩。投入河道清障船1艘、小船14艘、水上挖掘机6台、应急探照灯3台，人员累计600人次，取得了战胜2019年台风"利奇马"和调度大汶河洪水的全面胜利。

六、2020年大汶河大水

2020年8月1—31日，大汶河流域发生4次强降雨过程，流域平均降雨量391毫米。8月3日3时戴村坝开始过流，15日12时出现最大洪峰流量1 690立方米每秒。老湖水位自8月4日快速上涨，15日达到警戒水位，17日达到最高水位42.35米，超警戒水位0.63米，为2008年以来之最。26日16时，老湖水位降至警戒水位41.72米，连续超警戒水位11天。

大汶河洪水出现时，东平湖水库防汛指挥部非常重视，常务副指挥、东平湖管理局局长王汉新于8月2日主持召开调度会，及时安排部署各项防汛工作，并及时向东平湖水库防汛指挥部指挥长汇报，向有关部门通报情况，争取各方面的支持。

8月6日11时，老湖水位未涨到汛限水位前，按照省黄河防办指令，三座出湖闸（陈山口、清河门、庞口）全部提出水面，并根据湖水位变化，逐步提高闸门开启高度，始终保持高出水面敞泄运行。6日14时水位40.58

米，出湖流量 82.8 立方米每秒。随着老湖水位的升高，出湖流量逐步加大。17 日 14 时，水位 42.34 米，出湖流量 575 立方米每秒。按照省黄河防办要求，老湖水位降至 41.5 米时，按照进出湖平衡控制运用。8 月 29 日 1 时 25 分关闭了清河门闸，9 月 7 日 17 时三闸全部关闭，其间东平湖防汛指挥部 12 次下达调度指令，调整闸门 108 孔次。东平湖泄洪历时约 33 天，总计出湖入黄水量 7.46 亿立方米。

此次洪水调度，得到了上级的大力支持，在排水最关键的时间里，黄河防总指令小浪底水库控制下泄流量 1 800 立方米每秒，以免黄水顶托，影响老湖排水。山东河务局领导非常重视，其间召开 12 次防汛会商会，安排部署排水工作。

此次洪水，于 14 日 16 时调集东平县沿湖河 11 个乡镇（街道）26 个基干班 538 名群众防汛队伍上堤防守。26 日 17 时，老湖水位降至警戒水位以下，群众防汛队伍撤防，共防守 12 天。剩余时段由东平管理局各管理段职工继续做好工程巡查防守。

2020 年大汶河洪水调度取得全面胜利，与上级的大力支持，东平湖防汛指挥部领导超前预筹、多次会商、科学推演预判以及上下一致、团结抗洪是分不开的。汛前超前采取工程措施也是取得胜利的关键，6 月 1 日东平湖水库防汛指挥部下发《关于清除清河门、陈山口出湖闸下游河道芦苇的通知》，东平县黄河防汛抗旱指挥部紧急安排部署，投入 1 台清障船，全力推进出湖河道芦苇及阻水生物清除，历时 30 天，累计清除面积 36 万平方米。

第五篇　人民治河

　　从古至今，人民治河（治水）一直是关乎"民族生存、文明进步、国家安危"的大事。

　　古代治河，御洪保安，泄洪排涝，确保一方平安。现代治河不仅仅是满足于泄洪排涝等传统功能，而是通过黄河流域综合整治，达到流域生态保护和高质量发展，以实现防洪保安全、资源开发利用、环境生态、人水和谐等诸多方面的提升提质，通过实施工程措施和非工程措施，支撑流域经济社会的可持续发展。

　　东平湖处在黄河、大汶河和大运河的交汇处，居于河湖相互交融的关键点，治河尤为重要。东平湖人秉承历史责任，将黄河、大汶河和大运河融入东平湖之中，以防洪保安全和促进流域生态保护和经济社会可持续发展为目的。一代代东平湖人在团结治水、统一治河、为民造福的历史进程中，筚路蓝缕、艰苦奋斗、无私奉献，将东平湖、黄河、大汶河和大运河治理得安全有效、成果卓绝、功载千秋。

东平湖历史演变与区域水系变迁有关，了解区域河道历史和现实治理过程，对进一步加深对东平湖历史演变的认识，有着十分重要的历史和现实意义。

第一章　黄河治理

"河清海晏，天下太平"，历朝历代都将黄河治理当作国家的头等大事。古代治河一般指黄河治理，清康熙大帝在平定三藩、收复台湾之后，曾对朝廷诸臣说"今四海太平，最重者治河一事"。可见，康熙把治河当成国之大者。

从远古时期的大禹治水开始，历代治水先辈为了根治黄河水害，进行了不断地探索，积累了较为丰富的治河经验，但都因当时社会制度和生产力发展水平的制约，加之王朝更迭和战乱的影响，人们热切期盼的"黄河宁，天下平"的美好夙愿一直难以实现。

1946 年解放区人民治黄开始至今，是历史上黄河治理力度最大、治理方针最优、治理效果最佳的时期。黄河不但 70 多年岁岁安澜，还开发利用黄河水沙资源造福于人民，从根本上改变了"三年两决口，百年一改道"的局面。

一、古代黄河治理

黄河是中华民族的母亲河，塑造了华北大平原，给人们提供了赖以生存的土地和水资源。黄河的水沙有利也有弊，历史上就有"黄河百害，唯富一套"的说法，是说黄河的"一富"在河套，"百害"在下游。黄河泥沙造成了下游河道淤积抬高，人们为了防御洪水，就不断地修筑和加高堤防，久而久之，下游河道变成了"地上悬河"，遇上洪水上涨，必然决溢泛滥成灾，形成"三年两决口，百年一改道"的局面。

公元前 602 年至 1938 年的 2540 年间，决口泛滥达 543 年，甚至一场洪水多处决溢，总计决口 1 590 次，大的改道 26 次，重大改道 6 次。黄河水患灾害给下游人民带来了深重的灾难。

黄河的特性决定了其"善淤、善决、善徙"的本能，使其成为了桀骜不驯的大河。黄河溃决，华北大平原首当其害，洪水过后一片生灵涂炭。居住在黄河岸边的先民们，特别是以大禹为代表的先贤们，不忍黄河水患之惨状，秉持忧国忧民之心，勇于济世于民之行动，不断探索黄河治理的策略和方法，并付诸实践。

古人治河有得有失，但都心系人民，以治河为己任，殚精竭虑、无私奉献的治河精神给后人留下了宝贵的精神财富。以大禹为代表的先人思黄河之安危，救民于水深火热之中，为黄河安宁和人民安居乐业立下了汗马功劳，作出了可歌可泣的治河业绩。

黄河从东平湖边缘走过，在梁山县和东平县境内只有67.3公里，占黄河下游河道长度的不足1/10，却处在黄河由宽河道向窄河道过渡的关键段。位于鲁中山地和鲁西平原的结合部，地势低洼，历史上黄河因东有泰山山脉阻挡，曾多次决口后，从这里非南即北分流，对东原大地危害至深。

汉武帝元光三年（前132）河决瓠子，有"吾山（鱼山，东平湖以北黄河北岸，今属东阿县）平兮巨野溢"的记载，当年黄河洪水入巨野泽溢出淹至鱼山。西汉末王莽始建国三年（11）河决魏郡，泛清河以东数郡。使漯水、济水泛滥，经安民山东冲，须昌城（须昌城遗址在东平湖老湖内埠子村西）垣淹没，泛滥了近60年之久。东汉永平十二年（69）王景治河从荥阳至千乘海口修筑千里大堤，永平十五年（72）王景从明帝（刘庄）东巡黄河至无盐（今东平境）。说明黄河很早就与东平湖结下了不解之缘。在以后的年代里，无数次黄河溃决洪水危害东原。因此，历史上各时期的黄河治理，必然对东平湖有较大影响。

（一）尧舜禹时期的治理

原始社会末期，洪水泛滥，从《孟子·滕文公上》"当尧之时，天下犹未太平，洪水横流，泛滥于天下，草木畅茂，禽兽繁殖，五谷不登，禽兽逼人，兽蹄鸟迹之道，交于中国"的记载中，危害程度不可想象。据《尚书·尧典》"汤汤洪水方割，荡荡怀山襄陵，浩浩滔天。"《淮南子》曰："凡洪水渊数，自三百仞以上"，是多么惊人的水灾，东部几乎全被淹没，一片汪洋，无有丘陵平原，大山已是浮舟。据史料分析，洪水至少延续到尧、舜、禹三个时期。

尧之时，水逆行，泛滥于中国，蛇龙居之，民无所定；下者为巢，上者为营窟。舜之时，共工振滔洪水，以薄空桑，龙门未开，吕梁未发，江淮通流，四海溟涬，民皆上丘陵、赴树木。禹之时，天下大雨，禹令民聚土积薪，择丘陵而处之。自尧时开始，组织民众采取不同的方式、方法与洪水搏斗。

共工治水"取高垫低，堵塞洪流"，想以此断绝水患，取得永远的安宁。他取"壅防百川，堕高埋庳"之法治理，洪水依然会泛滥成灾，以害天下。共工在这个洪荒的年代，能有此法治河也实属难能可贵。

共工治水以后，鲧受众举荐，承尧命治水。他仍沿共工的治水思路和筑堤拦截的方法治理，虽作三仞之城，也难免大洪水的包围和冲击。"九载绩用弗成"，历尽艰辛，治水9年，其"障洪之法"毁了他的一生，最终殛于羽山。

舜继尧位时，又任用鲧的儿子大禹治水。大禹认真吸取鲧治水失败的教训，仔细考察地形，采用"疏导"的方法，开沟掘渠，使洪水从江河流入大海。这样一来，江河通流，湖泊滞蓄，原野畎浍，土地涸出，平治了水患。他治水走遍千山万水，历尽千辛万苦，自知责任在肩，身体力行，丝毫不能懈怠，治水13年三过家门而不入。据《韩非子·五蠹》记载："禹之王天下，身执耒臿，以为民先，股无胈，胫不生毛，虽臣虏之劳，不苦以此矣"。他带头实干，带领民众平治洪水，开垦土地，发展农业生产，比劳苦者还劳苦。他在治水的过程中发明了测量工具，界定了大山、河流、疆域、贡赋等，为部落的统一、华夏立国奠定了基础。

大禹的治水功绩，在遗址器物中也能找到答案。东平接山有古遂城遗址（自商代早期建立，是春秋时期遂国的都城，被齐桓公所灭）。现人们发现遂公盨（现藏于北京保利艺术博物馆）是当时的器物，盨铭中10行98个字中记载着："天命禹敷土，随山浚川，乃差地设征……"，铭文书写大禹治水功德为典范，君臣要为政以德，民众要以德行事的行为规范。这一点与《尚书·禹贡》中的"禹敷土，随山刊木，奠高山大川"的记载几乎完全一致。那时就大力颂扬大禹治水的丰功伟绩，要比《尚书·禹贡》早好几百年，证明2900多年前东原人就纪念着大禹治水的功绩了。

（二）先秦时期的治理

先秦时期的黄河治理，包括商周至春秋战国时期。黄河治理筑堤起于战国。齐桓公三十五年（前651），在"会诸侯于葵丘"时，就提出了"无曲防"的禁令。意思是禁止利用水道来为自己谋利益，对下游的人造成破坏，不要把河流改道作为攻击对方的手段。朱熹集注"无曲防，不得曲为堤防，壅泉激水，以专小利，病邻国也"，说明春秋中期黄河下游两岸各诸侯国，为了本国之利，修堤御洪相当普遍。西汉人贾让曾对此作了全面概述"盖堤防之作，近起战国，壅防百川，各以自利。齐与赵、魏，以河为境，赵、魏濒山，齐地卑下，作堤去河二十五里。河水东抵齐堤，则西泛赵、魏。赵、魏亦为堤，去河二十五里。虽非其正，水尚有所游荡……"。意思是说，战国时期修堤最先起于齐国，堤成挡水，西泛赵、魏。赵、魏也同样去河 25 里修堤，以求国安。双方各去 25 里修堤，则两堤相距 50 里。可以想象，黄河下游堤防相距比较宽广，河水可自由游荡。当时的修堤也源于大禹的治水。据《孟子·告子》记载，魏国有个善于筑堤治水的人，自称："丹（白圭自称）之治水也愈于禹"。他曾提出在修堤中，防蚁洞，塞其穴，提醒人们重视堤防的修筑，让人们理解"千里之堤，溃于蚁穴"的道理。

齐国地处黄河下游，时常遭受水患，因此率先治理黄河，取得了一些经验，成就了一些治水技术行家里手和专家。齐国政治家、思想家管子就是其一，他站在治国与治水高度统一的基础上，对修堤提出了较高的要求。他认为修堤时机以"阳春三月"最好，这时"天气干燥，水纠裂之时也""寒暑调，日夜分""利以作土功之事，土乃益刚"。此时，温度、湿度、土体含水量比较适宜，修成的大堤比较坚实。他主张"令甲士作堤大水之旁，大其下，小其上，随水而行"。"大者为之堤，小者为之防，夹水四道，禾稼不伤"。当夏三月，气候适宜，但正值农忙，与生产发生矛盾。当秋三月，雨水增多，土料含水量过大，不宜修堤。当冬三月，天地闭藏，泥土冻结，也不宜修堤。"春冬取土于中，秋夏取土于外"。他要求大堤修成后，要每年养护维修，官吏要派专人巡逻看护。同时，还提出组织治河队伍要按土地、人数征集，参加治河的人员要免服兵役。凡春季动工之前，要于冬季把工具和防汛物资准备好。而且规定了赏罚制度，以保证组织劳动力到位，提高功效。

秦统一六国后，各自为政的黄河治理也得到了统一，达到了"决通川防，夷去险阻"的要求。堤防一方面用于防河，同时也做驰道。与现在提倡的堤防"抢险交通线"大致是一个意思。据《汉书·贾山传》记载，当时的堤防是"厚筑其外，隐以金椎，树以青松"，说明堤防不但加厚，还得夯实，并且植上树。相当于现在要求的堤防坚固绿化、畅通无阻。

战国时期黄河治理不但是修筑堤防，御洪保安，还开发了水运和灌溉农田的事业。原始社会就有"刳木为舟，剡木为楫"的传说；到了大禹治水时期，也有"陆行载车，水行载舟"的说法；春秋时期，也有"泛舟之役"的记载。这些都说明水运发展比治河要早。夏时靠水运将南北的贡品运至冀州，当时黄河、济水、淮河和长江之间，利用鸿沟和相关支流相互贯通，《尚书·禹贡》曾有"浮于汶，达于济""浮于济、漯，达于河"的记载。战国时期是水运最为发达的时期，沟通了黄河、济水、淮河、长江水上交通网。秦国的郑国渠、鲁国的汶阳田，都是当时通过治河来灌溉农田的先例。

（三）两汉时期的治理

两汉时期，对黄河堤防比较重视。当时，专设有"河堤使者"（皇帝派往地方主管水利的官吏）等官职，沿河郡县长官都有防守河堤之责，专职防守河堤人员，约数千人，"濒河十郡，治堤岁费且万万"。河防工程已达到相当的规模。据《汉书·沟洫志》记载，淇水口（今滑县西南）上下，黄河已成"地上河"，堤身"高四五丈"（合9～11米），堤防很高。据史料记载，瓠子决口后，汉武帝刘彻派汲黯（西汉名臣，今河南濮阳人）、郑当时（西汉大臣，今河南淮阳人）率10万人前去堵塞，但23年中，屡堵屡决。洪水依然泛滥横流，梁、楚之地常年遭受侵害。西汉元封二年（前109），汉武帝令"汲仁（官至九卿，今河南濮阳人）、郭昌（汉代将军，今内蒙古托克托人）二卿发卒数万人塞瓠子河决"，泰山封禅回来的路上，亲率臣僚到现场参加堵口。堵口成功后，遂作《瓠子歌》并修建"宣防宫"以示纪念，说明汉武帝十分重视黄河治理，并亲力亲为。

汉代与先秦相比，黄河下游河患明显增多，大多出现在西汉末和东汉初。黄河在下游多次决溢，使汉代社会经济和劳动人民的生命财产安全受到重大损失。汉武帝元光三年（前132）河决濮阳瓠子，堵口未成，其后20多年未有再堵，洪水东南注入巨野，通于淮泗。西汉成帝建始四年（前29）四月，河决金堤，致使河南、河北、山东32县水淹土地15万余顷，深者3丈，倒塌房屋无数。西汉河平二年（前27）河决平原，受灾相当于西汉成帝建始四年之半。西汉鸿嘉四年（前17）渤海、清河、信都河溢，淹31县，灾情几乎与西汉成帝建始四年等同。自汉平帝元年（1）以后，黄河决溢更加严重。决泛汴渠，河汴乱流，纵横弥漫，一片汪洋，使兖、豫二州长期处在水患频仍的地步，引起了朝廷的重视，西汉元始四年（4），安汉公王莽召集群臣征求黄河治理意见，张戎（西汉大司马史，今陕西西安人）应命提出了自己的看法。他指出："水性就下，行疾则自刮除，成空而稍深。河水重浊，号为一石水而六斗泥"。最后他提出了"可各顺从其性，毋复灌溉，则百川流行，水道自利，无溢决之害矣"的治河主张。他能在2 000多年前从黄河水流、泥沙的角度分析河患成因，提出"以水刷沙"的治河方略，常为人们所引用。

当时治河的重点是筑堤，对泥沙的重视和治理不够。只是开启了堵塞黄河决口、因势利导、浚河筑堤的大规模黄河治理活动。在治理活动中出现了贾让、王景等一大批治河名臣。贾让"治河三策"（上策为不与水争地；中策为开渠引水、分洪、灌溉、航运；下策为保守旧堤，年年修补，劳资无穷）为黄河治理提出了较为全面的方案选择。王景治河是在东汉永平十二年（69）率众10万，治理黄河，修筑西自荥阳、东至千乘海口的千里黄河大堤。东汉永平十三年夏四月，汴渠成。通过筑堤、理渠、绝水、立门，河、汴分流，复其旧迹，扼制住了黄河南侵，恢复了汴渠的航运，取得了良好的效果。王景治河"以十里水门之法固堤防而深河槽，以疏导之法减下游盛涨，下游减则其上游溃决之患自驰"。王景治理的河道称东汉河，历经魏晋南北朝至隋唐八百余年，虽有河溢，而无河徙之例。

（四）魏晋南北朝时期的治理

魏晋南北朝时期是一个社会大动乱的时代，统一时间短，分裂时间长，战争连年不断，洪水泛滥经常发生。

魏时几乎连年水患，晋时平均2年1次，南北朝时平均不到10年1次。从社会的整体状况来看，对黄河治理很不重视。治河机构仍沿袭汉制，虽设有"河堤谒者"或"都水使者"，但职务配置都不高，人数太少，有时甚至只设一人，很难有多大作为。社会处在分裂状态，当时的最高统治者没有心思治河，虽地方势力为了自身利益，进行过局部治理，但都是急功近利，未有长期规划和打算。

魏齐王正始三年（242）曹魏在开封一带修筑水利工程也颇有建树。在黄河南岸浚仪（今开封）修筑淮阳渠、百尺渠，把黄河与颍水连接起来，颍水两岸得到灌溉。魏晋时期，在河南荥阳地区，对黄河和汴口进行过2次较大治理。晋武帝时，汴口被黄河洪水"浸坏"，傅祗（今甘肃宁县人）出任荥阳太守以后，组织人力在汴口兴修了一道"沈采堰"（以草土为主的一种水工建筑物，俗称草土围堰），使黄河水有控制地入汴入济，平息了水患。北魏末年，崔楷（时任伏波将军、左中郎将，今河北博野人）在分析黄河水灾的严重情况后，向皇帝提出了"九河通塞，屡有变改，不可一准古法，皆循旧堤"的建议。他陈述治河要根据河流的形势、地形的高下，该修堤的修堤，该疏通的疏通，使水有出路，洪水有所容纳，并多置分水口，使涝碱地里的积水从河里排泄入海。他还提出了修堤施工计划、组织领导、治河后作物安排的具体意见。他的建议着实是一个完整的治河规划，这样的除害兴利规划在那个阶级矛盾日益激化的影响下，曾得到皇帝的采纳，然"用功未就"，就半途而废了。《晋书》也曾记载，华峤（魏晋史学家，晋时关内侯，今山东高唐人）上书"浚导河渠""置都水官"的建议；傅玄（西晋文学家，今陕西铜川人）提出重用"精练水事"的河堤谒者，把"不知水事"的河堤谒者调离岗位。通过《资治通鉴》有"治河役夫多溺死"的记载资料看，南北朝时期，即使在战乱的情况下，官办治河事件较少，但人民群众的治河活动还是从未有间断的。

（五）隋唐及五代十国时期的治理

隋唐五代时期，黄河河道大致与魏晋南北朝时期一样。河道行水已久，属于河道晚期，河患明显增加，平均 13 年发生 1 次河决、河溢。五代十国是唐末藩镇割据混战的继续。50 多年间，黄河流域先后换了"梁、唐、晋、汉、周"5 个政权。黄河水患频发，民不聊生，有时以水代兵，人为决口为患。

从历史资料上没有发现隋代黄河治理情况。唐代治河除在尚书省工部之下设水部郎中、员外郎外，又置都水监。唐龙朔二年（662）改水部为司川，至唐咸亨元年（670）又复故，而河堤谒者仍专司河防，以下又增添典事 3 人、掌固 4 人。要求地方官员皆兼领河事。

隋代的重心在于开挖大运河，没有关于治理黄河水患的记载。隋大业十四年（618）隋宣告灭亡。

进入唐代，关于黄河大水的记载明显增多，不少年份相当惊人。从唐贞观十一年（637）至唐昭宗乾宁三年（896）的 260 年间，就有 21 年河决河溢。唐永隆元年（680）、二年（681），河南、河北连续 2 年发生大水，冲坏居民 10 万余家，溺死者甚众。唐玄宗开元十年（722）6 月，博州（聊城）黄河堤坏，湍悍洋溢，不可禁止。唐玄宗李隆基派博州、冀州、赵州 3 地的地方刺史负责治理，并命按察使总领其事，开启了地方治河的先例。另外，还有未经批准主动治河的事例，唐玄宗开元十四年（726）裴耀卿（今山西稷山人）任济州刺史时，黄河发生大水，河防坏，各地不敢擅自兴役，而裴耀卿面对严峻形势，认为不奉命令，"非至公也"，决然亲临堤线，率众抢护堤防，并"躬护作役"。工程未竣，他接到调令（调任宣州刺史），考虑到抢护堤防未有完工，不透漏调任消息，直至工程完竣，才去赴任新职，其治河的事迹给济州父老乡亲留下了美名。

据《旧唐书·宪宗本纪》记载，元和八年（813）"河溢，浸滑州羊马城之半"，郑滑节度使薛平（今山西河津人）商魏博节度使田弘正（今河北卢龙人）同意，并经唐宪宗批准，动员万余人，"于黎阳界开古黄河道，南北长 14 里，东西阔 60 步，深 1 丈 7 尺"，决河分注故道，作为分洪道，下游再回到黄河，滑州无水患。唐懿宗咸通四年（863）萧仿（今江苏常州人）任滑州刺史 4 年，因"频年水潦，河流泛滥，坏西北堤"，奏请唐懿宗批准，采取"改河"之法，移河 4 里，二月毕工，画图以进。从此，河流远去，滑州堤固人安。唐懿宗甚喜，而加之萧仿刑部尚书判度支理财政。唐玄宗开元二十九年（741）夏秋之际，连降暴雨，黄河泛滥，河南、河北 14 郡遭受水灾。时任临邑主簿的杜颖（今河南巩义人）将遭受洪水之害的情况，书信告诉远在洛阳的哥哥杜甫，内称："临邑大雨连绵，黄河堤防薄弱，为防御黄河水患，全县正在紧张进行修堤。"杜甫感同身受，遂回信附诗道"二仪积风雨，百谷漏波涛。闻道洪河坼，遥连沧海高。职思忧悄悄，郡国诉嗷嗷。舍弟卑栖邑，防川领簿曹。尺书前日至，版筑不时操。……"。诗人杜甫寄此诗于弟，以宽其意。通过书信来往的内容，他在担心弟弟安危的同时，也表达了对劳动人民为防御黄河洪水、废寝忘食修筑堤防付出繁重劳动的同情。

五代时期，政权动荡，民不聊生，河决频繁，灾害更加严重。后唐、后晋、后周对黄河治理略有加强。除设河堤使者外，又设水部、河堤牙官、堤长、主簿等。后唐同光二年（924）七月，曹、濮等州，连年为河水所溺，加之后梁贞明四年（918）与后唐同光元年（923）汴（后梁）晋（后唐）战争，两次决开黄河，造成了严重的灾难等原因，李存勖（后唐开国皇帝）启动了黄河大堤修复工程，由右监门上将娄继英负责，要将一年前由段凝（后梁大将，今河南开封人）挖开的酸枣决口给堵上。工程进展十分不力，堵而复决。再命平卢节度使符习（今河北赵县人）代替娄继英指挥堵口工程。他新修一遥堤，虽然增加了工程量，但扩宽了河道，降低了施工难度。只用了 1 个多月遥堤告竣，黄河之水重新被锁入河道。后唐同光五年，邺都（大名）组织 15 000 人修卫州界河堤。后唐长兴初年（930），因河水连续多年溢决堤防，滑州节度使张敬询组织人力修筑了酸枣至濮州的 200 里大堤。后晋天福七年（942）宋州节度使安彦威（今山西原平人）在堵塞滑州决口后，又筑堤 10 里。后周世宗柴荣即位后，针对当时的严重河患，于显德元年（954）命宰相李谷（今安徽阜阳人）督帅"役徒六万"，用 1 个月的时间终于堵塞了澶、郓、齐等州前几年冲开的多处决口。

这一时期的堤防管理养护有所加强，出台了相应的管理制度。后晋高祖天福二年（937）九月，前汴州阳武县主簿左墀（今山西繁峙人）向朝廷进策十七条，其中一条就是"请于黄河夹岸，防秋水暴涨，差上户充堤长，一年一替；委本县令十日一巡。如怯弱处不早处治，旋令修补。致临时渝决，有害秋苗，既失王租，俱为堕事，堤长、刺史、县令勒停。"此策得到了皇帝的肯定，制定了每岁差堤长检巡河道的制度。后晋天福七年（942），晋高祖石敬瑭又"令沿河广晋（大名）开封府尹逐处观察防御使刺史职兼河堤使，名额任便差选职员，分擘勾当，有堤堰薄怯，水势冲注处，预先计度，不得临时失于防护"。当时的堤防管理受到如此的重视，管理制度也相当严格。

隋唐五代时期，水运交通、农田灌溉也比较发达，都归功于治河的功绩，比如通济渠沟通了江淮，永济渠沟通了北京，漕运四通八达，繁荣了东西南北方的物资交流。农田灌溉主要发展在山西、陕西和河南西部黄河流域和各支流间，黄河下游只有汶水流域小部分农田得到有效灌溉。

（六）北宋时期的治理

北宋初期，由于黄河自王景治河近千年没有大的改道，河道淤积严重，变迁十分剧烈，河患更加严重，灾害远远超过前代，河道决溢迁徙都创造了历史的新纪录。

开封处在黄河下游，从京城的安危上考量，河患与统治者的利害关系紧密相连，对治河相当重视，从皇帝到朝廷重臣及文人，都卷入了治河的争辩之中。治河机构设置前所未有，形成了中央和地方层级的各级管理组织。工部尚书掌百工水土政令，侍郎为之二。工部其属有三，即屯田、虞部、水部。水部下设都水监，水部及都水监衙门，权限也较历朝为重，"廷臣有奏，朝廷必发都水监核议，职责十有八九皆在黄河"，都水监几为黄河专设。沿河地方设置有多种兼职、专职官员，各州长吏也都管黄河。黄河沿岸设置外都水监、修河司、河埽司、埽所、铺屋。另外还有一些临时性治河机构。那时河工堤防埽坝修筑技术已有相当大的发展，河工技术队伍逐步扩大，并逐渐形成长期的固定性治河专业技术队伍，终年驻守河工。

北宋时期，从宋建隆元年（960）至宋仁宗景祐元年（1034）的74年内，河患31年，多处溃决，到处泛滥，几乎达2年1决溢。黄河往南夺淮入海，向北合御河从天津附近入海，向东至梁山泊，汇大清河入渤海，或南入泗淮入黄海。洪水汇大清河入渤海即对东平湖一带产生危害。宋太祖乾德二年（964）"赤河（黄河支流）决东平之竹村，七州之地复罹水灾"。宋太宗太平兴国七年（982）六月，"河大涨，蹙清河，凌郓州（今东平境），城将陷，塞其门，急奏以闻"（《宋史》·志，第四十四卷河渠—黄河上）。宋太宗太平兴国八年（983），黄河溃决滑州，注曹、濮、济。宋咸平三年（1000）五月，河决郓州（今东平境）王陵埽，浮巨野，入泗淮，水势悍激，须昌城（郓州）被淹，迫使郓州东迁15里至王陵山前高地（今东平州城）。特别是宋天禧三年（1019）滑州决口，灾害十分严重，洪水经澶、濮、曹、郓（经山东东平西北）等州，注入梁山泊，"又合清水、古汴渠东入于淮，州邑罹患三十二"，决口后，宋真宗赵恒"即遣使赋诸州薪石、楗撅、芟竹之数千六百万，发兵夫九万人治之"，并于次年二月堵住了决口。仅4个月又决，直至宋天圣五年（1027）七月，发丁夫三万八千人，卒二万一千，缗钱五十万，于当年十月堵口完成。通过这次治理，黄河虽重归了原来的河道，但仍没有安定下来。原因还在于河道淤积，只靠堵复决口，加修堤防，未能解决根本问题，以致第二年八月，黄河决澶州王楚埽（今河南濮阳），决口长达三十步。宋景祐元年（1034）七月，黄河又于澶州横陇埽（今河南濮阳东）决口，久不复塞，形成一条新河，史称横陇河。经清丰、南乐、聊城、平原一带，下游分成数股分流，经无棣滨州之北入海。宋仁宗庆历八年（1048），河决澶州商胡埽（今河南濮阳东北），在黄河两次南迁之后向北迁移40～80公里，经大名至天津入渤海，史称商胡"北流"。12年后，黄河又在濮阳下游决口，分出一条支流，称"东流"，经朝城至无棣马颊河入渤海。面对如此的黄河之状，在治理上发生了东流、北流3次长时间之争，最终东流意见占了上风，创新堤70余里，尽闭北流，全河之水，东还故道。依旧还是好景不长，仅仅过了5年，黄河于宋元符二年（1099）在内黄（今河南安阳市内黄县）决口，重新恢复北流，仍然从乾宁军（今河北青县）一带入海，东流再次断绝。自此，河道未再发生大变。

自北宋亡数十年，黄河主流有时行东股，有时行北股，有时二股并行，还有决徙在二股以外。北宋既亡，华北平原落入女真族之手，黄河无人治理，淤积、决口日渐向西发展，决流、乱流达60年之久。

北宋时期，黄河治理效果不佳的重要原因，就是高层决策优柔寡断，举棋不定，以致发生了40年的"东流""北流"之争，贻误最佳治理时机，影响了治河的进程，也造成了黄河灾害不断发生。

960年，赵匡胤建立了宋，结束了自安史之乱以来200多年的纷乱局面，国家重归统一之后，逐步鼓励发展农业生产，加强中央集权，确立文官政治。经过两次北伐战争失利，改变策略，谋求停战修好，换来长期稳定，经济得到长足发展。北宋时期的经济、文化比较发达，堪称世界之首。宋神宗熙宁年间，由于宰相王安石（今江西抚州人）变法力推新政，实现了"富国强兵"意图。他制定了"富国之法""农田水利之法""强兵之法""取土之法""科举制度"等，开创了依法治国的先河。其间，治河技术也得到了普遍提高，兴修埽工和推广，机械浚河、堵口、测量技术都有新的提高。出现了朝廷大臣和文人参与治河的研究，有关治河责任制度、堤防维修、治河工役，以及对水情、工情的认识和命名等方面都有所创新，黄河下游引黄放淤得到尝试，漕运事业得到发展，运河土岸改建为石驳岸纤道，单插门船闸改建为上下游闸门的复式插板门船闸，都是王安石变法得来的创新成果，他制定颁发的《水利利害条例》成为我国第一部水利法规。

（七）金元时期的治理

北宋末年的黄河，虽然东流、北流互变，反复不定，但基本上是以北流为主。金兵南下中原，势如破竹，北宋江山岌岌可危。宋建炎二年（1128）东京留守杜充决河以阻金兵南下，但未能阻止，却造成了很大灾害。据《金史·河渠志》记载："金始克宋……数十年间，或决或塞，迁徙无定"。金末蒙古军联南宋灭金南进，金从北京迁都开封，为了巩固统治地位，曾想两次决河北流，以抵蒙古军南下均未得逞。宋端平元年（1234）蒙古军灭金后，南下决开封北的寸金淀以灌南军（宋军）。从此，正式形成了黄河南流入淮的局面。

黄河自宋建炎二年（1128）杜充决河起，到宋端平元年（1234）蒙古军决河寸金淀止，106年间黄河发生决溢13年。金虽然统治的时间不长，但黄河决徙频繁，因此治理黄河是金不得不进行的一项国事。

金代治河机构仍仿宋制，金兴定五年（1221年）另设都巡河官，掌巡视河道、修完堤堰、栽植榆柳等，其管理职责更为广泛具体。沿河地方官员也都兼理河务。金大定二十七年（1187），金世宗命沿河"四府十六州之长、贰皆提举河防事，四十四县之令、佐皆管勾河防事"，河防官司，怠慢失备，皆判重罪，并下令"添设河防军数"。金还重视险工埽坝的管理，在下游沿河置25埽（6埽在河南，19埽在河北），每埽设散巡河官1员，每4埽或5埽设都巡河官1员，共配河防兵12 000人。金泰和二年（1202）又颁布11条《河防令》，规定六月一日至八月底为黄河涨水期，各州县必须轮流"守涨"，进一步加强了黄河下游河防修守体制。

金代黄河治理，以防河患，采取以堵为主的治理方法。金大定八年

（1168），河决李固渡（今河南滑县西南），曹州城（今曹县西北 60 里）被淹，于单县分流，至徐州入泗，形成一度两河分流的局面。当时，在李固渡南筑堤以防决溢，使两道分流，"南流"夺全河十之六分，"北流"夺全河十之四分。大定十一年（1171）河决原武王村，孟、卫州界多被其害，孟、卫州曾筑堤岸。大定十七年（1177）河决白沟，黄河主流南滚。之后，金每天出动 1 万多名劳力，历时 2 个月修筑堤防，阻挡洪水。大定十八年（1178）二月又发 600 里以内军队、民夫、半数官员筑堤，此堤起自卫辉、延津，经封丘北部前老岸、后老岸，经断堤、陈桥东，是后来的太行堤的雏形。大定二十年（1180）黄河决卫州及延津京东埽，弥漫至归德府，遂失故道，势益南行。为防止黄河泛滥，又修自卫州埽下接归德府南北两岸，增筑堤以悍湍怒。大定二十一年（1181）黄河已移故道，梁山泺水退，地甚广，已尝试遣使屯田。

金明昌五年（1194）河决阳武故堤，灌封丘而东，经长垣、兰阳、东明、曹州、濮州、郓城、范县驻州县界中，至寿张，注梁山泺，分为两派；北派由北清河入海，南派由南清河入泗故道，至徐州以南入淮。

元代黄河从元至元九年（1272）河决新乡，至元至正二十六年（1366）河决东明止，94 年间发生决溢 43 年，达到了 2 年 1 决。在元统治 88 年间，黄河向南决口增多，河道形势更加复杂，黄河水患非常严重，有时一次决口几处、十几处，甚至几十处。水患影响了皇朝的安危，如不治理，就可能出现"挑动黄河天下反"的情况。因此，从固国安民的角度考量，元非常重视黄河治理，从机构设置上看是得到了加强，但流于形式，致使黄河堤防失于修守，决口频繁，民不聊生，加速了元的灭亡。

元代工部仍沿旧制，都水监掌治河渠和堤防、水利、桥梁、闸堰事。另设河道提举司，专管治理黄河。为了加强黄河下游的堵口和疏浚，于元至正六年（1346）置山东、河南都水监，以专堵书疏之任。至正八年又诏"于济宁、郓城立行都水监"，九年又立山东、河南行都水监。至正十二年，各行都水监添设判官二员，实行了中央和地方管理、堵疏并举的治理措施，以及治理管理和监管双管齐下的管理模式。元代引水灌溉比较规范，制定了《用水则例》。还沟通了京杭大运河南北的直线连接，比原京杭大运河长度缩短了 900 余公里。在缩短大运河长度上，都水监郭守敬（今河北省邢台人）发挥了重要作用，凭借测量技术解决了通惠河的开通问题，他还修复了黄河沿岸许多主要的古代河渠。当时，治河技术也有了新的进步，根据堤防的不同作用进行分类，修堤的土质要求、定额计算及治河著述和治河图示等都为后人留下了宝贵的精神和物质财富。

元代黄河治理大多"保北不保南"，原因是担心大运河山东段受害，影响漕运。黄河沿颍、涡和归徐故道分流入黄的局面，维持了六七十年。到大德元年（1297）河决杞县蒲口，洪水泛滥南北数郡县，造成大面积的破坏，河势有北徙的趋势。第二年，皇帝命大臣尚文（今河北深泽人）按视河防之策，实地调查发现河南岸高于北岸，他认为强行堵塞蒲口会造成"上决下溃"，不易成功，要想"堤安得不坏，水安得不北"，不予堵复蒲口决口。他建议任由河水从蒲口南流，以西郡县遥筑长堤，抵御洪水。而下游徐、邳等地受灾人口则迁离原地，另择黄河南边滩地以给生业，以后河决之处，亦如此法。尚文建议被采纳后，却遭到河南、山东地区官员的强烈反对，争言不塞则河北桑田尽化鱼鳖之区，塞之便，帝复从之，最终蒲口被堵塞。大德三年（1299）蒲口再决，"障色之役，无岁无之"。至大二年（1309）河决归德、封丘，水势南流至归德诸处，北至济宁地分，大河主流更加北趋。至大三年，河北河南道廉访司也指出："近岁亳，颍之民，幸河北徙，有司不能远虑，失于规划，使陂泺悉为陆地。东至杞县三汊口，播河为三，分杀其势，盖亦有年。往岁归德、太康建言，相次湮塞南北二汊，遂使三河之水合二为一，下流既不通畅，自然上溢为灾。……即今水势趋下，有复巨野、梁山之意。盖河性迁无常，苟不为远计预防，不出数年，曹、濮、济、郓蒙害必矣"。泰定元年（1324）河决曹州楚丘县（今商丘和曹县之间）和开州濮阳县。《元史·河渠志》上，也记载了泰定二年（1325）三月初三，"役使民工 18 500 人，修筑曹州济阴县（今曹县西北 60 里）黄河堤防"的情况。至顺元年（1330）六月，长垣、东明和济阴县河决，淹没农田 580 余顷。至正四年（1344）夏五月，大雨 20 余日，黄河暴溢，平地水深 2 丈许，北决白茅堤。"六月又北决金堤，造成济宁、单州、虞城、砀山、金乡、鱼台、丰县、沛县、定陶、楚丘、武城，以至曹州、东明、巨野、郓城、嘉祥、汶上、任城等处皆罹水患，民老弱昏垫，壮者流离四方"。水势北侵安山，沿入会通河，延衰济南、河间。此次河患，威胁了大运河漕运的两漕司盐场，妨国计甚重。9 年后，众臣举荐都漕运使贾鲁（山西晋城人）治河，贾受命以二品官衔征发开封、大名等 13 路 15 万民工和泸州（今安徽合肥）等 18 军 2 万兵役投入治河，于至正十一年（1351）仅用时 190 天，花费中统元宝交钞 1 845 636 锭银，堵住了白茅堤决口。主流又回到归（归德）、徐（徐州）故道。同时整治旧河道，开挖曹县西南至刘庄 10 里新河。堵塞堤防缺口 107 处，培修加固多处埽坝。为了使河水回归故道，修筑了 3 道总长为 26 里 200 步的刺水大堤，并在黄陵冈两岸修筑了近 20 里的截河堤。为了加强汛期高水位堵口成效，用船装满石块沉入水中，作为堵口大堤，被称为"石船大堤"障水法。黄河成功归故后，北面的岔流似乎仍未断绝。至正末年，寿张、须城（今东平）、平阴、东阿均曾决口。直到至正二十六年（1366）黄河主流又北徙东明、曹、郓一带，会淮泗入海。由于治河工程庞大，筹措资金费用浩繁，倾尽国库民赋，不得不印发新钞，造成通货膨胀，劳动人民不堪重负，激起了民愤，加速了经济崩溃和政权的灭亡。红巾军的起义带动了全国各地农民起义，恰巧应验了当时治理黄河工程中挖出一只眼的石头人，流传"石人一只眼，挑动黄河天下反"的童谣了。当时，全国农民起义军风起云涌，声势浩大，最后让朱元璋率领濠州起义军夺得了天下，国号大明。

贾鲁治河虽然给社会带来了沉重的负担，引来了一些恩怨之声，但随着时间的推移，恩在怨消磨。当地人为了纪念他的治河功绩，将他在堵复白茅堤决口的工程中组织开挖的山东曹县境内和河南新密境内的两条新河称为贾鲁河。

贾鲁治河是以堵口筑堤为主，辅之以疏、浚、堵、筑各种相互配合之法。清人徐乾对他给予"古之善言河者，莫如汉之贾让，元之贾鲁"的较高评价。清代水利专家靳辅对贾鲁创建的"石船大堤"之法堵口，非常赞赏地说："贾鲁巧慧绝伦，奏历神速，前古所未有"。

（八）明清时期的治理

元末农民起义军首领朱元璋夺得天下以后，因战争造成的黄、淮流域极为残破，没有人力财力治理黄河。朱棣即位后，迁都北京，以运河为重，忽视了黄河的治理。河患给人们带来了深重的灾难，"平地成湖，一片汪洋"的记载在地方志中频频出现。清代治河仍和明代一脉相承，以保漕运为主，兼治黄河。

明清时期，治河机构仍依照旧制，随漕运需要有所改革。明代工部下仍设水部（后改为都水清吏司），由郎中、员外郎主管河渠水利，永乐时令漕运都督兼理河道，治河兼治运，永乐九年（1411）以工部尚书宋礼（河南永宁人）治河。自后间遣侍郎或御史治河。成化七年（1471）以王恕（陕西三原人）为总理河道，为黄河设立总理河道之始。弘治五年（1492）八月，命工部左侍郎陈政（广东番禺人）兼都察院右佥都御史总理河南等处河道；嘉靖二十年（1541）以都御史加工部衔提督河南、山东、直隶河道；隆庆四年（1570）总理河道又加提督军务衔。万历六年（1578）以工部尚书兼总理河槽提督军务。总之，明代治河机构，以工部为主管，总理河道直接负责并兼有军衔，可以直接指挥军队治河。沿河各省巡抚及以下地方官也都负有治河职责，其治河机构愈见完备。

明代的黄河治理基本上与元代一样，是在"遏黄保运""避黄通运"的方针政策指导下，竭尽全力避黄北决，以害漕运。北筑堤以保漕，南分流以泄洪济运，这是明代针政一以贯之的治河思想。在黄河的治理上，是从上到下，黄、淮兼治，围绕着运河做文章。

明代前期，洪武元年（1368）至弘治十八年（1505）的138年间，黄河决溢59年，几乎2年1决，十分频繁，不亚于金、元时期。当时，国力较弱，治河力度不大，均以堵居多。洪武八年（1375），"诏河南参政安然（今河南开封人）集民夫三万人"，堵塞了开封大黄寺决口，洪武十八年（1385）堵塞了开封东月堤决口，洪武二十五年（1392）"发河南开封等府民丁及安吉等十七军卫士"修筑了阳武县堤防。朱棣即位，运河复通，国力渐增，由堵逐渐转向有计划地修筑堤防。据《明太宗实录》记载，永乐二年（1404）"五月癸酉，修河南府孟津县河堤。九月己酉，修河南武陟县马由（曲）堤岸；丁巳，河南守臣言开封府城为河水所坏，命发军民修筑。十月丁丑，河南黄河水溢，命河南都司布政司，城池有冲决者即修之"。永乐三年，"二月丁卯朔，河南布政司言河决马村堤，命本司官躬督民丁修治。"永乐四年，"八月癸巳，修河南阳武县黄河堤岸"。永乐七年（1409），"正月己卯，河南陈州卫淹，河水冲决城垣376丈、护城堤岸2 000丈、请以军民兼修，从之"。黄河连年为患，修筑堤防，民用困弊，加之永乐八年（1410）开封大决，灾害严重，次年明成祖朱棣下决心治河，派工部侍郎张信（今安徽寿县人）前往河南视察。张信通过察看，诏发河南民丁10万，命兴安伯徐亨（今湖北大冶人）、工部侍郎蒋廷瓒（今河南滑县人），率运木夫通侍郎金纯（今江苏泗洪人）相度开浚。"七月，河复故道，自封丘荆隆口，下鱼台塌场，会汶水，经徐、吕二洪南入于淮"，恢复了明时故道。

明正统年间（1436—1449）黄河多在河南决溢，少部分在山东和南直隶决溢。正统十三年（1448）黄河于新乡八柳树决口，洪水直抵张秋（今山东阳谷），沙湾（今河南台前）一带运河冲毁。皇帝震惊，即派工部侍郎王永和（今江苏昆山人）治理。王永和治河不成，临清以南运道淤阻。明景泰二年（1451）又派山东、河南巡抚都御史洪英（今福建怀安人）、王暹（今浙江山阴人）治河。不久，又派工部尚书石璞（今江苏昆山人）亲临督工。先后疏浚旧河，筑石堤于沙湾，并"开月河二，引水以济运，且杀其决势"。景泰三年（1452）五月，河流渐细微，沙湾堤成流绝。但不到一个月，沙湾北岸决口，"掣运河之水以东，近河地皆没"，洪英奉命堵之，景泰四年（1453）正月，在新堵口之南又北决，四月堵塞，五月又决，掣运河水入盐河（大清河），漕舟尽阻。帝复命璞往。乃凿一河，长三里，以避决口，上下通运河，而决口亦筑坝截之，令新河、运河俱可行舟。工毕奏闻。帝恐不能久，令璞且留处置。十月命谕德徐有贞（江苏苏州人）为金都御史，专治沙湾。徐三策（置水闸门、开分水闸、挑深运河）治毕，沙湾流绝。此三策实际也是采取疏、浚、堵的办法。自此以后，"河水北出济漕，而阿、鄄、曹、郓间田出沮洳者，百数十万顷"，乃浚漕渠，由沙湾北至临清，南抵济宁，复建八闸于东昌，用王景的水门法以平水道，而山东河患少息，漕运得以恢复。

明弘治二年（1489）黄河在河南境内大决，冲入张秋运河，九月，朝廷命白昂（江苏常州人）修治河道，并"赐以特赦，令会山东、河南、北直隶三巡抚，自上源决口到运河，相继修筑"。经视察黄河上源决口等情况后，决定进行综合治理，于弘治三年（1490）组织 25 万役夫，修筑阳武长堤，以防张秋。引中牟决河出荥泽阳桥以达淮，浚宿州古汴河以下入泗，又浚睢河自归德饮马池，经符离桥至宿迁以会漕河，上筑长堤，下修减水闸。又疏月河 10 余里以泄水，塞决口 36 处，使河入汴，汴入睢，睢入泗，泗入淮，已达海。但不过 2 年，黄河又自祥符孙家口、兰阳铜瓦厢等决为数道，俱入运河。弘治五年（1492）河决封丘荆隆口，冲至张秋运河。六年（1493）二月，命副都御史刘大夏（今湖南华容人）治张秋决河。弘治在上谕中特别强调："朕念古人治河，只是除民之害，今日治河，乃是恐妨运道，致误国计，其所关系，盖非细故"，充分暴露了明代皇帝治河一切为了漕运乎。刘大夏接任后，2 年间，采取"南北分堵"的治河方略，疏浚黄河干流和汴渠，以及入涡、入颍、入睢流路，堵塞张秋运河决口、黄陵冈及封丘荆隆宫等 7 处口门，修建上起延津北、下至徐州的 360 里太行堤，新筑 160 里内堤，遏制黄河北流，使运河上下 20 余年无大患。

明代后期治河，不但以"保漕"为最高指导原则，而且在嘉靖年间又出现了"护陵"任务（保护凤阳县皇陵、寿春王陵和泗州祖陵不能受淹），黄河治理更加复杂，陷于十分被动的境地。明人谢肇淛曾形象地描述道："至于今日，则上护陵寝，恐其满而溢；中护运道，恐其泄而淤；下护城郭人民，恐其湮汩而生谤怨。水本东而抑西使，水本南强而使北""今之治水者既惧伤田庐，又恐坏城郭；既恐妨运道，又恐惊陵寝；既恐延日月，又欲省金钱；甚至异地之官，竟护其界，异职之使，各争其利"，充分阐明了明代治河的复杂性和难以取得很大成就的症结。因此，从正德元年（1506）至崇祯十七年（1644）的139年间，黄河决溢就有53年。达到2年半1次决溢，不少年份决口多处，严重程度大于前期。

弘治后期，黄河以由涡入淮一股为主，此后即逐渐北移。弘治十八年（1505）河北移300里，至宿迁小河口。正德三年（1508）又北徙300里，至徐州小浮桥。正德四年（1509）六月，又北徙120里，至沛县飞云桥，汇入漕河。此时南河淤积严重，水惟北趋单、丰之间，河窄水溢，冲决黄陵冈、尚家等口，曹、单、丰、沛间，洪水泛滥横流，丰县城廓被围，洪水至沛县运河，严重影响漕运。嘉靖八年（1529）单、丰、沛三县长堤修成。嘉靖九年（1530）五月孙家渡堤成；六月曹县河决，两股分流，主流又有南趋之势。嘉靖十三年（1534）河决兰阳，运道阻绝。嘉靖十九年（1540）黄河南徙，决野鸡冈，由涡河经亳州入淮，旧决口俱塞。嘉靖二十六年（1547）后，先决曹县，冲谷亭。嘉靖三十一年（1552）又决徐州房村集，淤运道。嘉靖三十七年（1558）曹县新集决口后，河势更乱，出现了"忽东忽西，靡有定向"的局面。嘉靖四十四年（1565）河决沛县，全河逆流，乱流，或横绝，或逆流入漕河，沛县以北，散漫湖坡，达于徐州，浩渺无际，河变极其复杂，上下200里运道阻塞。

正德、隆庆年间黄泛仍极频繁。治河仍采取南岸疏浚支河、北岸筑堤防决的方法，缓解了北段冲运之忧。但归、徐之间的河道却此决彼淤，南北滚动，也使鲁南、苏北运道时通时塞。朝廷为了解决运河畅通的问题，60多年中撤换总理河道大臣40余人。在治河大臣中多数对河患束手无策，少数大臣治河有成，如刘天和（今湖北麻城人）、朱衡（今江西万安人）、万恭（今江西南昌人）等。明嘉靖十三年（1534）刘天和总理河道，他在疏浚河运淤积、修堤防及加强工程管理等方面，开展了极为认真的工作，并有所创新。在疏浚方面，杂施土草，截河筑堤，纵横填路，下施新制兜杓、方杓、杏黄杓，鱼贯以浚之。明嘉靖十四年（1535）正月开工，四月初工成。浚河 34 790 丈，筑长堤、缕水堤 12 400 丈，修闸 15 座，顺水坝 8 道，植柳 280 余万株，役夫 14 万有余。工完运河复通，万艘毕达。刘天和治河取得了显著的效果。嘉靖四十四年（1565）秋，河决沛县，河道纵横奔流。工部尚书朱衡负责治理。他主张"开新河"，即先保漕运，弃河治运。开挖了一条自鱼台，经南阳抵沛县、留城 140 余里的新运河，同时疏浚留城以下至茶城 50 余里的旧运河，又筑马家桥堤 35 280 丈，石堤 30 里，遏制黄河出飞云桥，趋秦沟入洪泽湖。这样一来，黄河不能东侵，运道畅通，而沛流断矣。隆庆五年（1571）十二月，万恭总理河道期间，专管徐、邳运河，修筑长堤自徐州至宿迁小河口 370 里，并修缮了丰县、沛县的黄河堤，使"正河安流，运道大通"。他在处理黄、运贡献方面有独到的见解，认为"我朝之运半赖于黄河也"。他主张黄河南流，反对北流。南流入淮入江，则船可渡；北流害运，阻断漕运，黄河南流，国之福也。在治黄工程中，他提出"南流济运""治黄通运""以河治河"的新主张。他将数千年的治水为主的思想转变为治沙为主和水沙并治的思想，还提出要重视堤防管理和人的重要作用，认为"有堤无夫，与无堤同；有夫无铺，与无夫同"。他在《治水筌蹄》中阐述了机构设置、人员配备、分段防守、抢险信号规定、住堤看管等在治河当中的作用。

万历至崇祯年间，黄河共发生了 32 年的决溢，造成了徐州上下河患，徐、邳、淮间漂没千里，运道受阻。这一时期"治黄保运"是基本国策。潘季驯（浙江湖州人）作为著名的治河专家，曾四次主持治河工作。他坚持黄、运、淮一体治理，方能安运的治理策略。第一次是嘉靖四十四年（1565）协同工部尚书朱衡"治河保运"，他提倡的"治水之道，开导上源与疏浚下流两端"的治理主张，取得成效。第二次是隆庆年间黄、淮相继发生大洪水，睢宁至宿迁 180 里河道淤塞，漕船受阻。他被任命为总河前去治理。经实地勘察后，提出筑塞决口，开渠引水疏浚淤河。于隆庆五年（1571）六月竣工，漕船可通。第三次是万历六年（1578）二月，以都察院右都御史兼工部左侍郎、总理河漕兼提督军务的头衔身份，对上年泗阳崔镇决口进行治理，他筑崔镇以塞决口，筑遥堤以防溃决，筑高堤借助淮水冲黄水之浊流，二水并流，则海口自浚。次年冬工成，以淮冲黄，以利漕运。这次治理规模大，成绩显著，被提拔为南京兵部尚书。万历十六年（1588）第四次治河，复职右都御史，总督河道。他鉴于堤防数年来因"车马之蹂躏，风雨之剥蚀"，大部分已经"高者日卑，厚者日薄"，防洪作用有所降低，在南直隶、山东及河南等地，普遍对堤防闸坝进行了大规模整修，在徐州、灵璧、睢宁等12个州县，加帮创筑遥堤、缕堤、格堤、太行堤、土坝等长13万丈。在河南荥泽、原武、中牟等16个州县帮筑创筑遥、月、缕、格等堤和新旧大坝14万丈，巩固了黄河堤防，有效控制了黄河河道安全。他提出的"以堤束水，以水冲沙"的理论在治河中发挥了重要作用。

明代黄河堤防，由于多年来增筑加高，河南、山东至苏北地势较为平缓，河道淤积越来越严重，渐渐形成"地上河"。正如杨一魁（工部尚书，今山西运城人）所说："年来堤上加堤，水高凌空，不啻过颡"，滨河城郭，决水河灌。黄河这样长此以往，不溢决才怪。在杨一魁任工部尚书兼都察院右副都御史总理河道期间，出现了"淮不抵黄"、危及泗州明王陵的祖陵和"黄水倒灌清口"的局面。万历二十一年（1593）五月，黄河单县黄堌口河决，分为两支奔流，邳城沦陷水之中。万历二十三年（1595）杨一魁综合查勘河势后提出"分杀黄流以纵淮，别疏海口以导黄"的治河方法。次年动用民夫20万人，于桃源开黄家坝新河，长300余里，泄黄入海，并辟清口沙7里，建闸分泄淮入海。这种"分黄导淮"不堵单县决口的做法，徐州以下溢洪道干涸，漕运受阻。万历二十九年（1601）秋，商丘萧家口河决，运河淤沙，船胶沙上，全河奔溃入淮，势及陵寝。皇帝震怒，以不堵单县决口为罪，免了杨一魁的职务。事实证明，黄河泥沙不根治，"分黄导淮"难以奏效。就这样黄河一直与运河纠缠不清30多年，使运河不能很好地发挥作用，也是明末时期皇帝的一块心病。直到明崇祯十七年（1644），李自成领导的农民起义军推翻了明的统治后不久，清兵入关建立了清王朝。

清代治河机构仍沿明制，设工部，掌天下百工政令，河工隶属于工部，但河道总督直接受命于朝廷，工部不敢干涉。河道总督的品秩可达到头品，曾有大学士充任。顺治元年（1644）河道总督驻济宁，管理黄、运两河。康熙十六年（1677）移驻清江浦（今江苏淮阴市）。雍正五年副河道总督分管河南、山东两省黄、运河务。雍正七年分设江南河道总督（仍驻清江浦）和河南山东河道总督（又称河东河道总督，驻济宁）。两河道总督兼兵部尚书右都御史衔，乾隆四十八年（1783）改兼兵部侍郎右副都御史衔。黄河北徙后，黄河治理随时由各省巡抚派员办理。光绪二年（1876）黄河南北堤成后，分调营勇防守，清明到防，霜降回汛。1855年山东设河防总局下设堡房，三里一堡，防兵5人，十里一守备，千把管辖。1886年山东巡抚下有巡防二营，增添8营，分守黄河两岸。光绪十七年（1891）将两岸分上、中、下三游，各设分局。光绪二十三年（1897）河道总督裁撤，省巡抚统领上、中、下三游。光绪三十年（1904）山东巡抚周馥奏准，将沿河22州县改为兼河之缺，归三游办节制。从此，沿河地方兼管河务已成定例。清代从河道总督直接受命于朝廷上看，比明代重视很多，但从管理机构分设上看，治河轻于漕运。

由于明代潘季驯治理黄河留下的工程年久失修，河患又再度严重，清代统治历史一共276年，黄河决溢为99年。1855年黄河改道北徙之后，统治57年，就决溢30年。明末河决开封，口门未堵，明即亡。清顺治元年（1644）堵塞，黄河回归故道。由于明末清初10多年的战乱，黄河堤防失修，在顺治执政的18年中，就有半数河决。为了达到"河决可南不可北"的目的，对祥符、山阳、阳武、陈留等决口实施了堵复。康熙为政61年，黄河几乎年年决口，特别是黄、淮并涨，奔腾四溃，河、淮堤均决，冲淤运河，致使淮、扬七州县受淹，黄河淤积，淮水不出清口，洪水倒灌，洪泽湖皆成平陆。在此期间，河道总督杨茂勋（今山东博兴人）、王光裕（今辽宁沈阳人）等治河无方，上下决口，疲于奔命，效果极差。康熙急调安徽巡抚靳辅（今辽宁辽阳人）为河道总督，于康熙十六年（1677），开始进行大规模的治理。靳辅三月接令，四月初到工，先沿黄河上下勘察，四月六日1日内连奏八疏，十万火急地向皇帝提出自己的治理计划。他深知"治运先治河"的道理，在治理当中完全采纳了陈潢（今浙江嘉兴人，靳辅属下幕僚）的建议，主要是要着眼于黄、淮、运全面统筹治理，而不是局部的、偏废的、短暂的堵口或勉强维持式的整治，在工程竣工后的管理上按里设兵，划堤分守。他采取了"疏浚河道治下游，修减水坝治上游，集中精力堵决口，坚筑河堤图长久"的治理举措。一是疏浚河道，开凿引河，束水刷沙，让黄、淮水入海；二是堵塞决口，坚筑长堤，防洪水溢决；三是筑减水坝闸和涵洞保固堤堰。共计筑遥、缕、格、月堤90多万丈，开引河几千里，修建水闸、坝和涵洞近200座，解决了黄、淮、运三者之间行洪和航运相冲突的矛盾，治理得井井有条，创造了黄、淮、运10年的小康局面，是清代历史上治河的黄金时期。但是他被两次革职，两次复职，再行黄运治理，他沿用潘季驯"筑堤束水，以水攻沙"的方略，被后人称赞。

雍正、乾隆执政73年，黄河决溢20多年，由于人为的巨大作用，南决较为频繁，北决较少。乾隆在位60年黄河就有18年决口，较大决口22次。特别是晚期，一年多决，连年溃决四溢。乾隆二十六年（1761）黄河决口就是一次多处决口。当年七月，黄河三门峡至花园口区间，大雨滂沱，汇流如注，花园口站洪峰流量达 32 000 立方米每秒，12 天洪量 120 亿立方米。洪水来势凶猛，造成上至偃师、巩义，下至祥符、兰阳等 10 多个州县 15 处决口，水深五六尺至一丈多，房屋十之八九被淹，数万户百姓陷入汪洋之中。河南中牟杨桥黄河大堤决口后，大河主流直趋贾鲁河，由涡入淮。沿途淹没房屋无数，农田 10 万余顷，灾民哭嚎连天，尸骨遍野，惨不忍睹。此情震惊了乾隆皇帝，急派刘统勋（清代名臣，今山东高密人）治理。刘统勋紧急招募 4 万余民工，筹集堵口料物，投入堵口工程，历时 4 个月拼力赶工，终于成功合龙。

乾隆以后，黄河形势日益恶化。嘉庆、道光年间，诸多河防大臣多为堵口抢险疲于奔命。道光四年（1824）年底，洪泽湖高家堰十三堡决口，湖水下注，引起淮河水位下降，造成黄强淮弱，直接影响漕运安全，朝廷为之震惊。由于河南河道总督张文浩（今北京大兴人）治理不力，将其撤职，并于道光五年（1825）下旨，命正在家乡为母守丧的林则徐（湖广总督，今福建福州人）赶赴决口处督修。他身着素服日夜督修，不断查验。经过数月堵住了决口，堰工告竣。由于他兴修水利成绩斐然，于道光十一年（1831）被提拔为东河河道总督。在任期 100 多天里，他视河工修防要务为重，运道民生为大，彻查黄河治理收购秸料当中的弊端，力除河工腐败，保河工安澜，还首创石料修筑险工的先例。他最让人敬佩不已的是以"罪人"身份，于道光二十一年（1841）在流放新疆伊犁的途中，参与堵复祥符决口，以致竣工后仍赴伊犁戍边。曾留下"苟利国家生死以，岂因祸福避趋之"的壮怀诗句。后来，当地人把他堵口修筑的月牙堤，改称林公堤，以示纪念。

从明嘉靖后期至清咸丰四年（1854）的 280 多年间，黄河基本上沿袭明代黄河流路入黄海。虽经靳辅、陈潢治理，但终因河道长期固定，大量泥沙堆积形成"地上悬河"。清代前期，河南段相对安流，而山东、苏北段决口频发。清代中后期，黄河兰考以下河段纵比降异常平缓，导致水流缓慢，河底淤积抬高，出现了"下游固守则溃于上，上游固守则溃于下"的局面，黄河已经达到不可收拾的地步。加之河政腐败，清嘉庆年间虽不少花钱，但用于治理的却少之又少。久而久之，黄河改道不可避免。

道光年间魏源（今湖南邵阳人，曾为两江总督陶澍幕僚）曾提出黄河人工改道北流的主张。否则，黄河就要自找去路。果不其然，清咸丰五年

（1855）六月，终于在兰考铜瓦厢决口，分三股会流至张秋穿运夺大清河入渤海。

铜瓦厢决口后，皇帝极为关切，即拟兴工堵筑，要求于年内合龙。但由于忙于扩军镇压太平天国运动，堵口暂停。然而，口门不断刷宽至一百七八十丈，造成了河南、河北、山东三省的巨大灾难，山东受灾最重。

铜瓦厢决口近20年未堵，故道堤防遭到风雨蚕食，损坏殆尽。新河冲刷既成，再行旧河，已不现实。自黄河北徙以后，年年河泛河南、河北、山东三省。有人曾提出筑堤束水刷槽，挖泥船疏浚海口、利用徒骇河分流洪水等措施。有人提出利用故道分水，以减少下游灾害。主张总归是主张，但分流谈何容易，黄河水势如天险，岂有不夺溜之理，并遭到一些人的质疑。由此，黄河行走大清河即成定局。

堵口派和改道派长期争论不休已达30年之久。当时，堵口派代表蒋作锦（今山东梁山人，由兵部武选司主事简放钦差，任河南黄、沁河厅同知，加三品衔升用，治理黄河）、丁宝桢（贵州织金人，曾任山东按察使）、苏廷魁（广东肇庆人，曾任工科给事中）等，从避黄济运、治理旧河及节省费用的大局出发，得到主政的恭亲王（爱新觉罗·奕訢）认可。但遭到手握兵权力主改道的李鸿章（安徽合肥人，咸丰年间叙功赏加按察使衔）的反对，他竭力推行海运代替河运。在"改"和"堵"的问题上，咸丰皇帝犹豫不决。蒋作锦为了证实堵口的正确，发动封丘、祥符等地灾民自愿堵口，只因钱料受限，很难奏效。他跳进口门一死以抗权贵，却被水卒救起未能遂愿。无奈只好请款修堤，亲自勘察绘制开封至沵口的河路图，采取了利用黄河泥沙淤积补凹、补洼，烧制砖坝修筑险工，3年治理堤成，功绩显著，受人称赞。

咸丰五年（1855）至同治初的10年间，洪水四处泛滥，因镇压农民起义军，无暇顾及黄河，皇帝劝谕各州县自筹经费治理。河北、山东沿岸农民只好自发修埝，自保民田。咸丰十年（1860）山东黄河左岸陶城铺向上有北金堤，右岸只有民埝；张秋以东两岸自鱼山至利津海口，皆由地方官劝而修筑的民埝，尺寸较卑，节节为之，互不连贯，堤高不过5尺，顶宽只有3尺，一遇洪水即可冲决。山东布政使丁宝桢为民所系，责任在肩，于同治六年（1867）十二月，组织修筑张秋以下两岸的民埝，北岸自张秋至利津长850余里的民埝，南岸自齐河至利津长300余里的民埝，两岸民埝堤防全长1 150余里。张秋以上南岸民埝于同治十一年（1872）五月完成，上自菏泽、巨野交界之龙凤集起至郓城王家垓止，共长113里，后又补修龙凤集以上4里。当年腊月中旬，河决郓城侯家林，危及曹、兖、济等10余州县数百万人的安危。同治十二年（1873）大年初一，他放弃病休赶赴工地筹划，调集10州县万人堵复，2月24日堵复工程告竣。又将王家垓民埝修至东平十里堡，新旧民埝长148里。同治十二年（1873）黄河在开州、濮州溃决后，又在东明岳新庄、石庄户决口，洪水漫注5省（豫、冀、鲁、皖、苏），灾情极为严重。皇帝要5省总督、巡抚及河道官员会议奏办。丁宝桢视情后，大胆提出由山东省单独负责，3日后亲赴险区，与役夫同甘共苦，披星戴月，加紧施工，成功合龙。为了确保山东的安全，于光绪元年（1875）奏请朝廷，并亲自督修上自东明谢寨、下至十里堡的郓东堤长125公里，堤高14尺，底宽百尺，顶宽30尺。由于此堤相距北金堤较远，为自保南岸内滩地，濮县（今范县濮城镇）马九宫、范县李清溪诸公等集民间力量，于光绪四年（1878）在南岸自刘屯止于黄花寺修筑一道民埝（河内夹堤）长150里，成为后来的临黄堤。

黄河北徙至宣统三年（1911）57年间，决溢达到30年，铜瓦厢至十里堡河道及以下至利津河道决溢占多数。这种态势一直延续至民国二十七年（1938）未有改变。

清政府治河投入巨额河工经费，但未能扭转黄河越治越坏的趋势，其失利与河政腐败有很大关系。庞大的治河机构设置和看似完善的管理制度，未能杜绝河政贪腐行为。事实上，黄河越是危险，越是加大财政投入，从事河务便成了一个美差，各色人等趋之若鹜。实施工程修筑当中欺上瞒下，虚报冒领，一片乌烟瘴气，有人称"清代官场其他病态，与声名狼藉的河工弊政相比，不过是小巫见大巫"而已。但也有少数治河官员对其行为深恶痛绝，如林则徐，道光十一年（1831）在任东河河道总督时，大刀阔斧地铲除河政腐败之举，也曾受到道光皇帝的称赞，但触动了利益集团和相关官僚的利益，任职100多天就被调离，恶习已成气候，很难转变，林则徐不被调出才怪，但他惩处贪官的事迹却留下了无限清明。

清代治河虽然成效不大，但就其某阶段治河和治河技术还是颇有成效的。特别是在靳辅治河思想的影响下已经比较成熟，人们在和黄河长期打交道的过程中，逐渐摸索出来一套治理黄河的方法，治河思想也有了很大的进步，其中的一些治河思想一直延续至今。清代治理黄河效能低下，无论是黄河改道减轻水患，还是修筑堤坝险工、开引河避险，都只是暂时之法，很难真正实现一劳永逸。

（九）民国时期的治理

1911 年辛亥革命爆发，清廷被推翻，建立了中华民国，政权却被新旧军阀所篡窃。时局动乱，黄河治河机构未有统设，豫、冀、鲁三省各设河务局或河防局，分省自治。

清光绪十年（1884）山东省设立河防总局。民国元年（1912）河防总局裁撤。河工由上、中、下游分局分管，分局下设河防营。民国六年（1917）济南泺口建立三游河务总局，统辖其事，上游在寿张县十里堡（今属东平）设立河务分局。次年，三游河务总局改称山东河务局。1929 年改上、中、下三游分局为三总段。上游分局改称十里堡总段。直到民国二十二年（1933）9 月才结束了各自为政的局面。国民政府成立了黄河水利委员会，负责黄河全流域治理，各省设河务局。1937 年日军进入山东，山东河务局撤退江南。1938 年国民党制造花园口决堤，河防营随之撤销。1946 年 2 月，国民政府成立黄河水利委员会山东修防处（驻济南），1948 年 8 月下设 6 总段 34 分段。当时，濒临全国解放，山东沿河多为解放区（解放区也于 1946 年 2 月设立相应治河机构），国民政府治河机构徒有虚名。民国期间，黄河治理处在乱世的时期，也只能是被动堵决和防守，治河经费十分有限，遇到决口多由地方摊筹，农民出工出料。加之河政贪腐，黄河状况十分堪忧。

1914 年 7 月，河北省濮阳县双合岭决口，是较为严重的一次土匪为解围逃窜所为决口，河水向北淹没濮阳、范县、寿张、阳谷等村庄。决口经过汛期冲刷达 2 000 多米，进一步加重了灾情，至凌汛期积冰水涨，凌洪从决口奔涌而出，冰天雪地，受灾群众十分凄惨，叫苦不迭。面对灾情，北洋政府于次年 1 月开始堵口，由于堵口方式和时机把握不准，屡堵屡塌，经过改进采取两边修作裹头而同时进占的方法，经过 5 个月的施工，终于合龙。然而，仅仅 2 个月又决口数十丈，再次堵复。1917—1926 年 10 年间，黄河下游干支流共发生 82 次决口，在北洋军阀政府和国民党政府统治下的 30 多年间，黄河决溢就有 17 年，每次都给人们带来深重的灾难。

民国时期的黄河治理，一般疲急于堵口，未有统一的修堤规划和具体治理举措。在堵口的事宜上，存在着官民不一致的情况。仅举两例堵口事件，反映当时官民在黄河堵口事情上，其思想意识持有不同观点，积极性上有天渊之别。

民国十四年（1925）八月十三日，河决李升屯（今属鄄城）民埝，至寿张分为两股，一股北流入正河，一股旁决（9 月 20 日晚）寿张黄花寺（今属梁山），东流经安民山穿运流入东北洼地，折而东北，由清河门流入坡河，出庞家口入归正河。为了防止溃水南下，东平县知事李醉明受命率乡民在运河西堤的十里堡、三里堡、八里湾、常仲口、王仲口 5 处挑挖缺口，引导黄水泄入东平湖，顺坡河由清河门复归黄河。这次洪水泛滥 200 余里，致使阳谷、东平、东阿、汶上等 8 县 400 余村，尽成泽国，受灾面积达 1 500 平方公里，受灾人口 200 多万人。

洪水过后，东平十里堡乡绅段广寅（十里堡村人，户部注册县主簿），不忍坐视不管，以己县主簿之身份，五品顶戴之声望，于 1926 年一月十一日，邀请 8 县灾民代表在十里堡聚会，带头倡议创立 8 县堵口协会，得到 8 县灾民代表的一致同意。后由山东河务总局局长林修竹（今山东莱州人，兼山东运河工程局总办、上游堵口工程处总办）带领 8 县灾民代表到省政府集体请愿，时任山东督军张宗昌（山东莱州人）因战事经费紧张，无奈被迫同意以 8 个县人口的漕粮款作为堵口资金，不足部分由 8 个县出夫摊料完成。当时山东百姓早被军阀混战搜刮穷尽，加之黄河水淹，沉重的赋税根本收不上来，丁漕款成了事实上的空头支票。眼看夏汛到来，若不能尽快堵复李升屯、黄花寺两处决口，将会给受淹 8 个县造成更大灾害。政府靠不住，家乡还得保。段广寅带头倡议堵漏，二月十八日，又邀 8 个县知事在十里堡开会，议定由民间协会组织各县民工分工送料，根据当时市场价格，出工按完成土方计价，送料按料物的重量计价，所有完成的工、料都有堵口工程处审核制发收据，百姓凭此到各县应缴纳的丁漕款下支取。两处堵口工程于二月二十五日动工，在总办林修竹、会办王炳燨（山东沾化人，时任山东河务分局局长兼山东曹濮道尹警备司令、上游堵口工程处会办）、总工程师潘镒芬（江苏吴县人）的大力指挥下，8 个县灾民星夜兼程赶赴工地送料，抢堵民夫昼夜不停，加紧堵口施工，黄花寺先于三月二十六日提前合龙，李升屯亦于四月三十日全部合龙。原多次勘估花费得 200 多万元，前后各方共筹集 60 万元，共计用款 67 万元，即完成堵口，实际花费远远超过此款，利赖 8 个县灾民出工摊料，节约了大量的资金，实为河工开一新纪元。

民国二十二年（1933）黄河发生民国以来一次罕见的大洪水，洪峰流量约 23 000 立方米每秒，黄河下游决口 56 处之多，连同上游和中游决口 18 处，共计 74 处。全河河南、山东、河北等 6 省 67 个县受灾，面积达 12 000

平方公里，受灾人口 339 600 多人，死亡 18 300 多人，财产损失 2.74 亿元。山东、河南、河北较重，尤其山东最重。当时，黄河河南、河北、山东三省分治互不协调，交界之处最为薄弱。多数溃决患至山东，故有清代山东布政使丁宝桢主动承担堵口修堤职责之事。

民国二十四年（1935）七月，黄河花园口站洪峰流量 14 900 立方米每秒，鄄城董庄大堤决口，分正河水十之七八，溜分二股，小股由赵王河穿东平县入运河，合汶水复归正河；大股则平浸于菏泽、郓城、嘉祥、巨野、济宁等县，由运河入江苏。鲁、苏两省 27 个州县受灾，泛滥范围达 12 215 平方公里，受灾人口 341 万人，死亡 3 750 人，经济损失 1.95 亿元。其中，山东省 15 个县受灾，淹没耕地 810 万亩，淹没村庄 8 700 余个，淹死 3 086 人，250 万人受灾，倒塌房屋近百万间，哀鸿遍野，触目惊心。小股北流到东平县将安民山西旧运河堤冲决 3 处，各宽二三十丈，溃水向北奔腾甚险，经清河门至姜沟入正河。黄水虽有出路，但由于董庄决口处筑江苏坝截水，洪水日涨不已。据调查，东平西部地区平地水深 4~5 尺，秋禾全淹或仅露穗，舟行禾中，一片汪洋。当时急雨大注，群众有登树者，有用木板搭成高台，男女老幼避其上，有站在水中高地者，连声呼救，更甚者，有的全家老小被淹死，随水漂流。淹没耕地 7 730 顷，被淹村庄 530 个，受灾人口达 28 万人，伤亡 70 人，财产损失 1 180 万元。当年八月，时任山东省主席的韩复榘（今河北霸州人）召集专家在董庄开会决定堵口。12 月初改由黄河水利委员会接续办理，国民政府拨款。在黄河水利委员会副委员长孔祥榕（今山东曲阜人）的指挥下，除调集河北、山东有经验的老河工，还请来自己的老部下，于 1936 年 3 月 27 日堵口成功。随后又调集各工巡队的老河工，成立了 3 个工程队（后扩大为 4 个），每队 100 人，分驻河南、河北险要工段。工程队直属黄河水利委员会领导，各省无权指挥。工程队成立 1 个月，就完成了董庄堵口的后续工程，修复了江苏坝坝头，堵口中首创"柳石混合滚厢"抢险新方法，使堤防坚固无虞。7 月，冀、鲁、豫三省会商，实行黄河河务联防制度，使黄河治理实现统一，大大提高了黄河防汛防灾能力。

民国时期，受洋务运动的影响，逐步接受了西方较为先进的治河技术用于黄河治理。黄河水利委员会成立后，将三省分治进行统一，制定颁布了《黄河修防暂行规程》等有关治河专门法规制度，引进水文测量、工程测量和制图仪器、电话电讯报讯、虹吸管引黄灌溉，以及河防工程的"沉排"、固滩丁坝、堵口进占新法等技术，使黄河治理向科学化、制度化迈进了一大步。李仪祉（首任民国时期黄河水利委员会委员长，今陕西蒲城人）曾提出"蓄洪以节其流，减洪以分其流，亦各配定其容量，使上有所蓄，下有所泄，过量之水有所分"的综合治河方略，成为治理黄河方略数千年来只注重下游向上中游并重转变的里程碑。但由于战乱的影响，以李仪祉、张含英（今山东菏泽人，民国期间黄河水利委员会总工程师）等为代表的水利科学技术带头人，一心黄河治理的夙愿也未能全部实现。

民国时期，一批有知识、有技术的水利工作者，正欲大刀阔斧地整治黄河，但因时局的变化，其鸿鹄之志难以施展，而黄河也因时局的变化带来了新的改道。1938年5月19日，徐州陷入日军之手，继而沿陇海线抵进郑州，南下武汉。以蒋介石为首的国民党军队为阻日军西进，在开封失守后，于1938年6月9日，在郑州花园口扒开黄河大堤，滔滔黄水流向东南，造成了豫、皖、苏3省44个县的泛滥区，形成了黄河南徙的局面。此时，正值全面抗战的时期，黄河河防已成为国防的重要组成部分。此时，国民政府领导下的黄河水利委员会除受经济部直辖外，兼受第一战区司令长官指挥监督。加之各省政府的参与，治河呈现出左支右绌的地步。国防与河防、军事与民生、中央与地方左右摇摆，互不配合，甚至相互羁绊，治河举步维艰，难见成效。

花园口决口后，民国黄河水利委员会受中央、地方、军事的干扰，不能主动堵口和治理，只得"以官督民修为原则"拟具修埝办法，修筑费用一般由经济部、赈委会赈灾款补助，不足部分由省政府自筹。治河机构只能在必要情况下巡查，接管新修防泛堤的管理，修堤工程标准要求、质量难以保证。当然，这一时期，也放弃了原黄河河道的管理和河防工作。

从古至今，历朝历代治河不能永固的根本原因，不但有黄河桀骜不驯"善淤、善决、善徙"的特性，更有社会制度的困扰因素，还有战乱人为所致。黄河治理人心散乱，思想不一致，只顾当时，急功近利，忽视长远。在管理方法和治理体制上奉行一以贯之的思想，治标不治本。故而，使黄河时治时安，久治不愈，无根治之法。但黄河治理都是站在国计民生的高度，有针对性地对黄河进行局部治理，由于社会诸多方面的遏制，黄河虽经治理，却不能永固。

二、现代黄河治理

黄河花园口人工决口南徙9年之后，此时的黄河饱受沧桑之苦，由于风雨蚕食，战争破坏，老河道堤防、险工残缺不全。新黄河没有形成固定的河道和抵御洪水的堤防。遇有洪水，漫流横流，使黄泛区的人民生活更是雪上加霜。至1945年全面抗战取得胜利前夕，共产党领导的八路军、新四军活跃在敌后的华北、山东等地，胜利之后立刻放弃南方根据地，迅速抢占东北。此时，正处在国共谈判阶段，国民党政治集团为了独吞胜利果实，堵复花园口，让黄河回归故道。打着为了缓解黄泛区的人民之苦的幌子，行水淹解放区之实。共产党站在时代的高度，深明大义，同意黄河归故，但必须在修复黄河堤防以后实施归故。早在1946年，共产党领导的冀鲁豫和渤海两个解放区就开始了"一手拿枪，一手拿锨"的反蒋治黄运动，修复黄河残缺堤防和险工。

中华人民共和国成立后，加强了解放区时期成立的黄河水利委员会的领导，并改组为流域性管理机构。开始对黄河进行一系列治理规划的制定，采取了"上拦下排、两岸分滞"等综合治理措施，随着黄河治理纳入国家重大战略的逐步落实，黄河发生了翻天覆地的变化，使"三年两决口，百年一改道"的黄河实现了70多年的岁岁安澜，并逐步变为造福人民的幸福河。

（一）解放区黄河治理

解放区黄河治理起于1946年初，为了黄河安全回归故道，冀鲁豫和渤海两个解放区在中国共产党的领导下，发动军民开始了修复旧河道堤防的运动。中共冀鲁豫解放区党委和行政公署按照中共中央"关于黄河归故问题"的指示精神，为了应对黄河归故的风险，于当年2月22日，在菏泽成立了"冀鲁豫解放区行政公署黄河故道管理委员会"，渤海解放区行政公署成立山东省河务局，同时要求行署第一、二、三、四、五各专署及各县均成立相应管理机构。当年4月，昆山县（今梁山县）黄河修防段在十里堡（今属东平）成立。副县长戴秋岩（今山东梁山人）任段长，负责昆山县境内的黄河及东平湖区临河堤防和民埝等修防工作。修防段配备（抽调县区人员）30人，吸收老河工9人。5月，第三修防处在郓城大泽潭成立，归冀鲁豫解放区第二专署和冀鲁豫解放区故道管理委员会双重领导，下辖北岸濮县（今范县一部分）、范县、寿北（今台前县）、张秋（今阳谷一部分），以及南岸的鄄城、郓北（今郓城一部分）、寿南（今郓城一部分）、昆山（今梁山、东平一部分）等8个修防段。5月30日，冀鲁豫行署黄河故道管理委员会改为冀鲁豫行署黄河水利委员会，王化云（今河北馆陶人）任主任，机关分驻菏泽、临濮集两地，下设第一、二、三、四修防处。1947年春，为了加强旧堤修复施工，昆山县修防段在孙楼（今属梁山）成立工程队，共3个（后扩为5个）工程班，共60人，张朝义（今山东梁山人）任队长。7月28日，冀鲁豫行署通令，将第三修防处辖郓城、郓北、寿南、昆山4个修防段，接受第二专署领导。郓北、寿南修防段同时受郓北县政府领导。1948年春，昆山县成立治河指挥部。2月底，濮县、范县、寿张、张秋修防段，重归第三修防处领导。4月5日，行署要求沿黄各村政委员会中，增设护堤委员1人，负责保护黄河大堤事宜。为适应解放战争进入夺取全国胜利决定性阶段的新形势，1948年9月将黄河水利委员会隶属关系由冀鲁豫行署领导改为由华北人民政府和冀鲁豫行署双重领导。1949年2月25日，黄委会决定，将第三、五修防处合并为第三修防处。6月16日，华北、中原、华东三解放区在济南召开黄河水利委员会成立大会，推选王化云（今河北馆陶人）为主任，江衍坤（今山东泰安人）、赵明甫（今河南濮阳人）为副主任。1949年7月初，黄委会迁移到开封原国民政府黄河水利委员会的所在地办公。8月20日，组建了平原省河务局和河南省河务局，加上此前成立的山东省河务局，下游三省都有了河务局，沿岸地区和县也统一设置了河务部门。平原省河务局在新乡成立后，原第二专署改为菏泽专署，第三修防处接受平原省河务局和菏泽专署的双重领导。8月，昆山修防段改为梁山黄河修防段，受平原省河务局第三修防处和梁山县政府的双重领导。

自1946年2月起，从解放区到三省（河南、河北、山东），从上到下，为打赢黄河安全归故斗争的全面胜利，做好了组织准备。

解放区人民治黄，处在抗日战争取得全面胜利、解放战争即将开始的阶段。共产党站在民族大义的立场上，多次与国民党谈判，先修复堤防，疏浚河道，再行堵口，让黄河安全归故入海。谁料，国民党早有企图，故意拖延谈判时间，延缓同意执行谈判条件，为早日堵复花园口争取时间，共产党领导解放区军民，不等不靠，从1946年初，就广泛发动群众，大力开展"一手拿枪、一手拿锨"的修复黄河残缺堤防和反对国民党军队破坏修堤的斗争。

1946年2月，国民党成立堵口工程局，积极筹备堵复花园口决口事宜。冀鲁豫解放区按照上级的决策部署，一方面积极主动从组织机构、会议部署、颁布通令以及规章制度、复堤标准和具体行动上，做好了各方面的准备；另一方面，从军事上也做好了与国民党破坏复堤的战斗准备。按照"一手拿枪，一手拿锨"的要求积极主动地开展工作。5月26日，冀鲁豫及渤海解放区沿黄各县组织 40 多万人，开始了大规模的复堤整险工程。6 月上旬，昆山县动员民工 2 万多人，苦战一个月，对境内旧堤防进行了修复，完成土方 24.94 万立方米，将旧堤加高 2 尺，堤身加厚 2 丈 4 尺。为黄河归故提前做好了最基本的物质准备。12 月 27 日，国民党在花园口下游开挖了两条引河，开始向解放区放水。1947 年 3 月 7 日，又挖第三条引河，增大放水量。3 月 15 日，花园口口门合龙，20 日闭气，5 月竣工，黄河水全部回归故道。

在堵口之前，解放区于 3 月 19 日下达了《为自救自卫，认真开展献石及整险工作的紧急指示》，昆山县全县干部群众积极响应，立即行动，有石的献石，没有石的献砖，没有砖的献料，有力的出工，有的把船和车献出来送料。当时戴庙一区就捐献石头 1 000 多立方米，西金山村群众献石 4 000 立方米，华庄的妇女把鸡窝上的石头也献了出来。原计划献石 5 000 立方米，由于群众积极主动，热情非常高涨，主动捐献，共完成献石 16 086 立方米，为计划任务的 3.2 倍还多，捐献秸料 45 万斤、柳枝 17 万斤、木桩 4 500 根，并组织 2 万多人，动用数千辆车和船只，昼夜不停地往险工上运送物料。七区西王庄壮年农民王力方、张兴会、张凤鹅用小车一天运送石料 4 000 多斤，被称为运石英雄。现梁山路那里险工 14 号坝就是用捐献来的石料修筑成的。6 月 30 日前后，昆山县利用麦收后和黄河大汛前的空隙，进行突击修堤，至 7 月中旬全部完成了境内黄河大堤（包括南金堤）加高 2 米、培厚 3 米的任务，完成土方 36.52 万立方米。

1947 年 7—8 月，中共昆山县委、县政府领导全县人民全力以赴抢险。7 月底，黄河归故后第一次洪峰到达昆山县黄河河道内，路那里大坝（10 号坝）和孙楼大坝（34 号坝）先后出险，10 号坝前被激流扭去 5 丈长的一段，坝身厢护砌石全部冲垮，情况危在旦夕，如不及时抢护，不但该坝全部被毁，而且以下数道坝亦同归于尽，20 号、2 号坝也同时告急。面对如此险情，县委副书记杨岗、县长陈克及段长戴秋岩带领 2 000 多名河工和群众连续抢险 2 个多月，战胜了 8 次洪峰，抢险用石 1.3 万立方米，秸料 205.7 万斤、柳枝 49.92 万斤、麻袋 196 万条、麻绳 1 942 根、铅丝 1 536 斤、木桩 5 600 根，用工 5.14 万个。昆山抢险是山东黄河归故后一次较大的抢险，为山东黄河上游宽河向窄河过渡段（壅水极易出险）安全不决口立下了汗马功劳。

7 月底，黄河 8 次洪峰安全入海，解放区人民抢修的黄河故道大堤经受住了考验，取得了黄河归故后第一次大战洪水的全面胜利，不仅粉碎了国民党"以水代兵"的阴谋，而且保护了黄河故道内和两岸数百万人民群众的生命财产安全。从此，开启了人民治黄事业的新纪元。

1947年黄河归故后，国民党不断派遣飞机对解放区修复堤防进行骚扰破坏，阻止黄河大复堤运动，抓捕抢险修堤队员。1947年9月，国民党一部在黄花寺决口，造成河水至戴庙入运河，灌入东平湖，56个村庄受淹，受灾人口19 634人，淹没耕地8.9万亩。试图造成洪水泛滥，以达战争之目的。冀鲁豫解放区行署军民给以有力回击，保卫了修堤成果。于1948年2月，拨粮422.8吨，边币（晋察冀边区银行发行的货币）69.3万元，用来修筑黄河、运河及大清河，减少昆山、东平一带的水灾。3月21日，冀鲁豫行署下达通令，要求复堤从计划、劳力到工具合理安排，以及汛前完成。按超高上年大水位2.5米，顶宽7米，临河边坡1:3，背河边坡1:2。当时，正处于敌我拉锯局面，直到6月中旬趁国民党军队窜往巨野至菏泽的公路以南之机，进行了大规模的突击复堤，上堤民工达2万多人，修做土方10.72万立方米。在复堤整险过程中，广大民工情绪高涨，其中民工杨振珠1947年复堤时就是模范，这次又自愿报名参加，他单挖一个方坑，从早到晚每天运土10多立方米。

冀鲁豫解放区修筑险工情形

1948年汛期大水，十里堡（桩号340+800）和芦里（桩号342+045）民埝出现漏洞，经抢护脱险。为了迎战黄河洪汛，昆山县、区成立治河指挥部，于6月底和7月初，即调集大车1 468辆，突击7天，运石4 660立方米。1947—1948年两年运到险工上的石头约1.18万立方米，共用大车21 276辆次，投入人工和牛工72 828个。当年，在路那里险工增修15号、

19 号、26 号、27 号坝和 34 号、26 号和 27 号坝下 3 段护岸。

1949 年 1 月，由于位山河段卡冰，徐庄、郭楼一带被冰水围困，水深 2 米以上。当年春，昆山县组织路那里增修 13 号、17 号、21 号、23 号共 4 道坝。2 月 30 日，大复堤开工，这次复堤是在全国解放前夕环境比较安定的情况下进行的，因此复堤要求严格正规。县成立大队部，区成立中队部，各村有一名村干部带队。堤顶高出上年洪水位 1.7 米，坝基出水 1 米，临河边坡 1:3，背河边坡 1:2.5。要求方坑正规，留土隔、土标；倒土要听从边铣指挥，虚土 4 寸，碰实 3 遍，先打茬，后打坡，竣工实行收工证制度。昆山县政府和修防段联合颁发了包工的布告，其结果包工功效较好，完成 5.33 立方米，而征工功效低下，只完成 1.42 立方米。全年完成土方 14.88 万立方米，坝基土方 1.42 万立方米。

1949 年汛期，黄河发生 7 次较大洪水，9 月 14 日，黄河花园口出现较大洪峰，达到 12 300 立方米每秒，流量在 10 000 立方米每秒以上持续两天多，在 5 000 立方米每秒以上持续半个多月。洪水来到之前，梁山县（1948 年 8 月改昆山县为梁山县）成立了县、区防汛指挥部，县长任指挥长，县委书记任政委。洪水到来时，指挥部立即动员全县人民投入抗洪救灾工作，划定 5 华里为抢险区，10 华里为防汛区，组织了抢险队、防汛队。在大堤顶上抢修高 1 米、底宽 3 米、顶宽 1 米的挡水子堰。7 月 25 日，当第二次洪峰到来时，骤然北风大作，连续刮了五天五夜，风浪相当严重。9 月中旬，第三次洪峰到来后，风浪更加凶猛，王洼至徐庄 20 余华里的堤身坍塌相当严重，沿堤坦坡上打上两层或三层木桩，将草把或柳枝用麻绳连在木桩上，筑起一道活的护岸长埽，随着水位的涨落而升降，缓解了风波的冲刷，效果较好。马那里、王洼、孙楼至石洼背河处出现渗水；刘堂、石庙、徐庄背河先后出现漏洞和管涌，洞径约 0.45 米，流水严重。以上险情经过奋力抢护脱险。9 月 12 日，区长率领 8 名干部和民工 500 人，13 日又增加 1 500 人上堤防守，但终因堤防单薄、基础差，于 13 日 11 时晚，湖堤魏河村北决口，14 日 12 时马山头黄堤决口直冲徐毛民埝，15 日 12 时，金山坝在吴桑园东北又向西决口，22 时运堤戴庙、刘圈决口北流，三水汇流直往西流。16 日 3 时，水已达到戴庙西魏庄、三里庄、大陆庄、沈楼一带，十里堡以北大陆庄民埝（以后称临黄堤）两面受水。16 日 4 时，出现漏洞，因全线告急，区委书记与区长赶到时，洞口似盆口大，用麻袋从临河填塞，因土质松散，越塞越大，指挥人员鸣枪报警，半小时后集中百余人前来抢险，洞口已扩大到

1.5 米以上，堤顶濒临坍塌。工程队两个班奋力抢堵亦无济于事。工程队员邹振旭（今山东梁山人）抢堵时陷入洞内，穿过堤身顺流从背河洞口流出，浑身已是泥人，身体并无大碍。16 日 5 时，大陆庄民埝漏洞终因抢堵困难、人料短缺，发展成决口，口门扩大有 200 多米，黄河洪水居高临下，直泄东平湖，漫延至周边县、市。于当年冬季，梁山县组织对大陆庄决口进行堵复，共用土方 3 万多立方米。

洪水过后，平原省组织有关技术人员查勘东平湖，经研究，为减少黄水淹没范围，提出并动工修建金线岭堤，西起南金堤东侧侯家寺，向东经蔡林、许寺至袁口北（王坝口）原运西堤衔接，全长 42 公里。山东省也计划从张坝口至小清河口修筑新临黄堤。此次洪水，淹没损失较重，黄水漫延至附近的郓城、巨野、南旺、汶上、嘉祥、济宁等县（市），受灾面积达 2 000 平方公里，受灾人口 100 多万人，淹没梁山、东平、汶上及南旺县村庄 964 个，耕地 78 万亩（不包括老湖）。1949 年大陆庄民埝决口，洪水进入东平湖，虽然造成一定的损失，但大陆庄民埝决口洪水进入东平湖后，对减轻山东黄河下游两岸堤防危机是显而易见的，彰显了东平湖的滞蓄洪能力，东平湖为战胜黄河归故后的最大洪水起到了关键性作用，为东平湖自然滞洪区的确立，以及东平湖水库建设提供了参考依据。

解放区人民治黄成绩卓著，是建立在共产党的领导下、相信群众、依靠群众、一切从群众的根本利益出发的基础上，得益于治河机构组织的健全和完善、人民群众的大力支持和积极参与，得益于治河民工的艰苦付出，更得益于解放区人民治黄的统一标准和分阶段颁布的通令和法规制度。

1947 年 3 月 11—14 日，冀鲁豫解放区黄委会在徐翼县（今阳谷县安乐镇）郭万庄召开第一次治黄工作会议，确定了"确保临黄，固守金堤，不准开口"的第一个人民治黄方针。5 月初，为粉碎国民党军队对复堤的破坏，冀鲁豫行署主任段君毅（今河南范县人）、副主任贾心斋（河南滑县人）发布公告，号召全区人民群众"立即行动起来，复堤自救""一手拿枪，一手拿锨，用血汗粉碎蒋、黄的进攻"。1948 年 3 月上旬，又在观城（今莘县观城镇）百寨召开春季复堤会议，将治黄方针修改为"确保临黄，不准决口"的方针，动员群众进一步加高培厚黄河大堤，共动用土方 350 万立方米，为战胜洪水打好物质基础。3 月 19 日，发布"关于复堤各项制度的决定"，将修堤标准、质量要求、工程结算及防汛驻守等，作了统一详细的规定。1949 年 2 月，在菏泽召开修防处主任、修防段段长联席会议，确定了"修守并重"的治黄方针，并改修堤征工制（用工征用制）为包工制（将工程量包到人），大大提高了工程进度。5月，冀鲁豫行署出台颁布了《保护黄河大堤公约》，这是人民治黄以来第一个具有法律性质的保护黄河堤防的文件。6月3日，又确定了"掌握重点，全线防守"的防洪方针。

冀鲁豫解放区人民治黄，从1946年到中华人民共和国成立，在中国共产党的领导下，艰苦卓绝，成绩卓著。在硝烟弥漫和十分残酷的战争环境中，一手拿枪，一手拿锨，不但取得了抗日战争的全面胜利和解放战争的阶段性胜利，还打赢了江苏坝保卫战、昆山抢险、高村抢险、利津王庄抢险等一个个硬仗，完成了黄河归故后堤防不决口的艰巨任务，实属罕见。

（二）中华人民共和国黄河治理

1949年10月1日，中华人民共和国成立，治黄工作迎来了新的发展机遇。中华人民共和国成立初期，国家百废待兴，党和政府非常重视黄河治理工作。1950年1月，解放区各级治黄机构统一改为流域性机构，专门负责黄河治理工作。毛泽东曾多次提出要考察黄河，第一次于1952年10月25日至11月1日考察黄河，发出了"要把黄河的事情办好"的伟大号召。1955年7月30日，全国第一届人民代表大会第二次会议通过了《关于根治黄河水害和开发黄河水利的综合规划的决议》。该规划突破了历史上单纯除害的局限，将黄河治理推进到全河统筹、除害兴利、综合利用、全面治理的新阶段。从此，东平湖地区人民也随之步入了治黄治湖的新征程。

1. 国家对黄河的治理

滔滔黄河在中华大地上流淌，塑造了华北大平原，为人类提供了赖以生存的水资源和广袤的土地，被称为中华民族的母亲河。从历史发展的进程看，中国的政治、经济、文化中心基本上一直在黄河流域，纵使后期经济、文化中心南移，但作为全国政治中心的国都，也大多设置在黄河流域，如八大古都中的安阳、西安、洛阳、开封等。故此，不难看出黄河对中华文明的重要意义。然而，黄河也曾以"善淤、善决、善徙"而闻名于世，多次决溢改道给黄河两岸人民带来深重灾难。历史上，人们一直在探索治理黄河，趋利避害，并在与水患搏斗中逐渐加深了对黄河的认识，提高了治理黄河水患的技术和思想。中华人民共和国成立以后，党和国家秉承历史重任，按照"治理黄河水害，开发黄河水利"的方针，沿着古人治水的足迹，筚路蓝缕，开启了黄河治理的新征程。

1）在机构建设方面

黄河是横跨青藏高原、黄土高原、华北平原流经九省（区）的大河，涉及上下游、左右岸的方方面面，管理治理任务繁重复杂，必须认真对待。中华人民共和国成立后，国家非常重视黄河治理与管理，认真吸取历史上黄河治理的经验教训，加强和完善了治黄机构建设，实行国家统一治理黄河。1950年1月，将解放区黄河水利委员会改为流域性机构，受水利部直接领导，山东、河南、平原三省治河机构统一受黄委领导。黄河治理是长远的，当务之急是防汛工作。同年6月，成立了黄河防总，受中央防汛总指挥部领导，黄河水利委员会设黄河防汛办公室，为黄河防汛总指挥部的办事机关。政务院《关于建立各级防汛指挥机构的决定》明确指示，黄河上游防汛由所在省负责，下游山东、平原、河南均设防汛总指挥部，受中央防汛总指挥部领导。要求省、地（市）、县各级人民政府在建立各项防汛机构的同时，特别加强人民群众防汛组织的建设。这在中国历史上，第一次把沿河人民群众作为黄河防汛的基础力量，确立了"专业抢险队伍和人民群众防汛队伍相结合，实行军民联防"的基本防汛体制。1954年为了黄河统一治理规划的筹划，在北京成立黄河规划委员会。从此，从国家层面开始了黄河治理规划的编制。这一时期，沿黄各地，按照隶属关系，都相应设立了修防处、修防段。至此，黄河水利委员会、省河务局、地区修防处、县修防段组成的黄河治理与防汛四级管理体系基本形成。

1958年10月以后，山东河务局、河南河务局相继与山东省水利厅、河南省水利厅合并，至1962年8月回归。1962年黄河防汛总指挥部改由豫、鲁、陕、晋四省和黄河水利委员会负责人组成，办公地点设在黄河水利委员会。

1972年3月，河南河务局、山东河务局及其下属各修防处、段实行以地方为主的双重领导。1973年各治河管理机构名称和建制逐渐恢复。为了提高黄河管理单位的地位，发挥其在治黄工作中的重要作用，1989年6月，经国务院批准，黄河水利委员会升为副部级，1990年各省河务局均升为正局（或副局）级。同年10月，山东河务局、河南河务局所属的修防处、修防段更名为河务（管理）局，并于1990—1991年所属县河务（管理）局均升为副县级。从20世纪50年代就实行了防汛工作行政首长负责制，防汛指挥部由地方行政首长任指挥长，对辖区内防汛工作负总责，2017年黄河水利委员会系统全面推行河（湖）长制，更进一步强化了防汛与工程管理工作地方行政首长的重要责任。

2）在规划方面

1950年1月，黄河水利委员会第一次治理黄河工作会议在开封召开，会议确定了1950年治理黄河的方针为：以防比1949年更大的洪水为目标，加强堤坝工程，大力组织防汛，确保大堤，不准溃决；同时观测工作、水土保持工作及灌溉工作亦应认真、迅速地进行，收集基本资料，加以研究分析，为从根本上治理黄河创造足够的条件。黄河水利委员会主任王化云在会议上第一次提出了"把黄河粘在这里予以治理"的新观点。其意愿就是不让黄河改道，历史上黄河百年一改道，粘在这里何其容易。王化云正是站在时代的高度，大胆科学地确立了黄河治理的终极目标，就是不决口、不改道，变害河为利河。黄河治理要坚持科学规划，在正确的治黄方针指导下，相继完成了《黄河综合利用技术经济报告》《黄河治理开发规划纲要》《黄河流域防洪规划》《黄土高原地区水土保持淤地坝规划》《"数字黄河"工程规划》《黄河近期重点治理开发规划》《黄河流域生态环境保护规划》等数百项黄河干支流规划和专题规划。这些规划，都相应提出了一个时期、一个阶段黄河治理开发的指导思想、目标任务和方针策略，提出黄河干流工程布局和上中下游的功能、任务和治理开发重点，对黄河干支流水电开发、流域水资源开发利用、中游水土保持、下游防洪减淤等重大问题提出了战略性部署，有力地指导了黄河治理开发与管理实践。规划的实施，为维持黄河健康生命起到了把关定向的重要作用。

3）治理历程与举措

黄河治理图长远，确保安全是前提，充分利用是目的，治理举措要实事求是，因地制宜，科学施策。

中华人民共和国成立以来，按照不同时期的黄河治理规划，从1950年的"宽河固堤"和"蓄水拦沙"，到1960年、1970年的"上拦下排、两岸分滞"，再到1980年后"拦、排、放、调、挖"的泥沙综合处理措施，21世纪后转向"控制、利用、塑造"综合管理洪水，黄河治理方略不断优化，治理举措不断细化、精化，防洪体系不断完善。在科学规划蓝图的指导下，经过一系列的、全方位的综合治理历程，建成并完善了"上拦下排、两岸分滞"的防洪工程体系，实现了70多年黄河岁岁安澜，黄河水自1999年统一调度以来，保证了年年不断流。黄河从桀骜不驯的害河逐渐变为安常守分的安澜河、健康河、生态河、幸福河。

（1）构筑了黄河洪水下泄的安全屏障。

按照中华人民共和国成立初期制定的"宽河固堤"的治河方针，废除民埝，疏通河道，加固堤防。经过艰苦细致的工作，至20世纪50年代初，民埝基本废除。在1946—1949年初期大复堤的基础上，分别在1950—1957年、1962—1965年、1974—1985年、1996—2018年进行了4次大复堤。在20世纪七八十年代，试行黄河下游机淤船抽淤固堤工程，要求险工堤段背河淤宽100 m，平工堤段背河淤宽50 m。进入21世纪，在放淤固堤工程取得经验以后，按照《黄河近期重点治理开发规划》的要求，用10年左右的时间，初步建成黄河防洪减淤体系，选定放淤固堤作为黄河下游堤防加固的主要措施，对于实施放淤固堤难度较大的堤段，采取截渗加固。对于达不到规划标准的堤防要加高帮宽，堤顶硬化；对达不到规划设计要求的险工、控导、护滩等进行改建加固。通过防浪林、堤防加固、堤防帮宽、堤顶硬化、险工改建、根石加固及控导新续建等项目的建设实施，至21世纪20年代初，黄河下游堤防均已达到了集"防洪保障线、抢险交通线、生态景观线"三种功能于一体的标准化堤防体系，为确保黄河下游防御花园口22 000立方米每秒的洪水大堤不决口构筑了安全屏障。

（2）实施了"上拦下排、两岸分滞"的防洪保障工程。

黄河治理的根本是确保黄河防洪安全，而确保黄河安全的工程措施是"上拦下排、两岸分滞"工程的建设和运用。1975年8月，淮河发生特大洪水，给黄河敲响了警钟，黄河水利委员会提出了今后黄河要防花园口站46 000立方米每秒的洪水为标准，拟采取"上拦下排、两岸分滞"的方针，建议在三门峡以下兴建干流水库工程和两岸分滞工程。实际上，从1957年就开始了这方面的工作，三门峡水库的建设运用，不但兴利发电，而且蓄水拦沙，起到了上拦的作用。因此，进入20世纪70年代，采取了"蓄清排浑"措施，并结合下游机淤挖河、调水调沙疏通河道和加固堤防，实现了下排工程的明显效果。1991年9月至2009年4月，建设了小浪底水利枢纽工程，为黄河下游拦蓄洪水、蓄清排浑、调水调沙、疏通河道起到了上拦的重要作用。为了分滞黄河超标准洪水，先后开辟了黄河下游左岸的北金堤、右岸的东平湖、左岸的北展区、右岸的南展区、左岸的大功五处滞（分）洪（凌）区，形成了黄河下游"两岸分滞"的一系列工程体系。"上拦下排、两岸分滞"工程体系的建设和运用，为战胜历年黄河洪水发挥了重要作用。

随着形势的发展，黄河下游河道堤防的加高加固以及小浪底水库的建成运用，"上拦下排"工程起到明显的抗洪作用，两岸分滞工程应逐步缩减。按照2008年《黄河流域防洪规划》的要求，东平湖蓄滞洪区作为分滞黄河洪水的重点蓄滞洪区，分滞黄河设防标准以内的洪水；保留北金堤滞洪区作为处理超标准大洪水的临时分洪措施；取消大功分洪区、齐河北展宽区和垦利南展宽区。东平湖蓄滞洪区是今后分滞洪区建设的重点。

（3）实施了下游引黄灌溉兴利惠民工程。

治理黄河的根本目的就是"根治黄河水害，开发黄河水利"。中华人民共和国成立后，立即按照"除害兴利、综合利用"的目标，着手"除害兴利"的一系列综合利用治理开发工作。中华人民共和国成立初期，黄河下游沿黄两岸普遍使用倒虹吸管引黄灌溉，规模较小。1950年3月，山东利津首次在黄河堤上开口修建了綦家嘴引黄闸，1950年3月竣工放水，可淤改土地2 500余亩，放淤141万立方米。从此，拉开了山东黄河引黄供水、灌溉放淤的序幕。1951年在河南开始建设了第一项大型兴利工程——引黄济卫工程，建成后可灌溉新乡、获嘉、汲县及延津的36万亩农田，计划向卫河输水20立方米每秒，起到了灌溉和济卫（保障卫河全年航运）的两种作用，开辟了黄河下游引水灌溉、远距离供水的先河。从此，在黄河下游开始了引黄灌溉和引黄济青、济津、济冀工程建设，河南、山东两省在黄河南北两岸陆续建起了引黄闸和灌区引送水工程。

从20世纪50年代的引黄灌溉开始，黄河水一度成为人民的幸福水，引黄灌溉对沿岸工农业生产和城市生活用水发挥了巨大作用。农业引黄灌溉面积达504.8万顷❶，约占全流域耕地面积的31%，提供着占流域70%以上的粮食和大部分经济作物。在1972—1999年的28年间，黄河下游有22年断流，而1996年、1997年、1998年连续3年的断流时间均超过100天，1998年则长达144天。从1999年3月17日开始对黄河流域供水实行统一调度管理和有计划的调配，至今黄河下游实现了年年不断流。引黄供水工程确保了两岸工农业生产和城市生活用水以及河口的生态保水。跨流域供水以来，向济青、津、晋、冀累计送水200多亿立方米。由于水资源调控措施的实施治理，黄河从频繁断流到河畅其流，20多年来，累计引水超过6 000亿立方米。至今，黄河以占全国2%的河川径流量，养育了全国12%的人口，灌溉了15%的耕地，支撑了全国14%的国内生产总值，有力地保障了流域及相

---

❶ 1顷=100亩，全书同。

关地区国民经济持续发展。

（4）上拦工程实现了"防洪发电"效益的双赢。

中华人民共和国成立后，针对黄河上游是水电资源富集地区，以及上游水量得不到有效控制，给下游防洪安全带来风险的实际情况，在黄河梯级开发规划的指导下，开始了黄河上游的治理规划研究。采取修筑大坝拦蓄水，一方面减轻了下游洪水灾害，另一方面利用水力资源发电服务于工农业生产。第一期开发重点建设刘家峡水电站，该工程于1958年9月开工建设，3年自然灾害缓建，1964年复工。工程任务主要是以发电为主，兼顾防洪、灌溉、防凌、供水和养殖。自此，在黄河上中游实施了一系列拦蓄水和发电工程的建设。至2022年黄河上中游地区已建成众多具有综合效益的工程主要有龙羊峡、拉西瓦、李家峡、公伯峡、刘家峡、青铜峡、万家寨、三门峡、小浪底等29（19座水电站、3座水库、7座水利枢纽）座，总装机容量达2 800多万千瓦，年均发电量约707亿千瓦时。经过汛期和非汛期的水量联库调度，真正实现了黄河下游河道不断流，既保障了下游河道行洪安全，同时又为经济社会发展提供了电力资源。

（5）黄河上中游实施水土保持，黄河逐步变清。

治理黄河，重在保护，要在治理。黄河根治的最大难点就是泥沙，黄河的泥沙来自上中游黄土高原，治沙的关键是如何防止水土流失，重点是保护黄河上中游生态资源不被破坏。为了加强水土保持工作，黄河水利委员会从1955年1月起，就成立了水土保持处。1964年8月，成立黄河中游水土保持委员会，将天水、西峰、绥德水土保持科学试验站划归该委员会领导。1980年4月成立黄河中游治理局，与黄河中游水土保持委员会合署办公。可见，黄河水利委员会一直是十分重视水土保持工作的。中华人民共和国成立后，开始有计划的水土保持工作，注重水土流失规律的研究。各试验站开始了"增产拦泥""草木樨""固沟保塬""淤坝地""水坠坝""风沙区飞播"等方面的试验研究和实践，取得了较好的效果。在开展小流域综合治理方面，对水土流失严重的地区，提出了"封山禁牧、退耕还林、舍饲养畜、以粮代赈"的治理方针。1997年朱显谟（上海崇明人）院士提出了黄土高原国土整治28字方略"全部降水就地入渗拦蓄，米粮下川上塬、林果下沟上岔、草灌上坡下坬"。通过能林则林，能草则草，林果结合，草灌结合，各项水土保持措施的落地实施，进一步解决了生态保护与经济发展的矛盾，黄土高原水土流失面积大部分得到治理。特别是党的十八大以来，水土保持力度更加强大，落实黄河流域生态保护和高质量发展重大国家战略，已成为黄河上中游地区的中心任务，坚持绿水青山就是金山银山的理念，坚持生态优先、绿色发展、因地制宜、分类施策的思想，共同抓好大保护，协同推进大治理。黄河上中游 106 个县（区）按期达到全国水土保持监督管理能力建设标准并通过验收。黄河水利委员会建立完善部批生产建设项目水土保持监督检查联动机制，实现了在建部批生产建设项目跟踪检查全覆盖。多年来，人们希望的"黄河流碧水，赤地变青山"的景象已经显现，而且越来越明显。黄河上中游丘陵沟壑已是翠绿一片，塬地果树成林，花果飘香，到处是山清水秀、生机盎然的景象。由于黄河上中游水土保持工作的扎实开展，入黄泥沙逐渐减少，黄河 1919—1959 年潼关站实测年均输沙量为 15.92 亿吨。经过几十年的不懈努力，黄河上中游流域生态环境得到很大改善。2000—2019 年实测年均输沙量仅为 2.45 亿吨，减少约 85%。随着时间的推移，入黄泥沙还在继续减少，人们期盼的黄河清的日子一定能够实现。

（6）三条黄河的建设，为黄河长治久安注入了新动力。

黄河治理发展到一定的时代，要有新思想、新思路、新措施、新办法。只有这样，才能跟上形势的发展。当今社会，以信息化为核心的高新技术渗透到各个领域。要实现黄河治理现代化，就必须在发扬和继承传统治河的基础上，创新治河方式方法，把当代最新科技成果应用到治河实践中去。2001年 11 月，黄河水利委员会站在时代的高度，以自强不息、勇于创新的精神，提出了"三条黄河"建设，即"原型黄河""数字黄河""模型黄河"。通过三条黄河的建设，进一步推动黄河治理开发与管理的现代化。自此，黄河水利委员会上下按照"三条黄河"建设的总体目标，致力于扎扎实实的建设之中。

打造四个终极目标，确保"原型黄河"为民造福。"原型黄河"即自然中的黄河。按照"把防洪作为黄河治理开发的一项长期而艰巨的任务，把水资源开发利用和保护摆到突出位置，把水土保持作为改善农业生产条件、生态环境和治理黄河的一项基本措施，持之以恒地抓紧抓好。从战略的高度全面规划、合理安排、分步推进。"在原来治理的基础上，从 2002 年 7 月起，按照国务院批复的《黄河近期重点治理开发规划》，实施了"拦、排、放、调、挖"等综合处理和利用黄河泥沙的方略。突出抓黄河上中游拦蓄水库的建设与运行管理，稳定"拦"这个根本。提高干流骨干工程对水沙进行有效控制与调节能力，改变黄河"水沙时空分布不均衡，易于造成河道淤积"

的自然状态，使原本极不平衡的水沙关系更加协调和适应，最大限度地把泥沙输送入海，减少河道淤积，打牢下游河道排泄洪水和泥沙冲刷这个基础。在水污染治理上，全面布局了黄河各河段监测断面，建立了水资源远程监控网络，21世纪20年代初，山东、河南两省签订1亿元生态"对赌"协议，"鲁、豫有约"为横向协作治理黄河做出了表率。在河道安全建设、水资源调控、控沙排沙上，通过多年的不懈治理，入黄泥沙逐渐减少，黄河下游河床明显降低，计划用水和节约用水逐步规范。自1999年3月实行引用黄河水统一调度管理和有计划的调配以来，已实现了黄河年年不断流，标准化堤防和险工控导改建业已完成。黄河正以全新的姿态向实现"堤防不决口、河道不断流、污染不超标、河床不抬高"的终极目标迈进。

　　新生数字虚拟体，实现黄河治理数字化、智慧化。所谓"数字黄河"，就是对"原型黄河"塑造一个虚拟对照体。也就是借助现代化手段及传统手段采集基础数据，把"原型黄河"及其全流域相关地区的自然、经济、社会等要素，构建一体化的数字集成平台和虚拟环境，以功能强大的系统软件和数学模型对黄河治理开发与管理的各种方案进行模拟、分析和研究，并在可视化的条件下通过决策支持，增强决策的可行性和预见性。"数字黄河"是一个极其复杂的系统工程，主要包括信息采集、数据传输、数据储存机成立系统、数学模拟和决策支持系统。经过多年的建设，先后建成了黄河防汛调度中心、水量调度中心、水文情报预报中心、水资源保护监控中心、水土保持监控中心等，五大中心可监控全河。随着"数字黄河"工程的逐步完善，在黄河下游两岸已有80多座引黄涵闸远程监控系统建成运用，基本实现了"无人值守、少人值班、远程监控"的"数字水调"目标，在确保黄河不断流中发挥了关键作用。近年来，"数字黄河"建设没有停步，在发扬和继承传统上继续创新。山东黄河河务局于2022年9月率先在全河实现了"视频监控、无人机、远程会商"的"3个全覆盖"，搭建起了覆盖山东黄河全域的"天空地河"一体化信息感知网，为"智慧黄河"建设赋能。可见，"数字黄河"正向"智慧黄河""数字孪生黄河"迈进，为新时代黄河流域生态保护和高质量发展，维护黄河健康生命注入了新动力。

　　构造黄河模拟试验场，为黄河长治久安提供决策依据。"模型黄河"实际是实验室内的黄河，将"原型黄河"按照一定的比例，构建黄河模型。主要是通过对"原型黄河"所反映的自然现象进行反演、模拟和试验，从而揭示"原型黄河"的内在规律，用于指导现实的黄河治理工作。"模型黄河"建设，不但考虑黄河系统整体具体的因素，还要充分考虑一系列零散的因素，以及它们之间的相互关系，将抽象的东西尽可能地具体化和量化。至2004年，"模型黄河"建设基本建成黄河下游河道实体模型，总计长度1 610多米，模拟黄河下游自渭河尾闾到下游宽河道苏泗庄约750米的河道与库区形态，为研究黄河下游防洪运用及河道整治、小浪底水库运用方式、三门峡水库运用提供了基础条件。加之小浪底水库库区模型、三门峡水库库区模型、小北干流河道模型的建设完成，在调水调沙试验和生产运行阶段，以及小北干流放淤等重大河道治理中发挥了不可替代的校验与反演作用。通过"模型黄河"建设，实现自然反演、试验、探求黄河自然规律，为黄河治理工作提供若干方案的选择，同时为"数字黄河"工程建设提供物理参数。

"三条黄河"建设互为关联、互为作用，构成一个科学决策场。通过"数字黄河"与"模型黄河"的联合运用，确保各种黄河治理开发方案在"原型黄河"上实现技术先进、经济合理、安全有效的目标。

黄河治理工作已步入新时代，党的十八大以来，国家把黄河治理列入重大国家发展战略，相信黄河治理在"节水优先、空间均衡、系统治理、两手发力"治水思路的指引下，坚持在发展中保护、在保护中发展的理念，锚定让黄河造福人民的总目标，只要"人民至上"的情怀不变，保护生态改善环境的决心不变，科学发展、创新发展的理念不变，咬定目标不松劲，脚踏实地、埋头苦干、尊重科学、不断创新、久久为功，黄河流域生态保护和高质量发展就一定能迎来"黄河宁，天下平"的新时代，让黄河真正成为造福人民的幸福河。

2. 梁山、东平黄河治理

梁山和东平黄河，原属梁山黄河，处在山东黄河上游末端，宽河道向窄河道过渡段。郓城界至十里堡原为郓东堤的下游段，十里堡以下均为民埝。中华人民共和国成立以后，逐渐加修成为临黄堤、黄湖共用堤或山口隔堤。自1986年行政区划起，将梁山黄河（桩号337+406以下）划归东平。梁山、东平黄河的治理，是在冀鲁豫解放区人民治黄（1946—1949年）基础上开始的。

1）为黄河归故安全，首先建立健全治理机构

中华人民共和国成立以后，黄河统一治理，把东平湖也列入黄河统一治理规划当中。1950年2月，将华北、中原、华东三大解放区成立的黄河水

利委员会改组为流域性管理机构，仍称黄河水利委员会，受水利部领导。山东、平原、河南三省黄河河务机构，统归黄委会直接领导，并仍受各省人民政府指导。

从中华人民共和国成立至今，东平湖有关黄河工程管辖，由于地方行政区划不断进行调整，黄河管理机构变更频繁。

1949 年 10 月 18 日，梁山黄河修防段（1946 年 4 月昆山修防段，1949 年 8 月改称梁山修防段）和梁山石料厂归平原河务局第三修防处领导。1952 年 11 月平原省撤销，平原河务局第三修防处（后称菏泽修防处）划归山东河务局，梁山修防段仍受菏泽修防处领导，1952 年段部由十里堡迁至路那里圈堤北头。

1953 年梁山修防段四股一队缩减为三股一队，即秘书、财务、工程股和工程队，共 85 人。1958 年 10 月，菏泽修防处更名为济宁修防处，1959 年 6 月又改称菏泽修防处。1967—1970 年梁山修防段由梁山修防段革命委员会代替。1971 年原修防段建制恢复。

1979 年 2 月 7 日，泰安黄河修防处（驻章丘）撤销，所辖平阴黄河管理段及所属黄河工程划归位山工程局（简称位山局）管理。8 月 4 日，山东河务局决定将梁山修防段管理的国那里（桩号 336+600）以下所管堤防、险工、护滩工程及河道划归梁山进湖闸管理所（位山局所属）管理。自此，位山局正式接管了梁山部分及平阴部分黄河河道、堤防、险工和控导工程的管理。梁山黄河分属梁山黄河修防段（菏泽修防处所属）和梁山进湖闸管理所两个单位管理，平阴黄河属平阴黄河管理段（位山局所属）管理。

1982 年根据水电部、公安部通知要求，各基层段（所）成立黄河公安派出所，1982 年 2 月成立梁山修防段派出所，1984 年成立梁山湖堤修防段派出所和梁山进湖闸派出所。1985 年 5 月 15 日，平阴县划归济南市，平阴管理段划归济南修防处。为保证东平湖的整体运用，平阴出湖闸管理所仍由位山局管理。

1986 年 2 月，因梁山、东平区划调整，梁山进湖闸管理所更名为东平进湖闸管理所。1989 年 12 月 27 日，梁山县划归济宁市。1990 年 1 月 1 日，将梁山修防段划归位山局领导。至此，梁山、东平黄河为梁山修防段、梁山湖堤修防段、东平进湖闸管理所管理。同年 12 月 10 日，梁山修防段更名为梁山县黄河河务局，并升格为副县级单位。1991 年 9 月 9 日，位山局更名为山东黄河东平湖管理局（正处级）。所属东平进湖闸管理所更名为东平县黄河河务局，梁山湖堤修防段更名为梁山县东平湖管理局，均升格为副县级。平阴出湖闸管理所更名为平阴县东平湖管理局，暂不升格。

1996年3月12日，山东黄河东平湖管理局升格为副厅级。同时，根据行政区划，平阴县东平湖管理局更名为东平县东平湖出湖闸管理局。2002年5月，撤销东平县东平湖出湖闸管理局建制，划归东平县黄河河务局。

2004年10月25日，山东黄河东平湖管理局变更为"山东黄河河务局东平湖管理局"（简称东平湖管理局）。梁山县黄河河务局变更为东平湖管理局梁山黄河河务局，东平县黄河河务局变更为东平湖管理局东平黄河河务局，梁山县东平湖管理局变更为东平湖管理局梁山管理局。随着机构改革方案的实施，3个管理黄河工程的局内部机构设置均进行了相应调整，各河务（管理）段名称均进行了变更。按照2002年机构改革意见和黄河水利工程"管养分离"的要求，均成立黄河工程管理处，主要履行维修养护职能，为县局直属事业单位（正科级）。河务（管理）段是本辖区工程管理、维修养护的主体，同时均成立相应名称的工程管理段，一个单位，两块牌子。一部分人员从事工程管理，一部分人员从事维修养护。2005年6月，按照上级要求和统一部署，进行了水利工程管理体制暨事业单位人员聘用制度改革，由梁山黄河河务局试点全部推开，通过改革，逐步建立适应社会主义市场经济体制要求、充满生机与活力、"事企分开、产权明晰、权责明确、运行规范"的水利工程管理体制和良性运行机制。至2006年，东平湖管理局逐步实行了依照公务员、事业人员（工程管理）、内部企业（工程维修养护、工程施工）人员的分类管理，明确了工程管理职责和履行工程维修养护职能，形成了"三套马车"并驾齐驱的治黄新格局。

至2021年底，梁山、东平黄河工程管理机构为山东黄河河务局东平湖管理局下辖梁山黄河河务局、梁山管理局、东平黄河河务局。

2）梁山黄河一分为二，变为梁山、东平黄河

梁山黄河在冀鲁豫解放区时期为昆山黄河。1949年8月昆山县（1940年8月，中共鲁西区党委为巩固鲁西抗日根据地，决定在东阿、阳谷、寿张、郓城、汶上、东平六县边区结合部建立昆山试验区，驻地在今梁山县大路口乡。1941年1月昆山县成立）改名梁山县，即为梁山黄河。1986年1月因行政区划调整，梁山戴庙、银山、斑鸠店等乡镇划入东平县，梁山黄河分为梁山黄河和东平黄河。黄河工程管理又一分为三。至今，梁山、东平黄河河道长67.3公里，其中梁山30.2公里，东平37.1公里；堤防长度

43.217公里，其中梁山24.433公里，东平18.784公里（含黄湖共用堤、山口隔堤等）。根据工程运用功能管理，梁山、东平黄河工程又分梁山河务局、东平河务局、梁山管理局3个单位管理。其工程管理范围变化情况如下：

（1）梁山河务局堤防及河道变化情况。1946年昆山修防段管理黄堤自330+617至徐庄，长16.23公里（郓东堤末端、大陆庄民埝）及相应河道。1947年管理黄堤桩号330+617至清河门，长33公里及相应河道。1950年郓北段撤销，所属堤防划归梁山修防段，梁山黄堤改为桩号313+075至清河门，长50.54公里及相应河道。1959年8月管理黄堤堤防桩号313+075—340+000，长26.925公里，河道至清河门。

1979年8月14日，为便于黄河工程和东平湖工程整体统一管理，山东河务局研究同意，将国那里以下原梁山修防段所属黄堤桩号336+600—340+000一段堤防，路那里险工30～61号坝（从此，30～61号坝称国那里险工）以及丁庄、战屯、肖庄、徐巴什、荫柳棵等护滩工程，划归梁山进湖闸管理所管理。

至今，梁山河务局管理黄堤桩号313+075—336+600，长23.577公里（桩号长度23.525公里+穿黄闸围堤建设增加52米），河道至黄堤桩号336+600止。1950年至今，梁山河务局管理金堤（郓城张楼—黄花寺），长14.115公里。

（2）东平河务局堤防及河道变化情况。1979年8月，梁山进湖闸管理所管理国那里至十里堡黄堤（国十堤）桩号336+600—340+000，长3 400米，以及相应险工、护滩工程，河道至清河门。

1986年5月14日，因行政区划调整，经山东河务局批准，原梁山进湖闸管理所（更名为东平进湖闸管理所）管理的黄堤桩号336+600—337+406，长806米，以及段内所有工程（包括险工30～34号坝）划归梁山湖堤修防段管理。

1986年至今，东平河务局管理国十堤（黄湖共用堤）桩号337+406—340+000，长2.594公里，河道至清河门。2000年国十堤（因建设石洼、林辛、十里堡闸，堤防减少174米，1999—2000年堤防加高增长47米），长度改为2.467公里。管理徐十堤（黄湖共用堤）围坝桩号0+000—7+245，长7.245公里，1999年拆除徐庄和耿山口两闸，按1级黄河堤防标准修筑两段隔堤，长分别为103米和71米。银马堤长1.792公里，石庙堤长0.28公里，郑铁堤长2.247公里，子路堤长0.816公里，斑围堤长0.528公里，斑清堤长 2 310 米。2002 年 6 月，又增加管理（原为平阴出湖闸管理所，后改为东平县东平湖出湖闸管理局，2002 年划入）两闸隔堤长 0.625 公里，青龙堤长 0.3 公里。堤防长度 18.784 公里（含黄湖共用堤和山口隔堤）；河道从黄堤桩号 337+406 至姜沟，长 37.1 公里。

（3）梁山管理局堤防及河道变化情况。1986 年至今，梁山管理局除管理东平湖围坝（桩号 10+471—56+050）外，还管理黄湖共用堤桩号 336+600—337+406（围坝桩号 9+665—10+471），长 0.806 公里，1999—2000 年国十堤堤防加高增加 50 米，长度变为 0.856 公里，以及相应河道和险工。

3）梁山、东平黄河工程治理与建设

梁山、东平黄河工程治理与建设，主要包括堤防建设（临黄堤、黄湖共用堤、南金堤）、标准化堤防建设、河道整治、除险加固、机淤固堤，以及险工治理等方面。

（1）堤防建设。

堤防建设包括黄堤、黄湖共用堤，临黄山口隔堤的建设。

黄堤的形成与建设。梁山、东平一带的黄河自清咸丰五年（1855）在铜瓦厢决口改走现行河道以后，长达 20 年没有正规堤防，只有群众自发修筑的挡水小埝，较低，节节为之，未能连贯。堤高不过 5 尺，顶宽只有 3 尺，一遇洪水，即可冲决成灾。直到清光绪元年（1875）3 月，山东巡抚丁宝桢始修南岸大堤才正式形成堤防。上起东明谢寨，下至东平十里堡，长 250 余里，堤高 14 尺，底宽百尺，顶宽 30 尺，3 月动工，5 月堤成。用银 54 万余两，命名为鄣东堤。清光绪四年（1878），濮县马九宫、范县李清溪诸公因为鄣东堤距黄河北岸北金堤较远，故在南岸滩区内创修一道民埝（形成现在的临黄堤），起自刘屯，止于黄花寺，长 150 余里。

黄堤的形成。第一段：高堂至黄花寺与南金堤接头，桩号 313+075—326+075，长 13 公里，始建于 1878 年，是在原民埝基础上加修为南岸大堤。1946 年冀鲁豫解放区人民治黄时期，改修为临黄堤。其中：高堂至王老君南头民埝桩号 313+075—318+775，长 5 700 米。因 1925 年濮阳（鄄城）决口冲垮，河槽东滚，1926 年往东退修，铺底 6 丈，顶宽 2 尺，高 7 尺。王老君至黄花寺桩号 318+775—326+075，长 7 300 米，1890 年加修，堤高 2.7~3.2 米，顶宽 5 米，边坡 1∶2.5。

第二段：桩号 326+075—340+745（原鄣东堤），长 14 670 米。其中，桩号 333+600—334+000，现路那里险工 4 号坝和 10 号坝原修在民埝上，

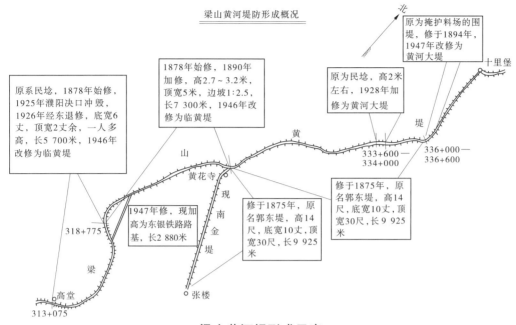

梁山黄河堤形成示意

图中文字标注：

梁山黄河堤防形成概况

北

原系民埝，1878年始修，1925年濮阳决口冲毁，1926年经东退修，底宽6丈，顶宽2丈余，一人多高，长5 700米，1946年改修为临黄堤

1878年始修，1890年加修，高2.7~3.2米，顶宽5米，边坡1∶2.5，长7 300米，1946年改修为临黄堤

原为掩护料场的围堤，修于1894年，1947年改修为黄河大堤

原为民埝，高2米左右，1928年加修为黄河大堤

1947年修，现加高为东银铁路路基，长2 880米

修于1875年，原名郭东堤，高14尺，底宽10丈，顶宽30尺，长9 925米

修于1875年，原名郭东堤，高14尺，底宽10丈，顶宽30尺，长9 925米

黄　山　黄花寺　现　南　金　堤

318+775

333+600—334+000

336+000—336+600

十里堡

堤

梁　高堂　313+075　张楼

1928 年开始把这段民埝加修成临黄堤。为掩护梁山料厂，在桩号 336+000—336+600 内，于 1894 年将路那里险工 24 号坝和 29 号坝相连而成圈堤。1947年黄河归故后加修成临黄堤。

王老君背河圈堤：刘唐至王老君系 1947 年修建，长 2 880 米，修后放弃，1972 年冬，加修成黄河东银铁路路基。

黄堤的治理。从 1946 年冀鲁豫解放区人民治黄开始到 1985 年，梁山、东平黄河大堤共进行了四次大复堤（包括大堤加培）。其中：1946—1949 年为第一次，20 世纪 50 年代、60 年代、70 年代各一次。

历次修堤标准：1946—1947 年为补修残堤，标准不一。1948 年按超1947 年洪水位 2.5 米，顶宽 7 米，临坡 1∶3，背坡 1∶2 进行补修；1949 年按超 1948 年洪水位 1.7 米进行加修。

20 世纪 50 年代，于 1950 年按超 1949 年洪水位 1.9 米加高；1951 年按超 1949 年洪水位 2.29 米，顶宽 9 米加高；1952 年按超 1949 年洪水位 2.5米，顶宽 9 米，临背边坡 1∶3；1955 年按超 1954 年洪水位 3.1 米，平工顶宽 8 米，险工顶宽 11 米，临背边坡 1∶3；1957 年按超秦厂 25 000 立方米每秒洪水相应水位 2.5 米，顶宽 8 米，险工顶宽 9~10 米。20 世纪 50 年代末，堤顶高程达到 51.70~49.55 米（大沽高程，下同）。

20世纪60年代，防御孙口站流量16 000立方米每秒相应水位（杨集相应水位52.34米，孙口50.48米，十里堡48.98米）超高2.5米，平工顶宽9米，险工顶宽11米，临背边坡1：3进行加高培修。

20世纪70年代，超1983年设防水位2.5米，平工顶宽9米、险工顶宽10米，临背边坡1：3进行加高培修。

1946—1985年四次大复堤，共完成土方1 016.42万立方米，投资1 090.25万元。其间，完成前后戗工程土方106.83万立方米，投资130.91万元。复堤后使堤顶高程达到53.40～56.19米，高于地平面临河9～11米、背河11～15米。超1983年设防水位2.5米。

1970—1976年完成自流淤临、淤背固堤土方94.66万立方米，投资26.95万元。1975年开始利用挖泥船淤临、淤背，按照1978年山东河务局黄工字198号文规定：淤背高度与1983年设计洪水位平，淤背宽度平工50米，险工100米。1982年又修改原规定为：淤背宽度修改为险工50米，平工30～50米。

1975—1985年梁山修防段先后造挖泥船7只，累计完成机淤固堤土方394.92万立方米，投资416.51万元。淤背区高程达到49.45～52.50米。

1986—2005年共完成堤防建设土方990.18万立方米，石方262立方米，混凝土墙体6.41万立方米，栽植防浪林、行道林、生态林48.91万株，完成投资10 170.32万元。

1996年梁山黄河大堤

2008—2009年对梁山、东平黄河堤防及黄湖共用堤进行标准化堤防建设，共完成各类土方635.83万立方米、石方13.15万立方米，植防浪林

77 499 株，累计完成投资 2.17 亿元，征地补偿及移民安置费 0.85 亿元，共计 3.02 亿元。

黄湖共用堤的形成与建设。所谓黄湖共用堤，就是黄河与东平湖水库共用的堤防，包括国十堤、徐十堤、斑清堤、两闸隔堤、青龙堤。

国十堤：国那里至十里堡黄堤（桩号 336+600—340+000），长 3 400 米。形成于 1875 年，系障东堤的最下端。初为官修，后为群众自费维修。1938 年国民党炸开花园口使黄河南徙入淮，到 1946 年黄河下游故道原有堤防年久失修，风雨浸蚀，加之战乱修碉堡和挖战壕等破坏，已经千疮百孔。1946 年国民党军队企图堵复花园口，让黄河回归故道，水淹解放区。冀鲁豫解放区在中国共产党的正确领导下，广大军民"一手拿枪、一手拿锹"，夜以继日地抢修黄河大堤。当时昆山县（今梁山和东平的一部分）动员 2 万民工，历时一个月，按照旧堤加高 2 尺，加厚 2 丈 4 尺，如旧堤堤顶已超过该标准，保留原样，不得消去，经过修复恢复了原貌。1948—1951 年加修至高程 47.5~48 米，顶宽 9 米，临背边坡 1：2.5。自 1952 年开始，又进行了 6 次（1953 年、1960 年、1962 年、1979 年、1981 年、1985 年）加高帮宽和修筑后戗，戗顶高程为 47.29 米。堤顶高程已达到 51.9~52.9 米，超 1983 年黄河设防水位 2.5 米，顶宽 9.0~9.5 米，临背边坡 1：3，临背河高于地面分别为 5.6 米、11 米。1986—1997 年堤防投资较少，只安排少量的维修和险工改建工程。

1996 年黄河、大汶河发生较大洪水和 1998 年长江大水后，国家增加了防洪工程建设投资力度。1999—2000 年对桩号 336+130—340+239 段，长 4 109 米，加高（含堤顶硬化）至堤顶高程 52.1~53.2 米，顶宽 11 米，完成土方 16.69 万立方米，石方 0.59 万立方米，投资 582.81 万元。2000—2003 年对桩号 339+016—340+239 段完成背黄侧（临湖侧）放淤固堤，淤区宽 100 米，顶高程 50.11~50.31 米，放淤土方 80.34 万立方米，投资 839.46 万元。

徐十堤：自东平县银山镇徐庄村至戴庙乡十里堡村的一段围坝堤防（属黄湖共用堤），围坝桩号 0+000—7+245，长 7 245 米。堤顶高程 51.60~52.12 米（大沽高程），顶宽 9 米，堤顶路面均为沥青路面，临背边坡 1：3。徐十堤旧时称大陆庄民埝，1946 年修建，高约 2 米，群众自修自守。1949 年黄河大水冲决后，于当年冬季即组织修复。1951 年仍按黄河堤前对待限制其高程不超过 1949 年洪水位 0.9 米，并规定："大陆庄民埝，挡小水不挡大水，必要时即需扒堤泄洪"。当年地方政府组织群众动用土方 7 万余立方米，进行修复。此后逐年加培，至 1954 年根据山东河务局规划，承认官堤并纳入修防计划。1954—1957 年复堤时帮宽加高，堤顶帮宽为 6 米，高出黄河水位 2 米。1958 年改建成东平湖水库临黄段围坝堤防。经 1960 年、1976 年加修，1998—1999 年按照 2000 年设防标准，对桩号 0+000—6+850 段采用临河帮宽加高的方式形成现标准。

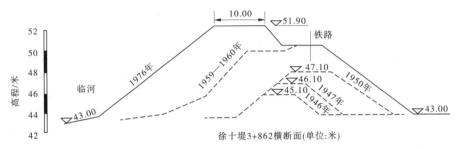

徐十堤3+862横断面(单位:米)

徐十堤历次加修断面示意图

1998—1999 年按照 2000 年设防标准，对桩号 0+000—6+850 段采用临河帮宽加高，设计加高长度 6 850 米，完成土方 78.15 万立方米、石方 0.24 万立方米，投资 2 192.52 万元。

斑清堤：斑鸠店村至清河门，长 2 310 米。1959 年始建，顶高程 48 米，顶宽 6~7 米。完成土方 44.57 万立方米。该堤属 220 国道的一部分，具有防洪、交通两种功能。1999—2000 年临河帮宽加高长度 2 350 米，堤防纵轴线向临河平移 10 米，新加高大堤在原堤顶临河堤肩起坡，加高堤顶至高程 50.18 米，顶宽 6 米，临坡 1:3，背坡 1:1。原堤顶为新堤戗台，仍作 220 国道使用，堤身走向不变。完成土方 29.2 万立方米、石方 0.15 万立方米，投资 899.86 万元。

两闸隔堤：清河门出湖闸至陈山口出湖闸之间的隔堤，长 625 米。1959 年修建，顶高 48 米，顶宽 6~7 米，为 220 国道的一部分。2000 年加高长度 550 米，顶高程 49.96 米，顶宽 6 米，完成土方 4.66 万立方米、石方 0.04 万立方米，投资 238.7 万元。

青龙堤：陈山口村至青龙山的一段隔堤，长 300 米。1959 年修建，顶高程 47.2 米，顶宽 7 米。2000 年加高长度 292 米，顶高程 49.96 米（大沽基点），顶宽 9 米，完成土方 4.04 万立方米，投资 114.76 万元。

2017—2019 年按照"黄河东平湖蓄滞洪区防洪工程"项目治理，对青龙堤缺口进行堵复，达到堤顶高程 48.46 米（1985 年国家高程基准），顶宽

11 米，临背边坡均为 1∶3。

临黄山口隔堤的形成与建设。临黄山口隔堤（位于银山封闭圈而又临黄的山口隔堤）包括银马堤、石庙堤、郑铁堤、子路堤、斑围堤。

银马堤：由于建库前河湖不分，银山与马山之间只有 2~3 米的民埝。1958 年水库建成后，于 1959 年在此基础上培修成临黄山口隔堤，长 1 792 米。经 1962—1964 年和 1980 年两次加修，顶高程 50.9 米（大沽高程），顶宽 7~9 米。1999—2001 年按 2000 年设防标准加高帮临至堤顶高程 50.49 米（黄海高程），加高长度 1 792 米，顶宽 9 米，临背边坡 1∶3。完成土方 20.93 万立方米、石方 1.62 万立方米，投资 423.87 万元。

石庙堤：银山至石庙村的山口隔堤，长 280 米。原为挡水民埝，1959 年修建，1980 年加修，顶高 50.7 米（大沽高程），顶宽 9 米。1999—2001 年按 2000 年设防标准加高帮临至堤顶高程 50.49 米（黄海高程），加高帮临长度 247 米，顶宽 9 米，临背边坡 1∶3。完成土方 2.34 万立方米，石方 0.24 万立方米，投资 62.54 万元。

郑铁堤：铁山至郑沃村的山口隔堤，长 2 247 米。1959 年前为民埝，1959 年按回水堤标准修筑，顶高程 48.6 米（大沽高程），顶宽 8 米，长度 2 230 米，边坡 1∶3。1962—1964 年和 1979 年 2 次加修，达到堤顶高程 50.2 米，顶宽 9 米。1998—2001 年按 2000 年设防标准加高培修，先拆除两处涵洞，采取顺堤帮临加高长度 2 271 米，高程 50.13 米（黄海高程），顶宽 9 米，完成土方 27.03 万立方米，石方 0.19 万立方米。投资 651.05 万元。

子路堤：子路村至元宝山的一段堤，长 789 米。原为民埝，1959 年修筑，1979 年加修，顶高程 49.5 米，顶宽 9 米。1998—2001 年按照 2000 年设防标准采取顺堤帮临加高，长 789 米，顶高程 49.81 米（黄海高程），顶宽 9 米，完成土方 15.15 万立方米，石方 0.24 万立方米，投资 439.21 万元。

斑围堤：斑鸠店村西山根与斑清堤接头间的一段堤，长 528 米。1959 年前为民埝，高出地面 2.5 米左右。1959 年 3 月加修，顶高程 48.1 米（大沽高程），顶宽 5 米，临背边坡 1∶3。1998—2001 年按照 2000 年设防标准采取顺堤帮临加高（桩号 0+211 和 0+359 两个路口暂不加高，新增浆砌石排渗沟和石护坡）至 48.97 米（黄海高程），长度 528 米，2001 年 6 月拆除涵洞并回填。完成土方 13.59 万立方米、石方 0.17 万立方米、混凝土 0.224

万立方米，投资 454.35 万元。

南金堤的形成与建设。南金堤原是障东堤的一部分，属梁山河务局管理。该堤始建于 1875 年 3 月，上起郓城县张楼村（0+000），下至黄花寺段（15+059），长 15.059 公里，1926 年始称南金堤。

清咸丰五年（1855）黄河在铜瓦厢决口改道，在张秋横穿运河，于鱼山南夺大清河（济水故道）入海。20 年间行走寿张（今属梁山、东平）一带，当时由于统治者内部关于改道行河山东与挽归"徐淮故道"争论不休，加之太平天国和捻军农民起义军兴起，经费紧张，无暇顾及。当时乱流达 20 年之久，都是沿岸民众自发修筑的低矮民埝，堤身单薄，且不连续，一遇洪水，冲决民埝南下泛滥。直至清光绪元年（1875）山东巡抚丁宝桢创筑障东堤，上起东明县谢寨，下至寿张（今属东平）十里堡，长 250 里，成为当时阻挡黄河洪水东行南下泛滥成灾的南岸大堤。

1925 年濮县（郓城）李升屯民埝决口，将堤冲决多处，因不易堵复，1926 年从祝庄南堤头至黄花寺向东退修，故使梁山所辖障东堤加长 954 米。1926—1946 年障东堤梁山段，经多次加修成为防洪的主要堤防。1946 年开始障东堤高堂至黄花寺民埝改修成黄堤，障东堤郓城下界张楼至黄花寺段退为二线堤防，长 15.059 公里，称南金堤。堤顶宽度 4~6 米，高程 46.29~46.56 米（黄海高程），临背边坡 1：3。

1954 年对南金堤进行补残，完成土方 13.05 万立方米，投资 6.6 万元。1960 年三门峡水库建成并投入使用后，南金堤不再担负二线防洪任务，只作为备用防洪工程管理。1991 年以后，主要是维修堤顶道路，管理堤身及护堤的树株，基本保持堤身和护堤地完整。1996—1997 年进行了国有土地确权划界。2003 年前国家投苗，村队管理进行植树绿化，梁山河务局与村队按五五比例分配堤防绿化收益；2003 年后按《金堤开发利用与管理规划》，在保证堤身土方不流失的情况下，对 872.43 亩绿化面积进行分段承包管理。

（2）黄河标准化堤防建设。

标准化堤防建设，是根据历史上黄堤是在民埝基础上培修而成的，对其"先天不足，隐患众多"的一项补救治理措施。结合黄河下游"放淤固堤"的有利条件，至 2010 年力争把黄河下游两岸建设成为标准化堤防，使其成为"防洪保障线、抢险交通线、生态景观线"。

标准化堤防建设具体实施项目包括临河栽植防浪林，堤顶全部硬化，堤顶交通道路两侧各植一排行道林，同时还可以种植一定宽度的草木花卉，往

外是 100 米宽的淤背体，在上面全部种上树木。另外，在历史上决口处设置
碑刻标志，一方面作为人文景观，另一方面也起警示教育作用。黄河水利委
员会根据地球对物体科氏力的考虑，采取先右岸后左岸进行标准化堤防
建设。

梁山黄河标准化堤防

梁山、东平所辖黄河堤防属右岸，2008 年 8 月经国家发展和改革委员
会批准，在梁山、东平境内实施黄河标准化堤防建设。主要建设项目包括防
浪林建设、堤防加固、堤防帮宽、堤顶硬化、险工改建、根石加固及控导工
程新续建等。自黄堤桩号 313+075—340+000 和徐十堤，全长 34.833 公里，
及其范围内的险工、控导工程等。

梁山黄河河道堤防险工

自 2008 年至 2010 年 8 月，先后完成堤防加固、防浪林建设、控导工程新
续建、控导根石加固、堤顶道路、堤防帮宽、险工加固等。达到了标准化堤
防建设的要求，进一步增强了堤防防御洪水的能力。共完成各类土方 635.83

万立方米, 石方 13.15 万立方米, 植防浪林 77 499 株, 完成工程投资 2.17 亿元, 征地补偿及移民安置费 0.85 亿元, 共计 3.02 亿元。

堤防加固。堤防加固全部在梁山境内, 黄堤桩号 316+075—336+600, 共 11 段。主要建设内容: 对 316+075—316+750、317+200—319+000、321+062—321+570、324+700—326+000、326+000—326+830、328+100—329+200、329+200—330+500、334+400—335+814、336+192—336+600 堤段进行放淤固堤; 319+000—320+992、322+650—324+700 两段为大堤改线移堤填筑并结合放淤固堤。堤防加固长度共 13.377 公里。该工程于 2008 年 12 月 1 日开工, 2011 年 4 月 30 日完成。完成清基土方 26.09 万立方米, 淤沙 284.91 万立方米, 新堤填筑 76.61 万立方米, 围格堤 36.33 万立方米, 包边盖顶及辅道土方 76.1 万立方米, 共计各类土方 500.04 万立方米, 完成工程投资 12 210.19 万元, 征地补偿及移民安置资金 6 189.13 万元, 共计投资 18 399.32 万元。

防浪林建设。黄堤桩号 313+075—316+750, 工程长度 3 675 米, 施工长度 3 613 米。按临河种植防浪林宽 30 米 (植高柳 14 米, 丛柳 16 米), 胸径不小于 2 厘米, 高度大于 2.5 米, 株行距 2 米×2 米, 植高柳 13 910 株; 丛柳株行距 1 米×1 米, 植丛柳 63 589 株; 埋设界桩 (高宽厚为 180 厘米×15 厘米×15 厘米) 19 根。于 2008 年 12 月 20 日开工建设, 2009 年 4 月 30 日完工。完成防浪林建设投资 393.47 万元, 征地补偿和移民安置投资 361.18 万元, 共计投资 754.65 万元。

梁山、东平黄河堤防防浪林

控导工程新续建。2008 年 12 月, 对相应黄堤桩号 313+075—316+800、323+000 上下和 326+070—328+720 处, 于楼控导 (1~39 号坝)、蔡楼控导 (30~32 号改建丁坝, 连坝帮宽 1 669 米) 和朱丁庄控导 (1~28 号坝) 等 3

处工程进行建设，于 2009 年 9 月 27 日完工。完成开挖回填土方 12.49 万立方米，石方 2.03 万立方米，完成工程投资 842.38 万元，征地补偿和移民安置 211.12 万元，共计投资 1 053.5 万元。

控导根石加固（河道整治工程）。2008 年对东平境内肖庄控导（1~8 号坝）、徐巴什控导（1~2 号坝）、黄庄控导（1~7 号坝）进行根石加固，主要建设内容为根石外坡 1∶1.5，顶宽 1 米，块石重大于 25 公斤，一般尺寸 20~40 厘米；不足部分采用铅丝笼抛护，单体重量不小于 350 公斤，尺寸为 0.8 米×0.8 米×0.8 米。工程于 2008 年 12 月 1 日开工，2009 年 6 月 30 日完工。完成散抛石 6 515 立方米，抛铅丝笼 2 793 立方米，共计抛石 9 308 立方米，完成投资 94.11 万元。

堤顶道路。2010 年将梁山、东平境内临黄堤桩号 313+245—336+600、徐十堤（围坝桩号 0+000—7+245，包括徐庄闸至耿山口闸长 663 米）、国十堤（桩号 7+245—10+471），工程长度 34.659 公里的堤顶道路修筑为沥青路面。参考同等标准平原微丘三级公路，设计年限 10 年，行车速度 60 公里每小时，最大纵坡为 6%。工程于 2010 年 3 月 23 日开工，2010 年 9 月 22 日完工。完成堤顶路面 35.19 公里、辅道 60 处、路辅道 35 处，及安装公路安全设施等。完成土方 16.01 万立方米（路基土方 7.78 万立方米，路面土方 4.04 万立方米，其他土方 4.19 万立方米），石灰稳定土底基层 26.32 万平方米，石灰稳定土基层 25.28 万平方米，沥青混凝土路面拌和、运输及铺筑 1.20 万立方米，路缘石制安 2 006 米。完成工程投资 2 979.55 万元，占地及移民安置费用 331.13 万元，共计投资 3 310.68 万元。

梁山黄河标准化堤防堤顶道路

　　堤防帮宽。梁山、东平境内黄河堤防帮宽共 6 段，梁山黄河堤防桩号 317+500—319+650、320+900—322+585、324+000—326+900、328+200—332+600、334+500—336+150 和东平黄河堤防徐十堤（围坝桩号 0+000—7+245），长 18.685 公里，因入黄船闸影响造成长度增加 52 米，实际帮宽工程长度为 18.737 公里（梁山 12.837 公里、东平 5.9 公里）。工程于 2008 年 12 月 1 日开工，2010 年 9 月 19 日完成。采用 2000 年设计防洪水位，梁山段加高按高程 49.487~52.398 米、东平段加高按高程 47.764~48.971 米，加修加高帮宽堤顶宽 12 米，临背边坡 1:3。共完成堤身填筑土方 36.96 万立方米，清基土方 4.85 万立方米，杂项土方 8.33 万立方米，完成工程投资 2 278.5 万元，征地补偿和移民安置资金 563.89 万元，共计投资 2 842.39 万元。

　　险工加固。对路那里、国那里、十里堡险工相应大堤桩号 333+000—336+600、336+600—337+406、337+406—341+010 未达到设防标准的 63 道坝、垛、护岸进行改建（其中丁坝 38 段、垛 12 段、护岸 13 段）。该工程于 2008 年 12 月 1 日开工，2009 年 9 月 10 日全部完工。完成土方 57.14 万立方米、石方 10.19 万立方米，完成工程投资 2 856.26 万元，用地补偿资金 868.86 万元，共计投资 3 725.12 万元。

国那里险工

　　（3）黄河河道整治。

　　河道整治是指在河道内为控制行洪主溜、稳定河势，依托大堤或河岸修建的坝、垛、护岸以及控导工程。这里主要记述控导工程。

　　梁山、东平黄河河道上起梁山上界，下至东平姜沟工程下首，全长

67.3 公里（梁山境内 30.2 公里，东平境内 37.1 公里）。两岸堤距 1.5~8 公里，最窄处位于十里堡分洪闸处，主河槽宽 250~600 米，河道纵比降 1/8 000~1/10 000，横比降一般约 1/750。河道特点是上宽下窄，纵比降是上陡下缓，排洪能力上大下小。河床一般高于背河地面 4~6 米，设计防洪水位高出背河地面 8~10 米，平滩流量 4 000 立方米每秒左右。

该河段自 1855 年黄河改走现行河道以来，处于黄河下游宽河道向窄河道变化的过渡段，从梁山县上界至阳谷县陶城铺长 48.3 公里，为游荡型向弯曲型河段的过渡河段。由于滩面比降大，并残存许多串沟与河堤相连，遇大洪水漫滩部分堤段有顺堤行洪的可能。陶城铺至东平县姜沟工程下首长 19 公里为弯曲型河段，由于两岸工程控制，河道逐渐变窄，处于艾山卡口入口的喇叭口段，行洪行凌受阻，水位壅高，威胁堤防安全。

人民治黄以来，河道发展变化规律性比较强，趋势比较明显。由历史上的自由摆动发展到人工控制的弯曲性河道，随着河弯的淘深、扩大，弯顶下移，弯与弯之间的相互作用关系密切，而主槽摆动范围不大，一般在 1 200 米左右，河槽较窄深，没有出现鸡心滩等情况。而河道的变化又直接受到上游来溜、河道土质、工程控制以及流量大小、水位高低的影响。从上宽上看，来水比较平顺，无挑溜形势，杨庄以下处于向横深方向发展的趋势；从两岸土质上看，土质所含带状胶淤层，黏土成分较多，由于滩唇多淤，对于河道的自由发展起到一定的限制作用。因此，形成了该河段上游顺直、下游坐溜打弯的河道形势。

为了控制河势自由摆动的发生，进入 20 世纪 60 年代，就修建了多处控导工程，缩小了主流摆动范围，主流河势基本得到控制。先后在梁山、东平黄河河道内修建了于楼、蔡楼、朱丁庄、丁庄、战屯、肖庄、徐巴什、黄庄、荫柳棵、姜沟等 10 处控导工程，基本控制了河道由游荡性向弯曲性河道的平稳过渡。在控制河势治理的同时，对梁山黄河内堤河、串沟也进行了不同程度的治理，一定程度上起到了挑顺护滩的重要作用。

梁山黄河控导工程的形成与治理。梁山黄河控导工程 3 处，为控制河势于 20 世纪六七十年代修筑。

于楼控导工程。位于梁山县黑虎庙镇于楼村附近，始建于 1968 年，共有 27 段垛（岸），工程长度 2 800 米，护砌长度 2 961 米，均为乱石坝，凹型布局。

蔡楼控导工程。位于梁山县赵堌堆乡蔡楼村附近，始建于 1968 年，共计35道坝（垛），工程长度2 802米，护砌长度2 957米，均为乱石坝，一般情况下大溜顶冲4~9号坝，凹型布局。

梁山黄河蔡楼控导工程

朱丁庄控导工程。位于梁山县小路口镇朱丁庄附近，始建于1970年，共28道坝，工程长度2 700米，护砌长度1 928米，均为乱石丁坝，平顺型布局。

梁山黄河朱丁庄控导工程

梁山县以上3处控导工程，由于1985年前投资较少，"96·8"洪水期间，蔡楼和朱丁庄发生根石坍塌、蛰陷、下滑走失等险情。1997—2005年分别采取加高加固、上延、补残等治理措施，对3处险工进行修复。从始建至2005年累计完成整修、加固土方77.44万立方米，石方25.93万立方米，投资1 338.03万元。加固治理3处控导均达到当地4 000立方米每秒流量相应水位超高 1 米的设防标准。

东平黄河控导工程的形成与治理。东平黄河控导工程共有 7 处，多为 1967—1968 年当地群众为护滩护村自发、国家适当补助修建而成。

丁庄控导工程。位于东平县银山镇丁庄村附近，始建于 1968 年。1976 年加长 20 米，1982 年大水后整修，1999 年加高上延，2000 年改建为 5 道坝，5 段护岸，工程长度 610 米，护砌长度 660 米，平顺型布局。

战屯控导工程。位于东平县银山镇战屯村附近，始建于 1968 年。1975—1978 年当地群众为保护滩地加高 1 米，1982 年被洪水冲毁，汛后整修，1996 年护岸上首 1~3 号坝被水淹没 0.3 米，1997 年和 1999 年对其进行治理恢复，共 3 道坝，4 段护岸。工程长度 460 米，护砌长度 478 米，平顺型布局。

肖庄控导工程。位于东平县银山镇肖庄村西，始建于 1968 年。1975—1978 年群众自发进行乱石加固，加长护岸 160 米。1982 年 8 月被洪水冲毁，残缺不全，已失去控导能力。1999 年按 2 级堤防标准，超高 1 米加高加固，坝顶高程 46.6 米，连坝顶宽 10 米，在上、下两段岸线凹陷位置分别布置 8 道坝，其他位置布置 9 段护岸。2004 年对边坡按 1∶1.5 的标准进行加固。共有 8 道坝，9 段护岸，工程长度 1 594 米，护砌长度 1 722 米，凹型布局。

徐巴什控导工程。位于东平县银山镇徐巴什村附近，始建于 1968 年。1979 年群众自发普遍加高 1 米，1982 年大水上游护岸及 1~6 号坝被冲毁，汛后整修，1990 年对 7 号、8 号、11 号及 12 号坝整修，1996 年大水时，出现大面积坝面坍塌蛰陷、坝顶裂缝等险情，1997 年进行整修，1999 年按照 2 级堤防标准，按 5 000 立方米每秒流量相应水位超高 1 米进行整治，整治长度 1 296 米，裹护长度 1 641 米。徐巴什控导工程长度 3 399 米，护砌长度 3 765 米，平顺型布局。

黄庄控导工程。位于东平县斑鸠店镇黄庄村西南，1998—1999 年修建。所在河段处于位山枢纽拦河闸旧址上游，20 世纪 90 年代该河道溜势上提，中小洪水时回溜淘刷，黄庄村南滩地坍塌严重。1998 年滩地坍塌发展迅速，中小洪水时该河段河势呈"入袖"形势，大水时有可能将原拦河闸前围堰冲毁，引起下游河势大的变化。1998 年按 2 级堤防标准修连坝 7 道，顶高程 45 米（黄海高程），连坝顶宽 10 米，前端为抛物线形垛，护岸 2 段，上游护岸铰链式混凝土板厚 0.15 米，长 0.4 米，宽 0.4 米。当年 10 月开工，整治期间 11 月 2 日该河段河势发生急剧变化，溜势上提，主流靠施工段滩岸，直冲 4 号坝基，造成严重坍塌，10 日 4～7 号坝基滩地坍塌严重，4 号、5 号、6 号、7 号坝分别坍塌宽 7 米、52 米、74 米、60 米。施工中分别采取水中进占、上游倾倒石渣进占、下游面跟进填筑土方、修筑坝体等措施，控制了滩地坍塌的发展，取得了较好的效果。现有 7 道坝，2 段护岸，工程长度 1 311 米，护砌长度 1 450 米，凹型平面布局。

荫柳棵控导工程。位于东平县斑鸠店镇荫柳棵村至八里汀村西，1968 年修建。1975 年群众自发普遍加高 1 米，1982 年汛后整修，1996 年大水 4～12 号坝着大溜，34 号大溜顶冲，造成根石走失，坝坡坍塌，12 号、34 号坝出现裂缝，洪水过后进行修复。1996—2001 年该河段受上游溜势上提下挫影响，上下游滩岸不断坍塌。2002 年新修上延和下延工程，加固了根石。上、下延工程按 2 级堤防标准设计，设防水位 43.0 米，坝顶高程 43.5 米，上、下延工程坝顶高程分别高出设防水位 1.8 米、0.5 米，连坝顶宽分别为 10 米、15 米。上延修做 3 道坝垛，长 252 米；下延为 35 坝加固，34～35 坝之间修筑护岸长 101 米；连坝与原有连坝相连，连坝路面硬化料 2 580 立方米，植树 2 747 株，植草 1 281 平方米，新盖守险房 80 平方米等。至 2005 年荫柳棵控导工程有坝垛 37 道，护岸 1 段。工程长 3 113 米，护砌长度 3 810 米，凹型平面布局。

姜沟控导工程。位于东平县旧县乡姜沟村西，始建于 1967 年。1996 年从平阴河务局移交东平县出湖闸管理局（2002 年 6 月划归东平河务局管理）。1996 年 8 月大水，河势上提，大溜直冲 5～10 号坝，根石走失严重，危及工程安全。1999 年按 2 级堤防工程标准进行加固，连坝宽 10 米，坝垛保持原状，布置 11 道抛物线形垛，5 段护岸。共有坝垛 11 道，护岸 12 段。工程长度 1 688 米，护砌长度 1 470 米，平顺型布局。

东平县境内以上 7 处控导工程，由于初始为民所建（建设情况未有记载），据统计，1958—1985 年战屯、肖庄、丁庄、徐巴什及荫柳棵控导累计完成石方 7.28 万立方米（土方和投资未有统计）。1986—2005 年通过对 7 处控导工程不断的治理，完成土方 67.72 万立方米、石方 22.99 万立方米，投资 2 758.84 万元。

2008 年 12 月至 2009 年 9 月，按照标准化堤防建设标准要求，对梁山、东平控导工程达不到标准的进行了新续建及根石加固治理。

梁山堤沟河、串沟的形成与治理。梁山黄河滩区由于修筑控导工程，滩区群众依托控导工程自发修筑了生产堤，以保滩区农作物生产安全。随着黄河河道年年淤积抬高，生产堤的作用使黄河水很少漫滩，久而久之，形成了河床唇高、滩低、堤根洼（因修堤取土造成）的"二级悬河"局面，一旦漫滩走溜即形成串沟、顺堤行河（堤沟河），威胁大堤安全。梁山于20世纪50年代对河道内堤沟河、串沟进行了有效治理，

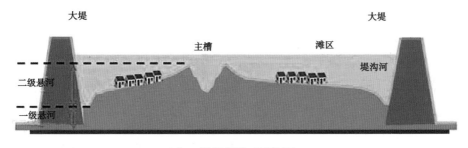

"二级悬河"示意图

堤沟河治理。1951年在桩号317+200、317+500、319+350、319+500处植活柳坝4道。1952年又植活柳坝9道（王老君至赵埚堆6道、赵埚堆至马那里3道），每道长40~70米，宽6~9米。20世纪50年代大复堤划方坑时要求每隔100~200米留一道20米宽的土墙。同年，在赵埚堆至刘力段各修3道透水柳坝。1952年修连村坝4条，即大营子（314+021）长100米，于楼（315+130）长75米，陈垓（316+177）长45米，程那里（315+572）长90米。1953年修3道，即赵埚堆（322+260）长230米，刘力（325+006）长120米，小彭（330+282）长130米。顶宽5米，边坡1：2，超高1949年洪水位1米。合计用土4.82万立方米，工日2.1万个，投资2.25万元。

串沟治理。1958年群众为了保护滩地种植的庄稼不被淹没，自发修筑生产堤，减少了洪水漫滩的机遇，但堤沟河依然存在，遇有上游漫滩进水，下游洪水入河，流水在行进过程中造成水位差，水流的拉动和冲刷最后形成不规矩的数条滩区串沟。中华人民共和国成立初期，梁山黄河从上界至路那里险工1号坝范围内，滩区内有串沟40条，较大者21条，最严重者3条。

蔡楼大串沟2条。一条经大吴村、于口村至黄那里村，长10 000米，宽100米，深0.5米；另一条由蔡楼村前经刘力村、王石楼村至黄那里村入大河，长10 500米，宽130米，深1.2米。2条大串沟走溜均较大，沿途还有几个岔入河，路那里险工水位45.51米时即可进水。

朱丁庄大串沟。经徐岔河村、雷庄至黄那里村入大河，长3 000米，宽100米，深0.8米，路那里水位45.56米即可进水。

串沟治理方法。1950—1961 年对大的串沟进行了治理。采取修做透水柳坝和填土堵复的方法进行治理。1950 年在蔡楼大串沟修做透水柳坝 3 道，在刘力西修做 4 道，高 1 米，宽 2 米，用柳 10.51 万公斤。1951 年开始至 1961 年共对蔡楼大串沟进行 4 次堵复，在进水口处退 50 米左右用土进行堵复，1955 年、1959 年、1961 年 3 年累计用土 3.63 万立方米，投资 1.52 万元。1958 年滩区修筑生产堤后，群众为浇灌平整土地，串沟亦被平整消失。

黄河堤防压力灌浆施工

（4）除险加固。

梁山、东平黄河堤防是在中华人民共和国成立前民埝的基础上，经多次加高培修而完成，修筑标准和填筑质量要求不一，以致形成堤防内部各种险点，如堤身裂缝、基础薄弱、老闸口、历史决口等险段险点。为了堤防安全永固，除对堤防加高培修、机淤固堤外，从 1985 年开始逐步进行压力灌浆、裂缝处理、船闸围堵、后戗加固等除险加固措施。1986—1997 年基建投资相对较少，堤防工程建设主要在原来的基础上进行除险加固，包括压力灌浆、裂缝处理、加修后戗等。1988 年投资 430 万元，完成穿黄闸围堵。1991—2001 年利用人工密锥压力灌浆和机械钻探灌浆处理堤身裂缝和隐患，完成灌浆 4.25 万眼，灌入土方 0.92 万立方米，裂缝开挖土方 2.98 万立方米，回填土方 3 万立方米，投资 60.21 万元。

1998 年后，国家加大黄河下游治理投资力度，按 2000 年设防标准防御花园口站 22 000 立方米每秒的洪水，除安排了机淤固堤、大堤加高外，还采用后戗和修筑截渗墙进行除险加固。为解决背河低洼问题，于 1998 年对桩号 328+100—329+200 段（岳庄）修筑后戗工程，按 2000 年设防水位 1∶8 浸润线出逸点埋深 1.5 米，确定修筑五级后戗，一级后戗顶高程 47.0~47.2 米（黄海高程），二至五级后戗均按 2 米高差递减，戗顶宽 3 米，边坡

1：5。完成土方 10.64 万立方米，投资 389.92 万元。2001 年 5 月至 2002 年
5 月，对 3 段（桩号 333+000—333+215、327+000—328+100、330+500—
333+000）采取振冲摆喷、振孔高喷板墙对堤基薄弱、渗水、管涌险情段进
行截渗处理，截渗长度 3 815 米，完成投资 3 828.52 万元。

（5）机淤固堤。

黄河机淤固堤最早始于 20 世纪 70 年代。根据黄河多泥沙的特点，梁
山修防段自制了简易冲吸式吸泥船。其原理是利用高压水流破坏河床土体形
成泥浆，再利用水力管道输送，将含有大量泥沙的泥浆输送至黄河大堤背河
进行沉淀，相应加宽加固堤防断面。放淤固堤经过了自流沉沙、提水淤背和
机淤固堤的过程。

梁山黄河机淤吸泥船

1974 年 3 月，国务院批转黄河治理领导小组《关于黄河下游治理工作
会议的报告》，将机淤固堤正式列为黄河下游防洪基本建设工程。1985 年前
放淤固堤按黄河水利委员会 1981 年 6 月规定标准：淤背宽度险工 50 米，平
工 30~50 米；淤高按 1983 年设防水位高出背河堤坡浸润线出逸点 1 米（包括
盖顶 0.5 米）；边坡 1：3~1：5。淤区盖顶 0.5 米，人工用壤土盖顶厚 0.3 米，
包边垂直厚 0.2 米。淤临高度高出 1983 年设计洪水位 0.5 米，边坡 1：3~
1：5，必须用淤土或两合土淤筑。

1986 年后，放淤固堤工程在各个时段采用了不同的设计标准。《黄河下
游第四期堤防加固河道整治设计任务书（1986—1995 年）》规定，淤宽：
险工 50~100 米，平工 30~50 米，老口门 100 米；淤高按 1995 年设防水位，

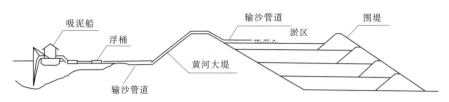

黄河机淤固堤示意图

高出背河堤坡浸润线出逸点 1.5 米，高村以下 1 米，已达 1983 年设防标准原则上不再加高，边坡 1∶3。在"八五""九五"期间大致相同，"十五"期间（2001—2005 年）规定重点确保部分险要堤段淤宽 100 米，淤高顶部与 2000 年设防水位持平；其余堤段淤宽 80 米，淤高顶部低于设防水位 2 米，边坡 1∶3。亚行可研项目（2001—2005 年）规定宽度一般 100 米，局部 80 米，重点确保部分险要堤段，顶部与 2000 年设防水位持平；其余低于设防水位 2~3 米，边坡 1∶3，黏土包边水平厚度 1 米，盖顶厚度 0.5 米。

从自流放淤开始到吸泥船抽淤，机淤固堤工程按照各个时期不同的设计标准进行施工，大体经历了五个阶段的治理历程。1970—2010 年采取自流放淤、吸泥船机淤固堤，共完成土方 1 802.86 万立方米，投资 18 385.94 万元。

第一阶段（1970—1976 年）。自 1970 年开始自流淤背，首个自流淤背项目是利用陈垓引黄闸自流放淤，范围在高堂村东至义和村与陈垓闸至王老君圈堤内。一般淤宽 100 米，平均淤厚 0.8~1.5 米，至 1976 年自流放淤土方 94.66 万立方米，完成投资 26.95 万元。

第二阶段（1975—1985 年）。自 1975 年开始采用吸泥船进行机淤固堤。先后制造吸泥船 7 只，每船配备船员 18 人，船上配有 3 个柴油机组，6160 主机用于吸泥，295 柴油机带水枪用于反沙，195 柴油机用于发电，主泵型号有 16 丰产 24 型泵和 10PNK-20 型泥浆泵。输沙管道采用直径 300~400 毫米的铁管子。1984 年后，机淤实行单船核算大包干，即按产量给予施工补助和综合奖，材料消耗、大修节约提成。此阶段，每年上级均安排机淤任务，至 1985 年共完成机淤土方 394.92 万立方米，机淤长度 29 597 米（其中淤临 1 296 米），投资 416.51 万元。

第三阶段（1986—1996 年）。1986 年后，机淤任务减少，1986—1991 年共完成机淤土方 104.30 万立方米、投资 127.2 万元。其他年份均没有机淤任务。

第四阶段（1997—2005 年）。1996 年 8 月黄河大水后，国家加大对大江大河防洪工程建设的投资力度，机淤固堤任务加重。其中，岳庄段机淤固堤改为截渗墙 5 617 平方米。至 2005 年共完成机淤土方 649.68 万立方米，投资 5 369.26 万元。

第五阶段（2008—2010 年）。按照标准化堤防建设"先右岸，后左岸"的要求。梁山黄河堤防属右岸，第一期进行标准化堤防建设。该阶段机淤固堤是结合标准化堤防建设标准进行的，在桩号 316+075—336+600 范围内共 11 段（9 段机淤固堤，2 段大堤改线移堤填筑结合放淤）进行放淤固堤，长 13.377 公里。该工程于 2008 年 12 月 1 日开工，2010 年 9 月 22 日主体工程完工，2011 年 4 月 30 日全部完成。共计完成各类土方 500.04 万立方米，工程投资 12 210.19 万元，征地补偿及移民安置资金 6 189.13 万元。

（6）险工治理。

为了控制黄河河势变化以免冲决堤防，采取修建险工进行堤防保护。梁山、东平黄河堤防范围内共有险工 2 处，即路那里和程那里险工。

路那里险工的形成与治理。路那里险工旧时称梁山险工，清代就已经形成。清同治九年（1870）群众自发顺河修筑挡水民埝，规模较小，为抗溜始修 18 坝。1948—1949 年续建坝 8 道，护岸 3 段。至 1949 年形成了桩号 333+000 以下，控制 8 000 米的险工。1957—1979 年又续建护岸 5 段，结构以柳石为主，秸埽为辅，有 5 道坝为柳石埽，3 道为乱石埽，护岸一律为乱石抛护。该险工在山东黄河上游右岸大堤的最下端。东平湖建库前临黄（黄河）背清（大清河），有时两面临水。该坝为保证黄河在鲁西南下游不溃决，发挥了重要作用。1979 年底将桩号 336+000 处 30 号坝以下河道及险工、控导工程交由梁山进湖闸管理所管理；1986 年梁山进湖闸管理所又将桩号 336+000—337+406 以内险工（30~34 号坝）和护岸（31 号坝下护岸、33 号坝下护岸）交由梁山湖堤段管理。从此，路那里险工一分为三，梁山黄河修防段管理的 1~29 号坝仍称路那里险工，梁山湖堤段管理的 30~34 号坝改称国那里险工，梁山进湖闸管理所管理的 35~61 号坝改称十里堡险工。

中华人民共和国成立后，至 1985 年经过治理，路那里险工共有 34 道堤岸，基中坝 28 道，护岸 6 段。共完成土方 73.45 万立方米，石方 19.39 万立方米，投资 371.57 万元。

程那里险工的形成与治理。1947 年黄河归故后，上界主溜出郓城伟庄直抵杨庄村西折向北，形成杨庄弯。此处河内地面 2~3 米以下有 1~2 米的淤土层，河沿坍塌不快。1953 年杨庄掉入河中，为防近堤生险，1955 年修

国那里险工

土坝3道（现3号坝、4号坝、6号坝）始成杨庄险工。至1962年河沿坍去300余米，随时有生险可能。当年对3道土坝进行了帮宽加高；次年春又在2号坝、3号坝间加修一道坝，称5号坝。1963年杨庄弯已形成半径约1 100米的弯道，弯顶距堤200米，2号坝、4号坝（现4号坝、6号坝）已临水边，5月底涨水，3号坝、4号坝（现5号坝、6号坝）坍去一部分；7月10日菏泽修防处批准下埽修复，梁山黄河修防段立即组织施工，4号坝原轴线长470米，因调整险工弯道缩短107米。是年1号坝、2号坝（现3号坝、4号坝）也被迫下埽。这几道坝除3号坝抛石抢护外，另3道坝均抛笼、柳石枕护根，抛乱石护坦抢护。9月上旬大溜顶冲3坝，新埽猛墩，入水8米。4号坝也发生蛰动，形成紧急抢险，先抛枕，后下柳石搂厢进行抢护。据统计，1963年共出险48坝次，抢险用石2 188立方米，柳枝21.78万公斤，铅丝4 500公斤。其中，10月出险20坝次，有3次是新做的坝，共墩蛰入水3~5米。1964年郓城伟那里险工小水挑溜，顶冲杨庄险工4号坝（现6号坝）上下，程那里至王老君坍岸掉沿严重，距堤脚160~220米，经修防处、段反复勘察加修6道坝（现7~12号坝）。险工上首因近堤生险，加修2道坝（现1号、2号坝）。1964年春修坝基，汛前下埽，全部抛笼和柳石枕固根，乱石护坦。因溜势逐年滑至程那里，故改称程那里险工。

杨庄坝改称程那里险工后，坝号由上而下重新排列1~12号坝，均为下挑丁坝，双号坝为主坝，单号坝为副坝。工程长度1 830米，裹护长度为940米，弯道半径2 000米。1976年又续建13~17号5道下挑丁坝，汛前乱石裹护。至1985年，程那里险工（桩号316+800—319+330）工程长度2 530米，裹护长度1 694米，坝顶高程54.05~55.54米，设防水位52.89~

63.06 米，累计完成土方 52.65 万立方米、石方 7.70 万立方米，投资 246.43 万元。

1986—2005 年梁山、东平黄河共有险工 4 处，程那里、路那里、国那里险工为凹型平面布置，十里堡险工为平顺型平面布置，共 69 道坝、14 段护岸，工程长度 10 540 米，护砌长度 6 931.7 米。完成土方 33.39 万立方米、石方 16.11 万立方米，投资 1 773.75 万元。

2008 年 12 月至 2009 年 9 月，按照黄委标准化堤防建设标准要求，对梁山、东平黄河相应大堤桩号 333+000—336+600、336+600—337+406、337+406—341+010 达不到设防标准的路那里、国那里、十里堡险工 63 道坝、垛、护岸进行改建及除险加固治理，完成土方 57.14 万立方米、石方 10.19 万立方米，工程投资 2 856.26 万元，用地补偿资金 868.86 万元，共计投资 3 725.12 万元。

（7）调水调沙。

在长期的黄河治理实践中，人们逐渐认识到处理和利用黄河泥沙，对黄河下游河道防洪安全意义重大，必须采取长期综合治理措施。调水调沙就是综合治理的措施之一。

所谓调水调沙，就是在现代化技术条件下，利用工程设施和调度手段，通过水流的冲击，将水库淤沙排出和河道内的淤沙适时送入大海，从而减少河床的淤积，增大主河槽的行洪能力。

1999 年 10 月小浪底水库下闸蓄水，2000 年投入运行，2001 年 12 月全部建成，2002—2005 年黄委利用小浪底水库有效库容组织进行了 4 次调水调沙。前 3 次为试运行阶段，第 4 次为生产运行（人工扰沙）阶段。

黄河经过 4 次调水调沙试验和人工扰动，每次都实现了黄河下游河道全线冲刷，与之前比同流量水位有明显下降。此后，每年在小浪底水库来水来沙达到有利时机，实行水库科学联动运用，进行泄洪排沙，用人造洪峰冲刷河道，达到减少水库淤积和缓解河床逐年淤积抬高趋势的目的。自此，每年调水调沙已成常态。

首次调水调沙。2002 年黄委根据小浪底水库蓄水情况，决定利用水库进行首次调水调沙试验。2002 年 7 月 4 日水库开始泄流，最大泄流量 3 480 立方米每秒。6 日 4 时花园口站最大流量 3 160 立方米每秒，相应水位 93.05 米；11 日 9 时高村站最大流量 2 980 立方米每秒，相应水位 63.75 米；17 日 11 时 42 分孙口站最大流量 2 900 立方米每秒，相应水位 49.00 米；19 日 5

时利津站最大流量 2 500 立方米每秒，相应水位 13.8 米；21 日河口区丁宁路口站流量降至 930 立方米每秒，调水调沙试验结束。7 月 4—18 日小浪底水库下泄总水量 28.5 亿立方米，出库沙量 0.321 亿吨。首次调水调沙试验，黄河下游河床共冲刷泥沙 0.362 亿吨，河槽实现了全线冲刷。

由于黄河河道多年泥沙淤积，主河槽排洪能力下降，调水调沙期间，沿程水位表现偏高，局部河段超过警戒水位，不少河段甚至超过"96·8"洪水位。3 000 立方米每秒同流量水位，除利津站外，其他站均为历史最高值。孙口站最高水位 49.66 米，为历史最高水位。由于水位高，梁山、东平黄河险工和控导工程共出现险情 59 坝次，抢险累计使用石料 1.08 万立方米、土方 0.18 万立方米、沙石 144 立方米，投资 78.41 万元。梁山县黄河蔡楼滩区进水，蔡楼以下黄河大堤偎水。

第二次调水调沙。2003 年 8 月 25 日，黄河发生秋汛，黄委决定利用秋汛来水进行第二次小浪底水库调水调沙试验。9 月 6 日开始，9 月 20 日结束。水库下泄水量 18.91 亿立方米，沙量 0.823 亿吨，平均流量 1 690 立方米每秒，平均含沙量 43.52 千克每立方米。9 月 8 日花园口站最大流量 2 720 立方米每秒。试验期间，高村站流量 1 790~2 690 立方米每秒；13 日孙口站最大流量 2 560 立方米每秒，相应水位 48.87 米；利津站流量 1 860~2 790 立方米每秒。这次调水调沙试验，小浪底水库以下河道全部发生冲刷，随后数十天秋汛，更使下游河道进一步冲刷，河槽过流能力明显增大。梁山、东平黄河险工和控导工程共出现险情 67 坝 109 次，抢险累计用石料 2.52 万立方米，投资 243.52 万元。

第三次调水调沙。2004 年 6 月 19 日至 7 月 13 日，黄委决定进行第三次调水调沙试验。利用汛前水库蓄水，通过万家寨、三门峡、小浪底等干流水库群的调度，在小浪底水库塑造异重流，加大小浪底水库排沙，减少水库淤积，同时在黄河下游"二级悬河"及主槽淤积最为严重的卡口河段实施人工扰动泥沙措施，增加主槽过流能力。调水调沙期间，小浪底水库最大下泄流量 2 940 立方米每秒。6 月 23 日花园口站最大流量 2 970 立方米每秒；7 月 11 日高村站最大流量 2 870 立方米每秒；12 日孙口站最大流量 2 950 立方米每秒，相应水位 48.72 米；14 日利津站最大流量 2 940 立方米每秒。此次调水调沙小浪底水库下泄总水量 43.1 亿立方米，沙量 0.059 亿吨；利津入海水量 45.39 亿立方米，沙量 0.707 亿吨。梁山、东平黄河险工和控导工程共 6 处出现险情，抢险累计用石料 0.37 万立方米，投资 28.92 万元。此次调水调沙试验，下游河段内发生冲刷。

第四次调水调沙。2005 年黄委决定调水调沙由试验阶段转入生产运行阶段。6 月 9 日小浪底水库开始预泄，16 日调水调沙正式开始，下泄流量分别按 2 800 立方米每秒、3 000 立方米每秒、3 300 立方米每秒控制，最大下泄流量 3 996 立方米每秒，后期下泄平均流量降至 3 000 立方米每秒左右。7 月 6 日洪水全部入海，历时 28 天。调水调沙期间，小浪底水库下泄水量 52.7 亿立方米，出库沙量 170 万吨。高村站最大流量 3 490 立方米每秒，孙口站最大流量 3 400 立方米每秒，利津站最大流量 3 050 立方米每秒，入海泥沙 6 170 万吨，下游河道全线冲刷，排洪能力普遍提高。由于对梁山、东平黄河险工和控导工程根石提前进行了补充加固，仅有 3 处工程出现险情，抢险用石料 0.08 万立方米，投资 8.04 万元。

2002—2005 年经过 4 次调水调沙，黄河下游河道共冲刷泥沙 2.13 亿吨，其中山东高村至利津河段冲刷泥沙 0.913 亿吨。每次调水调沙都实现了下游河道全线冲刷。加之 2003 年秋汛，山东河段河槽明显刷深，河槽排洪能力显著加大。2005 年 7 月与 2002 年汛前相比，山东河段最小平滩流量由 1 800 立方米每秒增大到 3 200 立方米每秒左右；各河段同流量（2 000 立方米每秒）水位下降明显，其中，高村站下降 1.41 米，孙口站下降 0.71 米，艾山站下降 0.84 米，泺口站下降 0.91 米，利津站下降 0.94 米。在 2002 年调水调沙出现较大范围漫滩后，2003—2005 年调水调沙采取了一些必要措施，控制黄河下游河道流量尽量不超过平滩流量，均未发生大范围漫滩，仅局部小范围滩区串水，避免了滩区受淹，冲刷效果也比较理想。

人工扰沙作业。2004 年、2005 年调水调沙期间，为尽快提高河道过流和挟沙能力，黄委安排在黄河下游"二级悬河"形态比较严重、平滩流量较小的河段，进行人工扰动泥沙作业。山东河务局负责雷口河段和蔡楼控导工程至影堂险工河段的人工扰沙作业。

2004 年由山东河务局负责、东平湖管理局组织实施，在梁山朱丁庄控导工程至国那里险工长约 7 公里的河段上，展开人工扰沙作业生产。使用高压水流冲击河床，并采取移动扰动与相对固定扰动相结合的生产作业方式。移动扰动采用 2 艘自航驳船和 2 艘移动承压舟进行，分别安装出水量为 1 200 立方米每小时和 600 立方米每小时的高压水泵和水泵组，设 8~18 个喷头，一般冲深 2 米左右时移动船位。相对固定扰动，采用 11 艘安装射流设备的承压舟或组合式工作平台，每艘安装 6 台小机泵组，8 个喷头，每台

2004 年黄河梁山河段人工扰沙作业

出水量为 100 立方米每小时。工作时，喷头贴近河床底部，设计出水流速约 20 米每秒，经喷嘴高压水流冲击河床沙层，借助水流将浮沙推移至下游，以达到加大河槽冲刷的目的。5 月 20—27 日大河流量约 600 立方米每秒，先进行扰动试验；6 月 22 日，高村站流量 2 560 立方米每秒，15 艘扰动船全部展开扰动作业。扰沙需要大河流量大于 2 000 立方米每秒，至 6 月 30 日由于流量减小，第一阶段扰沙施工结束。7 月 5 日高村站流量起涨，7 月 7 日高村站流量达到 2 550 立方米每秒，开始第二阶段作业。7 月 13 日人工扰沙结束。

人工扰沙期间，东平湖管理局共组织施工人员 524 人，投入 15 艘扰动船只、11 艘服务船、26 台发电机、75 台水泵、78 台卷扬机、39 个锚机、20 余部交通车船、15 艘射流船等，共计投资 938 万元。

扰沙施工期间，扰沙区下游国那里断面含沙量比扰沙区上游朱丁庄断面含沙量增加 1.5 千克每立方米，扰沙区下游艾山站的细沙和粗沙量分别比上游高村站增加 247 万吨和 1 147 万吨。扰沙前，扰沙区雷口河段平滩流量 2 390 立方米每秒，扰沙后期，7 月 12 日上游孙口站流量 2 950 立方米每秒，扰沙河段水位与滩面持平，河水未漫滩。扰沙后比扰沙前主槽冲深 0.25～0.47 米，平滩流量增加 560 立方米每秒，实现了冲刷河床提高河道过流能力的目的。

2005 年山东黄河扰沙采用黄委水文局 4 艘专业射流船进行。随着船舶的自航行进，连续不断地以大于 20 米每秒的高速水流冲击河床，借助大河水流和船舶螺旋桨推动水流的作用，把扰动扬起的泥沙推向下游。扰沙河段为梁山蔡楼至台前影堂，长 4.19 公里，由东平湖管理局泥沙扰动前线指挥部组织协调有关单位实施，黄委水文局（该局成立山东河段泥沙扰动现场指挥部负责施工作业）配合。6 月 20 日，高村站流量 2 380 立方米每秒，泥沙扰动开始作业，至 7 月 2 日高村站流量减少至 1 990 立方米每秒，扰动作业结束。该次泥沙扰动 4 艘射流船，共作业 554 小时，投资 254 万元。

从 2005 年起，每年均实行多库联调制造洪峰，冲刷河道。2005 年根据小浪底上下游无洪水的情势，实施了以小浪底水库为主，万家寨水库、三门峡水库和小浪底水库联合调度的方案；2006 年、2007 年汛前、2008 年、2009 年也实施了上述模式方案；2007 年汛期实施的是上游来洪水、下游也发生洪水，运用小浪底水库和陆浑水库、故县水库对接的调度方案。数次调水调沙均取得了成功，以后每年择机进行一次，河道下切明显，河底逐年增高的发展势头得到了有效遏制，大大缓解了黄河下游防洪的严峻形势，为黄河下游的生态保护和高质量发展，以及两岸经济社会发展奠定了基础。

梁山、东平黄河处在山东黄河河道的上游下端，是宽河道向窄河道的过渡段，地理位置决定了该段堤防的重要性，从历史大洪水的过程看，此段受害较多，加之东平湖蓄滞洪区的作用，情况复杂，治理难度非常大。但梁山、东平具有历史上治河的光荣传统，远古时期就有"大野既潴，东平底平"的治理成果，清朝时期十里堡乡绅段广寅带头倡议 8 县堵口的功德永存青史，也曾有 1949 年昆山抢险的历史，更有 1958 年战胜黄河大水的经验，也有 1982 年东平湖蓄洪保黄河的过程，调蓄 1990 年、2001 年大汶河洪水安全入黄等，足以说明梁山、东平黄河和东平湖治理历程艰辛，成绩卓绝，创造了黄河 70 多年岁岁安澜。现今梁山、东平黄河堤防堤坡平顺坚固，绿树庇荫，行道林整齐，交通畅通无阻，备防石料堆放整齐划一，险工、涵闸工程区整洁美观，遍地绿草如茵，花圃内姹紫嫣红，着实是一幅美丽黄河的真实画卷。一条"防洪保障线、抢险交通线、生态景观线"，一条绿色、生态、环保、安全、利民的黄河展现在世人的面前。

从远古和现代黄河治理的情况看，黄河治理非常艰难，艰难的根本在于水沙时空分布的不平衡性。掌握了这个根本规律，就掌握了治理的主动权，采取相应的治理措施，就能取得明显的成效。黄河治理任重而道远，新的形势赋予新的使命和要求，黄河流域生态保护和高质量发展已经上升为国家重大战略，新时代的黄河治理只有人法合一，方能长治久安，实现黄河成为造福人民的幸福河的宏伟目标指日可待。

第二章　大汶河治理

大汶河，古称汶水，简称汶河。古代为济水的支流，现在是黄河下游最后一条支流。大汶河流域是中华民族的主要发祥地之一，在灌溉和水运利用上发展较早，在促进人类历史文明进步方面作出了重要贡献。特别是元明清时期，对畅通京杭大运河山东段航运、繁荣中国经济、促进南北物资交流，起到了原动力的作用，功不可没。因此，历代对其深为关注，并进行不断的治理。

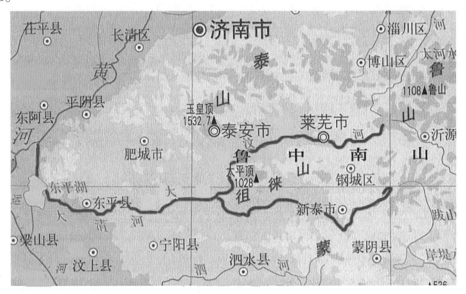

大汶河位置示意图

一、古代大汶河治理

从大禹治水至民国期间，治水先贤们为了解除水患、保障人类的生命安全，开始了不断探索、研究治理水患的策略和方法，并付诸实践。在具体治理过程中，逐渐产生了以人为本的治理理念，充分发挥水工程与水管理两个体系的相互作用，确保人类免遭或相对减少水患。

（一）治理方式与管理

古人为躲水患"择丘陵而处之"（《淮南子·齐俗训》），一般都是择丘而居求生存，傍水而居谋生活。水是生命之源，人类生活需要水，傍水而居

古代治水图

就难免遭受洪水之害，自然而然地就想向高处居住，以保生命安全。因此，人类既需要水，又要避免水患，这是一个困扰人类世世代代的难题。人类在亲水与远水的矛盾过程中，逐步产生了如何解决吃水用水，又能免遭和永绝水患的思想。这也是历代治水人一直追求的终极目标。由此一来，就产生了以大禹治水为代表的历代先贤治理河患的方式、方法和措施，来不断维系人类的生存和生活环境。

历代治河根据洪水的特点和习性，主要采取疏导洪水、修筑堤坝、控制洪水、择湖滞蓄、缓解河溢、疏浚河道、排泄洪水等措施。在工程防守和管护上也非常重视，为防堤坝决溢，沿河两岸均设有专职官员及兵夫负责治理与汛期防守。河道治理大都不同程度地注重堤防建设和防守。从历史发展的角度看，治水是安民兴邦的头等大事，随着社会的发展，治水逐步被世人所重视，治理和管理体系逐步建立并不断完善和加强。

在古代，大汶河治理管理机构设置记载很少，但对其通过治理而得利用，多有所见。如先秦时期就有"浮于汶，达于济"的记载（《禹贡》）；汉武帝之时，在大汶河北岸泰山附近筑渠灌田万顷；东晋荀羡也有引汶入洸，通渠至东阿"临阵斩兰"之例；宋天圣十年（1032）兖州知州孙奭召郓、齐数州县三万民众，疏通济河故道，至夏，汶水暴涨，东北注入新开汶河，郓州得免水患；金大定二十六年（1186）六月，汶水大溢，宁阳春城堤岸溃决，县吏谭洪重修堤防，坚固完备；元宪宗七年引汶入洸，"以饷宿蓟戍边之众"，并能会泗灌溉宁阳至兖（兖州）济（济宁）之田。直到元至元二十六年（1289）寿张县尹韩仲晖建议开会通河，让泰山诸泉皆引，以济漕运之时，设置会通汶泗提举司，以掌管河渠事务。从此，大汶河治理管理机构正式设立。

在元明清时期，朝廷就设置工部尚书、都御史、河道总督或巡抚等总理河务。主要是治理运河，管理漕运，兼管其他河道治理。由于历史的局限性，朝廷急功近利，只重视国之命脉的漕运整治，忽视其他河流治理。从元大运河贯通后，为解决水源问题，才将大汶河视为运河的一部分进行治理和管理。

元至元四年（1267）都水少监马之贞主持济州河引水工程时，为了调水保运，在大汶河上筑堽城坝，建砌石大闸，趋汶水入洸，汇沂泗济运，在济宁开设衙门，督漕督运，设兵马司驻扎，辅佐漕运的兵士就达1.2万人。

明永乐九年（1411），初筑戴村坝（土坝）后，设工部主事一员，管理山东泉政，往来南旺，驻扎宁阳，称"工部都水分司"，工作范围在大汶河流域，主要是保证充足供给运河水源。从那时起朝廷正式把大汶河治理纳入运河的治理。至明万历年间移驻济宁，泰山各泉皆归其管。明天顺五年（1461），东平知州潘洪又增筑戴村坝，植柳于坝，并设夫守护。元明时期只重视水源的治理，忽视大汶河堤防的防护，直到清代才重视大汶河堤防工程的管理，沿堤防设堤长、堤老，轮流防守。

民国时期，大汶河防汛根据各村土地坐落，按段分工，汛期轮流出夫防守，洪水毁堤后由地方政府临时组织民夫进行修复。

从机构名称和治理内容看，也是以运河为主，附带大汶河治理。中华民国三年（1914）12月，山东南运河疏浚事宜筹办处成立（以后改为山东运河工程局），兼办山东全省水利事务，下设工务、工程、测绘科，共48人。筹办处于民国四年（1915）春对大汶河和东平湖段的南运河进行勘察，并写出报告：就大清河、运河循旧堤基址筑高培厚，对收束汶水不使旁溢……并可借其猛力攻刷黄淤，毋任停积于宣泄之门。8月，督办运河工程总局在大汶河南城子设立水文站，开始测验水位、流量。中华民国十九年（1930），山东运河工程局成立，隶属山东省建设厅，主管境内南北运河及其支流湖泊的整修事项，下设总务、工程两科和两个测量队，对山东运河进行勘测、规划和设计工作，并实施了一些治理工程。中华民国二十四年（1935）大汶河设立戴村坝水文站，监测水文情况，为河道管理提供水情。

古代在防汛方面也有专门的法令，金泰和二年（1202）颁发的《河防令》，是中国最早的防洪法令。它以法律形式规定了防汛的管理体制，明确了各级地方官与河官的防汛职责、防汛检查制度、汛情传递、夫役调集等。

明代潘季驯治河重视人防的作用，曾制订了"四防二守"制度（四防，即风防、雨防、昼防、夜防；二守，即官守和民守）。清代《问刑条例》对水源管理有更细致的条律，特别规定：凡是盗引山东诸泉，济宁南旺湖、蜀山湖、安山湖处水源者，均处以重刑。以上法令和防汛防守制度在河道管理治理和防汛工作中影响至深。

（二）治理历程与举措

大汶河是季节性山洪河道，上游为山区河道，一般水位低于两边山坡，比较安全；而中下游洪水位高于两岸地面，易于造成水灾。因此，历代都把治理大汶河列为一项重要任务。大汶河是自然形成的流沙河，河道既宽又长，纵比降过陡，泄洪流速快、流程短。对其治理是一个极其复杂而漫长的历史过程，治理举措和经验也是在失败与成功的过程中产生的。

古代传说中，大禹在治水方法上一改"围堵障"的治水方法为"疏顺导滞"。以后人们治理水患，一般都是先培修堤坝，控制水流；再根据水流坐弯打溜冲决堤防的实际情况，在险工处采取修建秸埽坝、石质挑流坝措施，并结合导疏、滞蓄并举等措施加以综合治理。

1. 治理历程

据史书记载"当尧之时，天下犹未平，洪水横流，泛滥于天下"。天下尽受洪荒之害，舜帝赐鲧之子禹治水，大禹在总结前辈治水经验的基础上，对汶泗淮流域采取了顺应水势、疏堵结合的治水方略，用了 13 年的时间，使江河湖海形成连通网络，天下苍生得以拯救。《尚书·禹贡》："大野既潴，东原底平"就是对济水、汶水下游治理成果最好的总结。

古代大汶河治理除禹期疏浚外，主要依靠堤防和上拦下排等工程措施，效果影响至今。

春秋战国时期，筑堤御水和引水灌溉渐渐兴起，"自古文明膏腴地、齐鲁必争汶阳田"，这句流传千年的古话，就足以说明引汶灌溉之功。汶阳田在大汶河北岸泰山以西，这片土地得到汶水的灌溉变为肥沃的土地，因此才有齐国和鲁国必争汶阳田的历史事件。

大汶河上引水灌溉起步较早，到西汉已具有相当规模。汉武帝时期，在泰山下筑渠以引汶水，渠首建在云亭山东，引汶水向西，灌溉北岸农田达万顷，是山东最早的灌区工程。唐开元六年（718）莱芜县令赵建盛主持修建普济渠，灌溉农田，运送铜铁。东晋永和十二年（356）晋将荀羡坐镇下邳，为北征前燕将领慕容兰，疏浚汶洸通渠，至东阿，临阵斩兰的战事，成为借水运兵、克敌制胜的典范。元宪宗七年（1257）蒙古军受此启发，在宁阳县东北刚县故城西北汶水南岸筑一斗门，遏汶水南流，走原洸河故道合泗水"以饷宿蕲戍边之众"，利用水运保障了前线将士的粮草供应。上述治水用水利用于军事的事例，给元代统一后开发京杭大运河、引汶济运奠定了基础。

大汶河两岸大部分有堤防，但堤防始建年代已无法考证。汶水西流入济，已有2 000多年历史，就其河流两岸北高南低的地势来看，如无堤防控制，大汶河势必改道南流，直达济（宁）徐（州），必将造成很大的洪水灾害。大汶河下游大清河北堤最早记载见于清乾隆四十三年（1778），始发应该更早。大汶河南堤建设时间比北堤还要早得多，只是没有查到记载而已。

据《徂徕集·新济记》载：宋天圣十年（1032）正月，兖州知州发郓、齐数州县民众3万人，疏通济河故道。至夏，汶水暴涨，东北注入新开汶河，郓州得免水患。《宁阳县志》载：金大定二十六年（1186）六月，汶水大溢，龚县（今宁阳）境西部春城堤岸溃决十有余里。委县吏谭洪重修，旬月之间，堤防坚固完备。这是最早大汶河疏浚和修复堤防的记载。

历史上曾多次整修大汶河决口堤段，但由于受条件限制，堤防的标准和质量都很差。大汶河水流湍急，坐弯迎溜险工较多，治理起来非常困难，但对汶水的灌溉、航运利用价值和保护下游两岸人民的生命财产安全来说，克服困难、加强治理、修筑堤防是非常必要和有益的事业。

2. 治理举措

历代对大汶河的治理采取了针对引水灌溉、拦蓄济漕的治理措施，主要是实施堵口复堤、加高加固堤防、建筑闸坝（堰）拦蓄引用、护险护岸工程等。

（1）在引汶利用上，建闸筑坝，灌溉济运。

大汶河是自然山泉河流，发源于泰莱山脉，汇泰、蒙山支脉诸水，地势坡陡，非汛期潺潺流水，涓涓细流；汛期波涛汹涌，激流直下。自古就与济水、运河、黄河结下了不解之缘。汶水是济水的支流，汇合一同流入渤海。大运河是人工开河，没有水源，引汶济运，借水行舟，得天独厚。因此，从元代开始为解决京杭大运河水源问题，就不断对大汶河进行治理和开发利用。

引汶灌溉早在西汉就有先例，筑渠灌溉农田万顷，唐开元六年（718）莱芜县令赵建盛主持修建普济渠，灌溉农田，水运铜铁等。

引汶济运始于唐开元年间，元宪宗七年（1257），济宁倅（济宁治河副官）、奉符人（今山东泰安人）毕辅国向（东平路行军万户）严忠济建议，在宁阳境内大汶河上置东闸，截汶水入洸河，得到允准。东闸建成后，汶水一直南入泗淮，既能解决"以饷宿蕲戍边"之需，又可灌溉宁阳至兖（州）济（宁）之田。元至元四年（1267）都水少监马之贞主持济州河济宁至须城（东平）安山引水工程时，建石砌大闸，以利控制水势，构筑坚固。用闸引水以保济运，因大汶河是季节性河道，非汛期有时无水可引。元至元二十六年（1289）元廷用寿张县尹韩仲晖之议，接济州河北端自东平安民山凿河至临清，并在堽城设闸引汶入洸，在济宁天井闸南北分流，保行船于御河，名会通河，并立会通汶泗提举司，以掌河渠事务。元至元二十七年（1290）又于东作双虹悬门闸，始称东闸，原闸则称西闸。为了满足漕运，元至元二十八年（1291）又在大汶河河道内筑沙土坝壅高水位，扩大济运水量，此为堽城建坝之始。

《新政颂》载："元天历二年（1329）知东平路总管府苏炳在任赈济贫困，抑制豪强，复引汶水，以灌注城濠，修筑坝闸，以遏水势"。在堽城坝引汶入洸的年代里，由于黄河的不断决溢，济宁以北运道受淤，天井闸向北分流逐渐困难。

明成祖朱棣为迁都北京，重开会通河，并于永乐九年（1411），由工部尚书宋礼纳汶上白英计，在汶河下游东平戴村筑坝（初为沙土坝），遏汶水经新开浚的小汶河，穿南旺湖分水入运河，解决了运河济宁向北分水困难的问题。明天顺五年（1461）东平知州潘洪增筑培厚戴村坝，并植柳防护。此后，连年增土培护，百余年未大动。

戴村坝运行了60年，小汶河引水过盛，济宁常受水害，戴村坝年久冲刷，也经常出险，故又重启堽城坝。明成化十年（1474），由工部外郎张盛主持将堽城坝址下移至距原坝址八里的青川驿，在河底为坚硬石质的基础上新建砌石溢流堰，新坝（堰）共7级，每级高11尺，上缩8寸；坝全长1 200尺，底宽25尺，高77尺，坝顶用两层石板砌筑，顶宽17尺，用碎石、米粥调和石灰灌注。坝体共设7个泄水孔，各宽10尺，高11尺，以木板闸门启闭。启门泄洪，闭门障水，趋水南流入洸河，并与堰东置闸二与旧闸并存，名为堽城新闸，与闸之南开新河9里通原洸河。坝、闸于次年十一月竣工，并置官管护。翌年于坝旁左岸修建汶河神庙，该庙俗称"禹王庙"，并在庙内立碑铭记张盛以石易土、移建堽城坝的功绩及详情。

明弘治十七年（1504），又对戴村坝进行增修，戴村坝、堽城坝联合运用，分别在南旺、济宁分水济运，互补缺陷。自此，堽城、戴村两坝联合运用了93年，漕运日盛。

至明万历元年（1573），河道总督万恭于东平戴村坝附近坎河口垒石为滩。未及二年冲毁，再筑土坝。明万历十七年（1589），河道总督潘季驯将石滩改筑石坝，名曰玲珑坝；明万历二十一年（1593），尚书舒应龙在南端筑石堰防冲，名曰滚水坝；中留石滩泄水，名曰乱石坝。从此，形成了一道三坝连接的拦河石坝。明清后统称戴村坝。此时，也正是因马场湖（由于堽城坝引汶入洸入湖，加之蜀山湖泄水入湖）水涨溢，运河堤决，因之堵堽城闸，以防汶水南流。自此，堽城坝完成了历史使命。

清康熙四十三年（1704），挑浚戴村坝淤塞旧河道。清康熙五十五年（1716）汶水暴涨决堤，东平受淹水深2~3尺，湖地水深5~7尺，清康熙五十八年（1719），山东巡抚李树德兴工合修汶堤，水始归故道。清康熙六十一年（1722）重筑戴村坝。

古代修筑戴村坝场景图

清雍正四年（1726），内阁学士何国宗奏请将东平戴村坎河三坝修复，统建一道滚水石坝，分别命名玲珑、乱石、滚水，通长128.8丈。清雍正九年（1731），河道总督朱藻又将三坝改修。清乾隆三十一年（1766），泰安知县邱恩荣治理泰山泉源，兴修水利，将汶水引入运河，民受其惠。

清乾隆十四年（1749），大学士高斌奏请修筑戴村玲珑坝。清乾隆三十七年（1762）捕河通判章辂等重修玲珑坝，至秋，复发大水，河深一丈五尺，冲毁戴村坝多处，秋后修复。

清道光二年（1822），东河道总督严烺议于东平玲珑三石坝沿向东北，新筑三合土坝一道，由山东巡抚琦善督修告成。清咸丰五年（1855），黄河在铜瓦厢决口夺大清河入海后，运河航运受到很大影响，戴村坝的作用有所下降。由于对戴村坝的管理放松，四坝（玲珑、乱石、滚水和三合土坝）阅岁既久，日见冲圮，光绪五年（1879），山东巡抚周恒祺视情，奏准重修，至翌年四月竣工。

清光绪二十七年（1901），汶水涨发，戴村坝滚水、乱石两坝冲揭殆尽，太皇堤全行冲决，河水夺流西行，东平一带受灾甚重。清光绪二十八年（1902）秋，山东巡抚周馥委直隶候补道窦延馨重修堤坝，添建片石大堤，复修整玲珑、乱石、滚水三坝。自清光绪二十九年（1903）三月兴工，至清光绪三十年（1904）四月竣工。时人为念窦延馨修堤功绩，将戴村坝之挡水堤防，称为"窦公堤"。

清光绪三十四年（1908），汶水汛涨，戴村玲珑、滚水、乱石三坝冲决不堪，南北矶心两垛亦并破坏。清宣统元年（1909）春，清军府委办黄运工程许廷瑞奉令整修戴村玲珑、滚水、乱石三坝，修葺坚固。

民国期间，运河停航，频年国家多故，水运不修，以致坝之各部日见倾圮，坝基罅漏可容数人，坝坡冲毁，木桩外漏，虽失济运功效，如不维修，长此以往，则汶流直泄、黄河倒漾，东平全境俱成泽国。县长史介繁为民所系，躬亲查勘，力建修复。民国二十一年（1932）春，经山东省建设厅批准，重修戴村坝，于民国二十二年（1933）由运河工程局局长孔令璿主持整修戴村坝，于2月23日开工，6月1日竣工，除滚水坝按原样修复外，将玲珑坝和乱石坝加宽至14米，并在坝后添筑混凝土墙。共用材料、运输人工费 64 666.58 元。为详细记载重修戴村坝事宜，县长史介繁、局长孔令璿、厅长张鸿烈撰文立石纪念。

（2）在堤防治理上，堵口复堤，加高培厚。

大汶河堤防形成时间虽无可考究，但应该很早，可追溯到 2 000 年以前西流入济时期，如果没有堤防，河水即可遍地漫流，不仅可入济，也可入泗。但最早的郦道元编著的《水经注·汶水》只是记载汶水的流向及桃乡四汶分派等，没有记载堤防形成的时间及变迁情况。查《泰安五千年大事记》寻到大汶河决口及最早有宁阳重修堤防的记载。可见，在河道堤防治理上总是以决口堵复、加高培厚堤防来被动治理，从无主动防御修筑堤防的治理印记。

据《宁阳县志》：金大定二十六年（1186）大汶河决口，龚县（山东宁阳）境西部被淹，委县吏谭洪重修，旬月之间，堤防坚固完备。始为大汶河决口堵复的最早史料。

明隆庆五年（1571）八月初七，泰安州平家村（今岱岳区马庄镇平安村）一带河堤决口 25 处，冲淹房屋。山东巡抚监察御史员、钦差巡抚、都察院御史梁梦龙奉命处理，翌年二月二十四日，组织民夫 300 余人重修侯村至西界集堤堰。

清康熙五十八年（1719）二月，山东巡抚李树德亲临汶河视察桑安、石梁决口情况，并倡捐银二千两，藩司王用宾捐银一千两，知府金一风捐银八百两，宁阳、磁窑、济宁、汶上四县各捐银三百两，共捐银五千两。由宁阳县知县李廷铨督工筑堤，永归故道。

清雍正九年（1731），河道总督朱藻在戴村玲珑、滚水、乱石三坝改修时，并修筑大汶河堤堰 310 丈。当年，泰安知州纪迈宜详请山东巡抚岳浚奏准拨款，修建大汶河堤堰 12 处，长 5 千余丈，用工 19 万个，银 1 300 余两。工成，并立碑于石楼庄河堤上。至秋，徂徕山洪暴发，汶河涨发，藉长堤得无患。

清乾隆三十六年（1771）五月，汶水在宁阳石梁、泰安等处溃决，宁阳知县郭撰督修河堤。汶水盛涨时，冲毁戴村坝，署理河东河道总督姚立德奏请重修。清乾隆三十八年（1733）夏，泰安淫雨，汶水涨发，东平民苦水患，山东巡抚奏准檄知府朱孝纯督筑堤防，历两月竣工。

清嘉庆十六年（1811），汶河大水，冲决堽城、石梁、泰安等处。次年，宁阳知县陈淦督修堽城堤 57 丈，至十九年（1814），堵复石梁、泰安两处决口，计长 81 丈。清道光二年（1822），汶水冲决宁阳桑安等口。《宁阳县志》载："光绪十年（1884）始在堽城至石梁间加高增厚大堤 738.6 丈，并筑迎水坝以杀水势。筑丁坝（又名挑水坝）6 座，以调整水的流向。多以灰土筑成，少数是干砌石"。并结合导疏、滞蓄并举。清嘉庆三十一年七月十七日，泰山大雨，为防水患，泰安知县李于锴捐资沿汶河筑堤。

民国七年（1918），汶河大水后，省财政拨银修款 2 000 元，上海中国济生会捐 2 000 元，旅京山东水灾筹赈会助款 1.5 万元，以整修大汶河决口堤防。民国十九年（1930）山东省政府补助东平县修筑汶、清河堤大洋两万块。民国二十一年春，经山东省建设厅批准，在重修戴村坝时，协助地方大修大汶口漫水桥，补充石板、将桥孔调整为 3.8 米，桥面加宽至 3 米，桥况大为改善。民国二十三年（1934）4 月，疏挖清水河（今出湖河道部分）开工，翌年五月竣工，加宽浚深寿张、阳谷、东平县境内的清水河，并开挖废运河戴庙至安山一段以入运河，完成土方 187 万立方米，用工款 37 万余元。五月，东平县政府组织全县民工加高培厚大清河下游堤段，翌年 3 月补筑上游堤段。

从以上大汶河治理过程可以看出，坚筑堤防是历年防御洪水的主要措施。由于历史条件所限，哪里决口，就堵复哪里，未有整体修筑规划和计划，仅有堤防都是在历史上冲决自然堤岸堵复叠加而成的，堤防断续不接，低矮单薄，标准低，质量差，民国时期大汶河河道防洪能力仅为 4 500 立方米每秒。

（3）在护险治理上，险工护砌，挑流固槽。

大汶河因接纳山洪，水流湍急。为防御水流在转弯临水处冲刷堤身，采取在中下游险要堤段修筑挑流坝和护岸，以确保稳定河势，保护堤防。大部分分布在南岸堽城里、后石梁、桑安口、鲁祖屯、武家漫等处，加之北岸的三娘庙、明新村、障城口头、古台寺等，均为历史上易于决口成灾的重要河段。为固定河槽，保护堤防，长期以来即因地制宜修建护岸、护滩、护坡及挑流坝等工程。这些险工既有富人和民众的捐修，又有地方官修。

据《史记·河渠志》记载，汉代已开始用埽坝堵口，所谓埽坝，即用树枝、秫秸、芦苇、石头捆紧做成的圆锥形状的物体保护堤防工程。至宋代卷埽有较完整的做法后一直延续到明代。发展到现在抢险措施仍采取麻袋装石、木桩、柳石枕、铅丝笼等应急方法。作为护险工程，应以安全防护、牢固、有效为准。据《宁阳县志》记载：清光绪十年（1884）始在堽城、石梁等处修筑丁扣石坝（又名挑水坝）6 座以调整水的流向。由于经济条件所限，工程多为灰土（石灰及黏土）夯实筑成，少数为干砌石。

至中华人民共和国成立前，大汶河上中游两岸有护岸 6 处，残缺挑流坝 10 座。大汶河下游（大清河）险工 3 处，分别为南岸武家漫险工，位于东平县州城街道武家漫村附近，始建于 1941 年，包括 2 道丁扣石坝，1 段护岸；鲁祖屯险工，位于东平县彭集街道鲁祖屯村附近，始建于 1946 年，包括 2 道丁扣石坝，5 段护岸；北岸古台寺险工，位于东平县东平街道古台寺村附近，始建于 1884 年，包括 5 道丁扣石坝，8 段护岸。

由于历史条件所限，至民国时期，大汶河险工险段历经洪水的侵蚀，质量差，损坏严重，抗洪能力薄弱。

二、现代大汶河治理

中华人民共和国成立以来，在中国共产党的正确领导下，各级人民政府、河道管理部门将大汶河治理与防洪保安全列为重要任务。进入 20 世纪 50 年代，逐步把大汶河治理纳入黄河流域统一治理规划，并建立健全各级治理机构和防汛安全责任制体系。在进行防洪工程治理的同时，建立各级防汛指挥机构，采取专防和群防相结合、组织防汛队伍、加强汛期防守等非工程措施，确保了大汶河岁岁安澜。

（一）治理机构设置

大汶河是黄河下游的一条支流，国家比较重视，将其划给黄河水利委员会统一治理规划，就其治理机构设置初设为地方管理，但根据河道管理的重要程度，将大汶河下游（大清河）划给黄委会统一管理。

1. 上中游治理机构设置

大汶河上中游一直由地方水利部门管理，也曾两次划归黄河系统管理。

1951 年 10 月，成立泰安专属水利队，共 35 人，是泰安地区第一支水利专业队伍。1954 年 3 月，设立泰安专区治淮工程队，初期 11 人，后增至 15 人。1956 年 2 月，改为大汶河管理科，后称大汶河管理处。

1956 年 4 月 11 日，中共山东省委农村工作部函复山东河务局，同意撤销汶河管理处，由黄河泰安修防处负责汶河修防工作。4 月 19 日，山东省人委转发水利部通知，汶河划入黄河水利委员会统一管理，并由山东黄河河务局接管。10 月 25 日，山东黄河河务局向黄委提出《关于汶河管理划入黄河流域，今后治理开发由黄河水利委员会统一安排的请示》。11 月 17 日，山东黄河河务局提出接管大汶河的具体意见。

1958 年 4 月，为便于地方水利统一管理，大汶河及大清河堤防重新划归地方水利部门管理。10 月，大汶河自戴村坝以下大清河段两岸堤防又交由东平湖修防处东平湖堤修防段管理，属山东省黄河位山工程局领导。从此，大汶河上中游归属地方水利部门管理，大汶河下游（大清河）归属黄河管理部门管理。

1963 年 3 月，设立大汶河管理所，隶属于泰安地区水利局，负责戴村坝以上大汶河工程建设与管理、防汛等工作。驻地在大汶口银行街。

1964 年 4 月，成立大汶河管理处，驻地在今大汶口镇建筑公司。5 月 5

日，根据专区编委（64）泰编 14 号文件，设立泰安县、肥城县、宁阳县、东平县 4 个大汶河管理段，分别负责各自辖区内的大汶河防汛工作和防洪工程建设与管理，属大汶河管理处直属单位。

1966 年 1 月 3 日，山东省人委农林办公室，报请国务院将汶河治理规划纳入黄河系统统一治理。

1968 年 9 月，撤销大汶河管理处，人员分流，各县大汶河管理段并入各县（市、区）水利局管理。

1970 年 10 月，重新恢复大汶河管理处，仍管理大汶河戴村坝以上河段。各县大汶河管理段行政、人事工作仍归各县水利局管理，业务工作归大汶河管理处管理。

1988 年 10 月，泰安市人民政府以泰政函〔1988〕49 号文批准泰安市大汶河管理处升格为副县级单位，隶属泰安市水利水产局，定编 40 人，内部机构设置人秘科、工程管理科、财务科。

1992 年 11 月，经国务院批准，莱芜由县级市升为地级市，莱芜市境内牟汶河和瀛汶河划归莱芜市水利与渔业局单独管理。

2002 年 12 月 16 日，大汶河管理处内部机构设置人秘科、工程管理科、财务科、资源管理科、防汛办公室。

2004 年 9 月 13 日，大汶河管理处更名为大汶河管理局，升格为正县级事业单位，隶属于泰安市水利与渔业局。12 月 2 日，根据泰编办〔2004〕48 号文件，泰安市大汶河管理局增设总工程师 1 名（正科级），内设机构调整为办公室、财务科、工程管理科、防汛办公室、河砂管理科、河砂联合稽查支队，规格均为正科级，配备 15 名科级领导职数。

2008 年 12 月 30 日，根据泰编办〔2008〕63 号文件，大汶河管理局内部机构工程科更名为建设维护科、河砂管理科更名为资源管理科、河砂联合稽查支队更名为市河道联合执法支队，增设规划计划科、信息科 2 个内设科室，规格均为正科级，增加 4 名科级领导职数。

2009 年 8 月 17 日，大汶河管理局更名为泰安市河道管理局，并根据《泰安市河道管理办法》和《泰安市河道采砂管理办法》对其职能进行调整。同日，根据泰编〔2009〕19 号文件，设立泰安市大汶河综合开发投融资管理中心，隶属市河道管理局管理，为副县级事业单位，经费来源为财政拨款，核定编制 8 名，配主任 1 名、副主任 2 名。

2012 年 9 月 28 日，根据泰编〔2012〕21 号文件，设立泰安市大汶河闸坝管理所，隶属市河道管理局管理，为正科级财政拨款事业单位。核定编制15名，其中管理人员编制4名，专业技术人员编制9名，工勤技能人员编制2名，配所长1名、副所长3名。

2018年12月23日，泰安市委、市政府印发《关于泰安市市级机构改革的实施意见》（泰发〔2018〕42号文），泰安市河道管理局更名为泰安市河湖管理保护服务中心。2019年3月21日，根据中共泰安市委办公室文件室字〔2019〕75号通知，泰安市河湖管理保护服务中心为市政府直属正县级公益一类事业单位，由市水利局代管。核定编制39名，其中管理人员编制3名，专业技术人员编制35名，工勤技能人员编制1名。设主任1名、副主任3名，正科级领导职数9名，副科级领导职数11名。

至2020年，泰安市河湖管理保护服务中心隶属于泰安市水利局，为正县级全额财政拨款事业单位，有干部职工56人，离退休干部职工21人，内设办公室、财务科、灾害防御科、河道工程建设科、规划发展科、资源管理科、河长制湖长制服务科、河道管理保护科、闸坝管理服务科9个科室。

2005年4月，莱芜市委、市政府颁布了《牟汶河综合治理行动纲要》，同时建立了牟汶河综合治理工作领导小组，负责牟汶河综合治理的决策、协调工作。领导小组办公室设在莱芜市水利与渔业局，加挂莱芜市牟汶河管理处（正处级）的牌子，负责牟汶河治理保护的规划、监督、督办等工作。

2014年6月，为开发利用大汶河两岸，莱芜市成立了旧城改造投资服务中心（正处级），加挂莱芜市牟汶河管理处牌子，主要负责大汶河的开发利用和城区段河道工程的管理。

2015年11月，因莱芜市旧城改造投资服务中心改制，莱芜市水利与渔业局成立了莱芜市牟汶河闸坝管理处（正科级），负责城区段4个橡胶坝、2个溢流坝和1座拦河闸的管理。

2019年1月，因莱芜市整体划入济南市，莱芜市牟汶河闸坝管理处变更为济南市牟汶河闸坝服务中心（正科级），隶属济南市城乡水务局，其职能不变。

2020年10月，因济南事业单位改革，济南市牟汶河闸坝服务中心合并到济南市水利工程服务中心，成为该中心下属单位（牟汶河闸坝服务处），其职能不变。

另外，自中华人民共和国成立至今，大汶河中游左岸戴村坝以上一段15.318公里（琵琶山至泗汶西小汶河拦河坝）一直属济宁市汶上县水利

（水务）局大汶河管理所管理。

大汶河防洪安危，关系到泰安、济宁两市乃至山东省改革发展稳定的大局。国家从 20 世纪 50 年代就开始正式成立大汶河管理机构，上中游河段分别由莱芜、泰安所属县（市、区）及济宁市汶上县管理，并根据形势的发展不断加强管理和提升服务职能。

自 1964 年以来，山东省防汛抗旱指挥部明确大汶河的防洪标准为 20 年一遇，即干流为 7 000 立方米每秒，牟汶河为 5 000 立方米每秒，柴汶河为 3 000 立方米每秒。山东省防指〔1991〕鲁旱汛字第 24 号文，进一步明确了大汶河的防洪任务，防洪警戒流量为 3 000 立方米每秒，保证任务为 7 000 立方米每秒。按照 1964 年山东省防汛抗旱指挥部下达的《山东省主要河湖防洪保证任务》，大汶河的防汛任务是：临汶水文站保证水位 88.92 米（2000 年启用大汶口水文站，其保证水位 96.80 米），其相应参考流量为 7 000 立方米每秒；大汶口坝以上北支牟汶河和南支柴汶河的防洪保证流量分别按北望站 5 000 立方米每秒和楼德站 5 000 立方米每秒执行。大汶河自戴村坝以下称大清河，汶水经过大清河泄入东平湖。1964 年，戴村坝最大洪峰流量为 6 930 立方米每秒。大清河两岸堤防经历年培修加高后，防洪标准由 1963 年前防御尚流泽站洪峰流量 5 000 立方米每秒，提高到 7 000 立方米每秒。保护目标包括津浦铁路、京福高速、京沪高速、G104 国道、G105 国道、济北煤田、济兖公路、盐矿、石膏矿及济宁市、兖州市、汶上县、宁阳县 4 座县（市）以上城镇的安全，保护面积 2 000 平方公里，保护人口 236 万。

2. 大清河治理机构设置

大清河是大汶河的下游，属平原型河道，两岸均有堤防，尚流泽以下河床均高于两堤外地面。因此，大清河是大汶河防洪的重点河段，防汛形势特别重要，国家对大清河的治理比较重视，统一纳入黄河治理规划，由国家投资建设，从 1958 年 10 月至今一直由黄河河务部门管理。

1954 年 3 月至 1956 年 8 月，大清河归泰安专区治淮工程队管理。1956 年治淮工程队改称大汶河管理科，是年 8 月，管理科并入泰安黄河修防处。

1958 年 4 月，为便于地方水利统一管理，大汶河及大清河堤防，重新划归地方水利部门管理。10 月，大汶河自戴村坝以下大清河两岸堤防又交由东平湖修防处东平湖堤修防段管理。

1959 年 10 月，根据行政区划调整，东平修防段与汶上修防段合并，称汶上修防段。1960年7月，东平湖水库建成后，为了便于管理，汶上修防段改称梁山湖堤第二修防段。1961年5月，因区划调整，恢复汶上修防段建制。1962年3月，东平湖堤修防段恢复建制，与原汶上修防段分设。经上级批准，大清河南北堤又划归东平湖堤修防段管理。1972年，东平湖堤修防段设置大清河组，负责大清河南堤武家漫至南城子（桩号88+300—108+300）20公里、北堤韩山头至王台（桩号0+000—17+800）17.8公里的管理。1985年4月，增设大清河北堤组（股级），负责北堤管理；至年底，原大清河组更名为流泽分段，负责南堤管理。1986年底，大清河北堤组更名为辛庄分段，负责北堤管理。

1991年9月9日，东平湖堤修防段更名升格为东平县东平湖管理局（副县级），原流泽分段更名为流泽管理段，辛庄分段更名为辛庄管理段，均为副科级。2001年12月24日，辛庄管理段更名为大清河北堤管理段。2002年11月，水管体制改革试点后，各县级河务（管理）局增设黄河工程管理处（正科级），履行维修养护功能，为直属事业单位。因此，在流泽和大清河北堤管理段也增设同名称的工程管理段。流泽、北堤管理段履行管理职能，受东平县东平湖管理局领导；流泽、北堤工程管理段履行工程养护职能，受东平县东平湖管理局工程管理处领导。流泽、北堤管理段与流泽、北堤工程管理段是合同关系。

2004年10月，根据山东河务局黄人劳〔2004〕80号文件精神，东平县东平湖管理局更名为东平湖管理局东平管理局。流泽管理段更名为东平管理局流泽管理段，大清河北堤管理段更名为东平管理局大清河北堤管理段。流泽与北堤工程管理段更名为东平管理局流泽、北堤工程管理段。至2020年大清河管理机构一直为东平管理局所属流泽、北堤管理段管辖。

（二）治理历程与措施

大汶河现代治理经过了先下游、后上中游，先堤防后险工控导，再防洪减灾综合整治的历程，其举措就是加高加固确保防洪安全；强化险工控导工程建设确保河道防洪安全；坚持防洪、减灾综合治理，全面提高大汶河综合效益。

1. 上中游治理

大汶河是季节性山洪河道，上游源流众多，素有"五汶"（牟汶、瀛汶、石汶、泮汶、柴汶）之称，分两大支流，北支牟汶河（含瀛汶、石汶、泮汶），南支柴汶河，北支牟汶河为主流。大汶河上游自然落差大，河道比降陡；中游比降较缓，两岸均有堤防，地势北高南低，极易出险，造成水灾。因此，历代都把大汶河上中游治理列为一项重要任务。

中华人民共和国成立后，随着国民经济的恢复和发展，逐步按照流域规划对其进行综合治理。上游大搞拦蓄水工程，中游以筑堤、护险工程为重点，同时修建了滞蓄调洪工程。在整个综合治理中除防洪、除涝外，还兼顾了灌溉、水产和发电，向城乡供水、水利旅游等，大大增强了抗御洪涝灾害的能力。

特别是1997—2005年大汶河分期实施了6期防洪治理工程，复堤工程设计除干流南堤桩号21+300—43+300段堤顶高程按20年一遇洪水位加高2.0米超高外，其余按20年一遇洪水位设计超高1.5米加高，干流堤顶宽6米，支流堤顶宽5米，内外边坡均为1∶2.5，共完成复堤长142.05公里（上游15.6公里、中游126.45公里）；防洪治理中游段险工护砌工程，泰安市完成23处38段长15.04公里，汶上县完成3.38公里；加固涵闸26座；完成复堤长126.45公里（泰安市111.56公里，汶上县14.89公里）；修建防汛公路13.82公里（泰安市12.32公里、汶上县1.5公里）；加固挑流坝9座，围庄堰维修0.7公里；改建大汶口坝，新建北滕村防汛桥及临汶水文站迁址等。

上中游治理工程共完成工程量772.7万立方米，投资3.74亿元。其中，莱芜市1999—2005年完成河道治理总工程量490.54万立方米，投资2.73亿元（包括拦河建筑物橡胶坝、溢流坝、翻板闸等）；泰安市1997—2005年完成防洪治理工程量221.46万立方米，投资0.80亿元；汶上县1997—2005年完成防洪治理工程量60.7万立方米，投资0.21亿元。

（1）加高加固堤防，提高防洪标准。

中华人民共和国成立前夕，大汶河上游部分河段有群众自发修筑的小堤。1952—1954年地方政府组织沿河群众加高培厚原有堤防和增建新堤。1957年大水后，又将被冲坏的堤埝进行了整修、加固和接长。中游堤段共有堤防78.3公里，其中北岸堤47公里，南岸堤31.3公里。

为提高大汶河的防洪标准，首先对薄弱的堤段进行加高加固。特别是在1957年和1964年两次较大洪水后，均进行了较大规模的整修加固。

1957年冬至1958年春，沿河泰安、宁阳、肥城、东平等县成立岁修工程指挥部，组织施工。北堤培修大侯村至临汶、砖舍至董家城宫、障城至刘家所段。南堤培修后石梁、埕城堤及桑安口等险工段，共完成土方190万立方米。

1964年大汶河出现1918年以来的最大洪水，堤防冲刷严重。是年冬和翌年春，均对两岸堤防进行全面治理，北堤除增修大汶口至大侯村、董家城宫至肖家店两段新堤外，旧堤也作全面整修。南堤由北落星至西皋22.4公里堤段普遍进行培修加固。两堤共完成土方124万立方米，用工130万个，国家投资138万元。

1973年，北岸又新建夏辉至张侯大堤，长4.1公里。至此，北堤由大汶口至戴村坝58.6公里全部修通。1974年12月，莱芜县治理瀛汶河总指挥部成立，组织沿河口镇、羊里、寨里、杨庄4个公社183个大队共同进行治理，1975年10月结束。共动用土、沙、石270万立方米，达到堤成、河成、路成、林成的效果。

1982年8月，莱芜县治理牟汶河、瀛汶河指挥部成立，沿河7个社（镇）129个大队的万余名民工出工治理，至12月底筑堤17.3公里，清障1 200亩，改造残次林1 300亩，垫滩造地1 300亩，共动用土、沙、石24.7万立方米。

1985年10月20日，大汶河复堤工程动工，宁阳县9个区2万多民工上阵，从汶口大桥至宁阳鹤山全长30公里，投资65万元。至1985年两岸大堤皆贯通，总长107.6公里，共完成土石方850万立方米，国家投资938万元。河道防洪能力达到7 000立方米每秒，均达到20年一遇防洪标准。

1986—2005年期间，对大汶河等主要河道进行数次治理，有效提高了河道的防洪能力，仅投入大汶河的防汛岁修资金就达1 592.9万元。分别对大汶河干流及汶口坝以上险工段进行除险加固，对柴汶河、牟汶河等主要支流也进行了不同程度的整治。1995年大汶河防洪治理工程列入国家计划，总投资0.8亿元，分五期实施，其中省补助0.32亿元，其余由市、县（市、区）自筹解决。自1997年10月开工，至2005年5月竣工，分六期完成工程量221.46万立方米，投资8 025万元，其中省、市投资5 125万元，县（市、区）配套2 900万元。大汶河上中游通过治理，基本达到了20年一遇的防洪标准。

（2）加固维修险工护岸，确保河道安全。

中华人民共和国成立之前，大汶河存有残缺丁坝10座，护岸工程6处。中华人民共和国成立后，逐一进行加固维修，确保河道安全。

1950年，加固杨岚角（今明新村二号坝）、障城、刘家所等丁坝和三角坝，对石梁和桑安口险工做了抛石护坡。1951年，岁修加固险工25处。1952年4月17日，大汶河、小汶河险段整修加固工程动工。至6月5日，完成加固13处，用石2.21万立方米，木桩2018根，国家投资13亿元（旧币）。同年，宁阳、肥城、东平3县对险工进行一次较大整修，新建丁坝7座，重修1座，整修加固5座，砌石护岸746米，抛石护岸38米，砌石护基745米，抛石护基43米，共用石2.21万立方米。1963年，大汶河管理处成立后，国家逐年投资整修、改建、扩建护岸、护坡、丁坝及护村埝等工程，至1986年两岸共完成砌石护岸护滩19.7公里，其中南岸5.2公里，占堤长11.65%；北岸14.5公里，占堤长24.72%。完成大堤护坡5.8公里，其中北堤3.37公里，占堤长5.57%；南堤2.43公里，占堤长8.18%。加固挑流坝25座，其中南岸17座，北岸8座。建三角坝6座，其中灰土坝2座，砌石坝4座。为保护大汶口、茶棚、堡头、中皋等临河村的安全，修建砌石护村埝2.9公里。1950—1986年，大汶河治理护险工程累计动用土石方872万立方米，国家投资1016万元。据不完全统计，1986—2005年大汶河防洪保安全工程总投资1780.18万元，其中岁修工程投资1586.68万元。为加快将防汛工程纳入改建计划，进行全面规划分期治理，1993年开始编制可行性研究报告，至1996年省水利厅批复核定大汶河防洪工程治理总投资8000万元，分5年实施，其中省补助3200万元，其余由市、县（市、区）自筹解决，按照规划设计，分批进行整治改建，进一步提高了大汶河的防洪能力，达到防御洪水7000立方米每秒、20年一遇的防洪标准。

（3）防洪减灾治理，提高综合效益。

自2006年以后，大汶河沿岸莱芜、泰安、济宁3市积极争取《山东省重点防洪减灾工程建设实施方案》中批复的重点减灾项目投资以及自筹资金，实施了河道堤防加固、险工险段治理、闸坝拆除改建、堤防道路建设、生态修复等综合治理，大汶河上中游防洪能力得到加强和提高，实现了"河畅、水清、岸绿、景美"的水生态环境，凸显了大汶河生态效益、防洪效益、社会效益的综合统一。

莱芜市为了把城市建设成为美丽富饶的山城，需要水的衬托和滋养，而市区位于大汶河上游的主流牟汶河岸边，属山区河道，纵比降相对较陡，河道内很难留住水量，特别是非汛期，时常干涸。2005年4月，市委、市政府出台了《牟汶河综合治理行动纲要》，把牟汶河治理提升至一个新高度，下决心实行水、岸、堤、路、景综合治理，把牟汶河北岸建成集城市防洪、观光旅游、休闲文化、沿河交通于一体的生态景观工程。截止到 2008 年，共完成河道治理长度 53.5 公里，修复加固治理河堤长 100 多公里，建设大型拦河闸 1 座、橡胶坝 16 座、溢流坝 22 座、跨河交通桥 2 座。完成总投资 3.5 亿元。牟汶河综合治理工程的实施，有效地提高了河道防洪标准，使河道防洪能力由不足 10 年一遇提高到 50 年一遇。沿河形成了 54 公里 3 万多亩的水面，拦蓄地表水 5 400 万立方米，涵养地下水源 4 300 多万立方米。

莱芜市牟汶河景观

2017 年 11 月至 2020 年 12 月，又进行了一次大汶河生态环境治理。一期工程通过沿河道路建设，以路代堤提高河道堤防防洪能力，保护沿河两岸群众生命财产安全，改善周围环境，适应区域总体发展需求。通过新建、改建挡水建筑物，增加河道拦蓄水量，提升河道生态环境；通过河道绿化亮化工程，打造大汶河畔生态绿色长廊。生态环境治理一期工程项目左岸凤凰路桥至牛泉镇马小庄桥段，右岸大桥路汶河大桥（官厂村）至石家庄孝义河桥段、西海公园漫水桥至马小庄桥段，全长 44.56 公里。主要建设内容包括：结合河道现状，按 50 年一遇防洪标准修建堤顶道路，通过修建堤顶防汛道路，实现河道周边的交通互通；对漫水桥至西牛泉坝段 10 公里进行河道清淤。沿河新建、改建、维修交通桥 9 座，新建、改建拦蓄水建筑物 6 座，增加河道景观蓄水量。新建绿化景观节点、道路路肩绿化带，对道路临河侧岸坡进行绿化、亮化，利用植物根系对边坡表层进行防护、加固等工程，总投资 2.43 亿元。

泰安市位居大汶河中游，是上游牟汶河和柴汶河汇合处，河道纵比降相对较缓，水量相对集中，水面相对较宽。此处，北岸建有大汶口国家考古遗址公园，也是南北公路、铁路、高速、高铁交通的重要节点，近年来通过综合治理，已成为水域和跨河交通的一大亮点。泰安市非常重视大汶河综合治理建设，自2009年4月，决策实施大汶河综合开发建设，共修筑堤防道路25公里，征地6 600多亩，清淤10平方公里，绿化500多亩，累计投资10余亿元，建设了泉林、颜谢、汶口2号、颜张、唐庄、泮河橡胶坝6座拦蓄工程和全省最大的泮河人工湿地工程等。

泰安市大汶河灾后重建工程

　　2013年，堽城坝拦河闸除险加固工程列入《全国大中型病险水闸除险加固总体方案》以及2018年《山东省灾后重点防洪减灾工程建设实施方案》，泰安市行政审批服务局和泰安市水利局对改建堽城坝进行了批复，堽城坝除险加固建设项目包括拆除原冲沙闸、橡胶坝、翻板闸和溢流坝，改建为拦河闸和溢流坝，并对闸上游清淤；进水闸更换闸门、启闭机及预埋件，并对闸室后接砌石拱涵防渗堵漏处理。左岸闸坝管理区抬高整平，右岸滩地道路改建为管理道路。工程总投资1.021亿元，2020年底已完成建设任务。

　　2018年10月，山东省政府批复的《山东省重点防洪减灾工程建设实施方案》中泰安市有9条骨干河道防洪治理项目是减灾项目之一，工程建设分两期实施。一期工程批复投资3.63亿元，治理长度52.67公里；二期工程批复投资2.09亿元，治理长度33.647公里。至2020年，两期工程均在建设阶段，其中一期工程泰山区、肥城、东平、高新区段已基本完工，岱岳区段、宁阳段工程已近尾声；二期工程正在紧张建设中。其中，泰山区一期工程全长3.9

大汶河橡胶坝

公里，总投资 1 942 万元。主要建设内容包括河道整治、险工护砌、新建 6 米宽沥青混凝土防汛道路及 3 座顺河生产桥等。大汶口坝拦河闸除险加固批复投资 1.87 亿元，建设内容包括：拆除原有闸坝，改建为左、右拦河闸；加固改建左、右岸引水闸；维修汶口电站，加固改建溢流坝、挡水墙；增设自动化控制系统、观测设施、管理设施维修改建等。

济宁市汶上县管理大汶河段 15.318 公里，处在戴村坝以上中游左岸最下端，防洪位置非常重要。该县始终把大汶河段堤防作为县域防洪的北大门（东平湖作为防洪西大门）来重视对待。多年来，坚持"防洪第一、生态优先"的理念，致力于大汶河汶上段综合治理，提高了堤防的防洪能力，达到标准化堤防。先后实施了堤防填筑、琵琶山溢流坝加固、琵琶山引水闸改建、防汛道路铺设、岸坡防护等工程。新筑加固堤防 15.3 公里，新修防汛道路 14.7 公里，沿岸共修建石护坡 2.68 公里、石护岸 5.98 公里、抛石护岸 3.76 公里，修复琵琶山溢流坝；新（改）建引水闸 3 座；沿河堤顶交通道路全线贯通。多年共计完成工程投资约 10.5 亿元。

2019 年 7 月 1 日，按照《山东省重点防洪减灾工程建设实施方案》批复的减灾项目，实施了大汶河汶上段治理工程，修建堤顶防汛道路 14.475 公里，混凝土联锁预制块护坡 0.63 公里，堤防内、外边坡植草护坡 7.08 万平方米，维修现状浆砌石护坡 2.25 万平方米，改建松山西闸及闸管理所，维修松山东闸启闭机房及大汶河泗汶管理所。工程概算批复总投资 0.8 亿元。

大汶河汶上段堤防

2. 大清河治理

大清河是大汶河的下游，属平原型河道，全长 30 公里，是大汶河防洪的重中之重。主河槽宽 400~500 米，河道纵比降 1：13 000，堤距一般在 500~1 260 米，堤防全长 37.8 公里，其中南堤从戴村坝至武家漫长 20 公里（以下 10 公里至解河口为围坝堤防），北堤自韩山头至王台大桥长 17.8 公里。大清河两岸堤顶宽 6 米，堤顶超高设防水位 1.6 米，临背边坡 1：1.25。河道内有大小滩区 15 处，面积约 11.58 平方公里，耕地 1.15 万亩。

中华人民共和国成立后，各级人民政府及黄河管理部门非常重视大清河的治理与管理，经过数次大规模治理和险工改建加固等，均已达到 20 年一遇的防洪标准，防洪流量为 7 000 立方米每秒，实现了从确保南堤安全向确保两岸堤防安全的转变。

（1）加高加固堤防，确保两岸堤防安全。

据记载，大清河北堤始建于清乾隆三十四年（1769），南堤始建于何时尚未有记载，根据地势分析，大清河两堤外地势北高南低，南堤修筑时间应该比北堤更早，只是未查到有关资料记载而已。

至 1949 年，大清河南北两堤相距 600~1 200 米，堤顶宽 1.6~2 米，迎水坡 1：2.5，背水坡约 1：2。北岸韩山头以上，河槽近龙山山麓未筑堤防，韩山头以下堤防尚完整。仅古台寺一段长 500 米堤身单薄。南岸堤防残缺，后亭西有缺口 3 处，共长 210 米。尚流泽、孙流泽附近及大牛村西、马庄东、田庄东等处堤防单薄，均有损坏。

中华人民共和国成立后，于 1954 年、1955 年和 1956 年对大清河两岸堤防连续培修加固，对武家漫、单楼一带大堤加修后戗，陈坊、小坝附近大堤修做前戗，共用土方 82.3 万立方米，投资 75.4 万元。1957—1960 年，南堤加高培厚 5 段，总长 12.6 公里，一般加高 1~1.5 米，北堤加高培厚 14.9 公里，一般加高 0.7~1 米，并将南岸马庄北，北堤范村南两段堤进行退修，展宽河槽 100~400 米，共动用土方 146.86 万立方米。1962—1964 年连续 3 年加高培厚南堤，防御标准达到 7 000 立方米每秒，并加修戴村坝南坝坝头长 458 米的堤防；对南城子至流泽之间的高地沙岗无堤段加修了土堤。1964 年大水后，于 1965 年按防御 8 000 立方米每秒洪水标准，对南堤流泽桥至龙崮 7 450 米进行加高培厚，加高 0.5~0.6 米，并对总长 7 225 米的薄弱大堤加筑后戗。1962 年冬至 1965 年春，对北堤中段 11.2 公里进行加高培厚，对 6 段总长 10.61 公里薄弱堤培修加固后戗，3 年共动用筑堤土方 77.97 万立方米。1969 年 12 月进行南堤桩号 88+300—93+200 段冬修工程，完成土方 11.04 万立方米。按防御标准为 7 000 立方米每秒的洪水，于 1983 年按照南堤超高 2 米、顶宽 6 米，1984 年按照北堤超高 1.5 米、顶宽 5 米的标准，进行全面培修。南堤武家漫以上 16.04 公里，北岸韩山头以下 16.45 公里，完成土方 70.29 万立方米，投资 224.12 万元。1951—1984 年共完成土方 377.58 万立方米，全部达到防御 20 年一遇洪水标准要求。

大清河堤防工程

大清河南北堤在 1983 年、1984 年加高加固的基础上，于 2003 年对北堤进行第四次加高培厚。按老湖设防水位 46.0 米标准，对大清河入湖口北堤进行加高。按照设防流量 7 000 立方米每秒，工程等级 3 级，设计堤顶高出设防水位 1.6 米，顶宽由 5 米帮至 6 米。对桩号 10+000—10+200、13+680—14+000、14+950—15+200 处背河近堤坑塘，在近堤 30 米范围内填筑至与相邻地面平。加高帮宽分为三段，10+150—16+080 堤段为帮临加高，16+180—17+800 堤段为帮背加高，16+080—16+108 堤段为帮背加高。2003 年 3 月 24 日开工，5 月 3 日完工，完成各类土方（堤身、填塘、辅道、土牛、房台等）55.72 万立方米，投资 2 260.83 万元。

1996 年 8 月，大汶河洪水后，大清河水毁工程严重，2002 年国家对水毁工程下拨专项经费，对南堤桩号 98+300—103+300 堤顶进行修复和石子块石硬化。2003—2005 年对南堤桩号 88+400—97+950 堤顶进行页岩硬化，对抢险道路进行维修，共投资 185.13 万元。

1986—2005 年对大清河南北堤加高加固，累计完成土方 106.06 万立方米，石方 10.58 万立方米，混凝土 2 万立方米，投资 6 086.53 万元。

2016 年，根据《国家发改委关于黄河东平湖蓄滞洪区防洪工程可行性研究报告的批复》和《水利部关于黄河东平湖蓄滞洪区防洪工程初步设计报告的批复》，对大清河南堤按堤防级别 2 级，加高帮宽及堤顶整修工程 20 公里、截渗工程 3.9 公里，以及北堤堤防级别为 4 级，石护坡拆除重建、背河堤脚坑塘填筑 10 处进行治理。

南堤加高帮宽及堤顶整修是堤顶高程达到 49.31~57.60 米，堤顶宽度 8 米，临背边坡均为 1:3。截渗墙顶高程原则上低于现堤顶 0.5 米，底部原则上嵌入相对不透水层 0.5~1.0 米。水泥土搅拌桩墙体厚度 0.2 米，抗压强度大于 0.5 兆帕，渗透系数小于 $1×10^{-6}$ 厘米每秒。

北堤石护坡拆除重建，上部预制混凝土联锁块护坡厚 0.12 米，下部雷诺护垫护坡厚 0.3 米，坡比 1:2.5。坑塘填筑土料黏粒含量不小于 10%，填筑土料含水率与最优含水率的允许偏差±3%，压实度不小于 0.91。

大清河经过不断的治理，已成为堤防完整，堤顶道路硬化平整，交通畅通，内堤坡平顺坚固，外堤坡绿草茵茵，两岸行道林、堤脚防护林树木成荫，河道内碧水清流、鱼翔浅底、鸭鹅戏水、鹤鸣声声，生态环境优良的旅游景观之河。

（2）加固维修险工护岸，确保河道安全。

大清河共有险工 4 处（武家漫、鲁祖屯、古台寺、辛庄），工程总长

东平白佛山前的大清河

2 750 米，护砌长度 2 032 米，共 10 坝 17 岸 1 垛。控导工程 4 处（大牛村、后亭、流泽、南城子），工程总长 1 630 米，护砌长度 1 614 米，6 段护岸。

中华人民共和国成立以来，对险工和护岸进行不断改建，并对水毁、雨毁工程进行补修和加固，根据走流情况进行抛石护根，确保了每年汛期的河道堤防安全。

一是险工治理。险工治理主要是以保坝护堤为原则，根据水流和水毁工程情况进行新建、整修和加固，必要时按标准要求进行改建等。

武家漫险工。位于大清河南堤桩号（延续围坝桩号）87+820—88+250 处，东平县州城街道武家漫村附近。始建于 1941 年，工程长度 430 米，扣石结构，2 道丁坝，1 段护岸。坝总长 241.6 米，坝顶宽度 10 米，坝高 6 米，边坡 1：1.5，坡长 8～10 米，护砌长度 286 米，排水沟总长度 32 米。原 1 号坝和 2 号坝为桩基三合土坝。1954 年 1 号坝接长 7 米，并改为丁扣石坝，2 号坝改为乱石坝。1964 年又将 2 号坝改为丁扣石坝，1965 年又退修 20 米。1966 年 1 号坝大翻修。1972 年接长坝上游护岸 75 米，1973 年又接长 10 米，均为丁扣石坝，全部工程累计砌石 2 751 立方米。1988—1991 年对 1、2 号坝根石进行抛石粗排，对原粗排坝面改为丁扣石护坡，用石 470 立方米，投资 1.89 万元。1992 年对 2 座坝加宽培修，完成土方 0.45 万立方米，石方 50 立方米，投资 3.35 万元。2001 年 8 月大汶河洪水中部分工程水毁，2002 年对 1 号坝进行水毁工程修复，完成土方 0.05 万立方米，石方 0.16 万立方米，投资 29.87 万元。1、2 号坝整修后坝顶高程分别为 47.59 米、47.55 米，顶宽分别为 25.5 米、22.3 米，边坡为 1：2.5，坦石顶高程分别为 47.19 米、47.14 米，根石台顶高程分别为 41.79 米、41.65 米，根石台长分别为 124.4 米、117.2 米，根石台顶宽均为 2 米。另外，1986 年、1987 年、1991 年、1993 年、1995—1996 年、1999—2001 年汛期补抛根石 0.085 万立方米，投资 5.64 万元。2003—2005 年共完成维修土方 0.1 万立方米，抢险抛石 200 立方米，完成投资 28 万元。其他年份只进行了管理维护，无土石方维修工程量。1986—2005 年共完成整修维护土方 0.56 万立方米，石方 0.382 万立方米，投资 45.04 万元。

大清河武家漫险工

鲁祖屯险工。位于东平县彭集街道鲁祖屯北，大清河南堤桩号 94+845—95+180 处。工程长度 335 米，扣石结构，护砌长度 355 米，2 道丁坝，5 段护岸，坝总长 89.96 米，顶宽 24~25 米，坝顶高程 50.3 米，边坡 1：2.5，坡长 5~9 米。1、2 号坝围护总长 162.5 米，根石台顶高程 44.54 米，宽 2 米，排水沟总长 60 米。1 号坝于 1946 年始建，原坝底部位桩基三合土坝胎，砌石护面；2 号坝于 1948 年始建，原为乱石坝。1966 年两坝全部改为浆砌石坝，两坝之间原有标准不一的防护工程，全部改为块石护砌，共砌石 4 815 立方米。1986 年、1988 年、1990 年、1991 年、1996 年汛期来水时共补抛根石 390 立方米，1997 年对 1996 年 8 月水毁的根石进行加固，完成石方 200 立方米，投资 8.9 万元。2002 年对 2001 年 8 月水毁工程 1 号坝进行修复，完成土方 500 立方米，石方 1 100 立方米，投资 16.91 万元。1986—2005 年维修及水毁工程修复共计完成土方 0.11 万立方米，石方 0.25 万立方米，投资 26.73 万元。

大清河鲁祖屯险工

古台寺险工。位于大清河北堤桩号 2+428—3+763 处，东平县东平街道古台寺村附近。该工程始建于 1884 年。工程长度 1 335 米，扣石结构，护砌长度 939 米，5 道丁坝，8 段护岸。坝总长 752.56 米，顶宽 9~28.5 米，高程 50.5~51.25 米，边坡 1∶0.4~1∶2.5，坡长 5~9 米，围护总长度 872 米，根石台顶高程 44.23~44.9 米，宽 1~1.5 米，排水沟总长 182 米。该工程初为 2 座挑流坝，即现在的 4、5 号坝。清宣统元年（1909）又建坝 1 座，即今 1 号坝，这 3 座坝均为当地郑姓大户护地固堤而建，坝底部有桩基，上有三合土，外镶沿子石。至民国 11 年（1922）曾两次进行整修。1950 年、1958 年国家先后投资增建 2、3 号坝，均为干砌石坝。1966 年 1 号坝前头做退修改建，4 号坝退修 4 米并改建为浆砌石。1974 年 1 号坝又翻新改建为丁扣石镶护坝。同时对丁扣坝上下游的护岸、护滩工程多次整修、加长和改建。1990 年大汶河大水后，结合工程管理达标，于 1991—1993 年连续进行较全面的整修，1991 年完成 1、2 号坝抛根石，3 号坝整修 950 平方米，2、3 号坝之间护砌接长 25 米，4 号坝面翻修，5 号坝排整补充根石，5 号坝下游护砌接长 29 米，共完成整修石方 0.15 万立方米，投资 5.11 万元。1992 年完成整修石方 0.1 万立方米，土方 0.94 万立方米，投资 10.63 万元。1993 年完成整修石方 204 立方米，土方 500 立方米，投资 1.37 万元。经连续三年整修加固，工程面貌焕然一新，被山东河务局评为达标工程。

1995 年完成 1、2 号坝抛石 0.02 万立方米，投资 0.32 万元。1996 年大水后，于 1996—1997 年对水毁工程进行整修，完成石方 0.12 万立方米，投

大清河古台寺险工

资 4.56 万元。1998—2000 年完成维修土方 700 立方米，石方 150 立方米，投资 2.06 万元。2001 年大水抢险用石 900 立方米，投资 5.85 万元。2003—2005 年共维修土方 100 立方米，抢险抛石 200 立方米，完成投资 3.1 万元。

1986—2005 年古台寺险工完成整修及抢险土方 1.07 万立方米，石方 0.61 万立方米，投资 35 万元。

辛庄险工。位于大清河北堤桩号 7+320—7+970 处，东平县东平街道辛庄村南，始建于 1958 年。工程长度 650 米，扣石结构，护砌长度 455 米，1 道丁坝，3 段护岸。坝长 104 米，顶宽 28 米，高程 47.56 米，边坡 1∶1.5，坡长 9 米，围护总长度 144 米，排水沟总长度 30 米。1963 年至 1964 年春在坝下游 200 米处建干砌石护岸和护滩各 1 段，1965—1966 年先后增修砌石护岸 90 米，共护砌长 358 米，全部工程用石 1 672 立方米。1990 年进行较全面整修，共完成坝头帮宽土方 0.12 万立方米，坝面翻修接长 750 平方米，丁扣根石 895 平方米，拆除石方 300 立方米，浆砌眉子石 100 米，修排水沟 30 米，增石 400 立方米，投资 2.07 万元。1996 年、1998 年、2001 年共完成防汛岁修土方 0.01 万立方米，石方 0.04 万立方米，投资 1.98 万元。2004—2005 年共完成维修加固土方 0.01 万立方米，抢险抛石 0.05 万立方米，投资 2 万元。

1986—2005 年，辛庄险工共完成整修加固、防汛岁修土方 0.14 万立方米，石方 0.15 万立方米，投资 6.05 万元。

2007年因在建济菏高速跨大清河特大桥，桥墩将影响河势流向，利用涉河补偿项目资金，将辛庄险工退修2道坝，达到3坝3护岸，工程长度740米，护砌长度685米。

1985—2005年对大清河4处险工完成治理投资112.81万元，完成土方1.88万立方米，石方1.39万立方米。

2016年，根据《国家发改委关于黄河东平湖蓄滞洪区防洪工程可行性研究报告的批复》和《水利部关于黄河东平湖蓄滞洪区防洪工程初步设计报告的批复》，将武家漫险工级别确定为1级，鲁祖屯险工级别确定为2级，古台寺险工、辛庄险工级别确定为4级，分别列入黄河东平湖蓄滞洪区防洪工程建设项目进行治理，使其达到堤顶高程，为相应大清河大堤设计堤顶高程减堤顶安全加高值，根石台高程与大清河流量1 100立方米每秒水位平；坝顶宽度，丁坝顶宽为12米，护岸顶宽不小于6米，联坝顶宽10米；坝坡、坦石边坡取值1：1.5，对于坦石质量较好，且边坡缓于1：1.1的加高工程，维持原边坡坡度不变，顺坡加高。共改建加固险工4处，坝岸20道。

二是控导（护滩）工程治理。控导（护滩）工程治理主要以控制河势流向和护滩安全为原则，确保工程完整和控制河势走向，以策河道堤防安全。

后亭控导工程。位于大清河南堤桩号102+600—103+200处，东平县彭集街道后亭村附近，始建于1958年。工程和护砌长度600米，扣石结构，1段护岸，顶宽6米，顶高程52.05米，边坡1：1.5，坡长22.5米，排水沟长130米。

1958年抛石护岸300米，1965年和1973年先后接长干砌石护滩320米，总护长620米，用石2 163立方米。该处控导工程河段流向多年发生较大变化。1995—1997年进行全面整修，完成土方0.33万立方米，石方0.59万立方米，投资18.64万元。1998年完成岁修土方400立方米。2005年7月3日戴村坝洪峰流量1 480立方米每秒，后亭控导工程主溜外移脱溜，对岸塌滩长350米，宽度1~3米。2003—2005年完成维修土方0.01万立方米，抢险石方0.1万立方米，投资2.3万元。

1986—2005年共完成维修、抢险土方0.39万立方米，石方0.70万立方米，投资21.76万元。

1980年以前靠主溜，至1990年由于受河道采砂的影响，工程由靠主溜逐渐脱溜，河势发生剧烈变化，主溜由左岸靠工程变为主溜靠右岸，后亭控导工程下游滩地淘刷严重。2001 年 8 月 1 日，洪峰时后亭控导工程不靠主溜，8 月 5 日第二次洪峰时变为靠边溜，流量将至 1 000 立方米每秒时转为靠主溜，河势剧烈变化不稳。

南城子控导工程。位于大清河南堤桩号 106+630—106+910 处，东平县彭集街道南城子村附近，始建于 1975 年春。工程长度 280 米，扣石结构，1 段护岸，顶宽度 6 米，坝高 12 米，边坡 1∶1.5，坡长 23.5 米，围护总长度 280 米，顶高程 53.15 米，排水沟总长度 100 米。

1975 年砌石护滩 210 米，1981 年向下游接长 71 米，翻修 20 米，均为块石护砌，总长 280 米，共用块石 1 070 立方米。在 1990 年、1996 年、2001 年大水时受主溜冲刷，根石走失严重，大水后进行了水毁工程修复。1990 年完成抢险及修复石方 0.011 万立方米，完成投资 0.41 万元。1993 年完成岁修土方 0.01 万立方米，投资 0.04 万元。1996—1997 年完成抢险抛石及水毁工程修复长度 250 米，土方 0.23 万立方米，石方 0.34 万立方米，投资 11.98 万元。1998—2000 年完成维修土方 0.05 万立方米，石方 0.02 万立方米，投资 1.62 万元。2001—2002 年完成抢险及水毁工程修复土方 1.08 万立方米，石方 1.07 万立方米，投资 202.46 万元。2003—2005 年完成维修土方 0.03 万立方米，抢险石方 0.07 万立方米，投资 1.46 万元。1986—2005 年共完成维修、抢险及水毁工程修复土方 1.41 万立方米，石方 1.51 万立方米，投资 217.97 万元。

流泽控导工程。位于大清河南堤桩号 98+400—98+950 处，流泽大桥上游东平县彭集街道尚流泽村附近，始建于 1961 年。工程长度 550 米，扣石结构，护砌长度 514 米，1 段护岸。坝顶宽度 6 米，坝顶高程 47.5~52 米，边坡 1∶1.5，坡长 8 米，排水沟总长度 96 米。

1961—1965 年垒乱石护滩 376 米，干砌石护岸 138 米，共用石 2 048 立方米，1993—1998 年共完成补残维修土方 200 立方米，1996 年完成抢险石方 100 立方米。2000—2002 年共完成维修、抢险及水毁工程修复土方 0.82 万立方米，石方 0.525 万立方米，投资 124.66 万元。2005 年完成维修土方 0.01 万立方米，投资 0.6 万元。1986—2005 年共完成土方 0.85 万立方米，石方 0.55 万立方米，投资 126.44 万元。

大牛村控导工程。位于大清河南堤桩号 93+480—93+680 处，东平县彭集街道大牛村附近，鲁祖屯险工下游转弯处，始建于 1964 年。工程长度 200 米，扣石结构，护砌长度 220 米，3 段护岸。顶宽度 6 米，顶高程 46.4 米，边坡 1 : 1.5，坡长 8 米，排水沟总长度 40 米。

1964—1966 年建砌石护岸 72 米，1973 年对堤下滩地做砌石护滩两段，分别长 47 米和 101 米，共完成砌石 848 立方米。1993 年、1998 年完成补残维修土方 200 立方米，投资 0.115 万元。2000—2001 年完成抢险抛石 0.015 万立方米，2002 年 8 月完成水毁工程修复土方 0.65 万立方米，石方 0.23 万立方米，投资 65.23 万元。2005 年完成维修土方 0.01 万立方米，投资 0.05 万元。

1986—2005 年，共完成维修抢险及水毁工程修复土方 0.68 万立方米，石方 0.25 万立方米，投资 66.94 万元。

1986—2005 年以上 4 处控导工程治理，完成土方 3.33 万立方米，石方 3.01 万立方米，投资 433.10 万元。

2016 年根据《国家发改委关于黄河东平湖蓄滞洪区防洪工程可行性研究报告的批复》和《水利部关于黄河东平湖蓄滞洪区防洪工程初步设计报告的批复》，按照河道整治流量为 1 100 立方米每秒，控导工程顶高程为滩面平均高程加 0.5 米超高，列入黄河东平湖蓄滞洪区防洪工程建设项目进行治理。对上述 4 处控导工程顶高程及坝型维持现状，裹护体顶宽 1.0 米，外坡 1 : 1.5，内坡 1 : 1.3，加固控导工程 3 处，加固及下延 1 处。

三、戴村坝

戴村坝坐落在大汶河中游和下游的分界线上，是一个古老的水利枢纽工程，是关乎京杭大运河漕运兴衰的关键性工程，为明清两代引汶济运发挥了重要作用。

（一）戴村坝概况

戴村坝位于东平县彭集街道南城子村北约 0.5 公里处，是大汶河与大清河（大汶河下游）的分界线，中心坐标为北纬 35°54′，东经 116°33′，控制流域面积占大汶河总流域面积的 97%。

该坝始建于明永乐九年（1411），最初为沙土坝，后经不断加固、改建，逐渐成为三位一体的石砌坝，枢纽工程还包括灰土坝、窦公堤、南北引堤等。据碑文记载：戴村之有坝也，遏汶水南趋以济运。自明以来，利赖甚溥。明清时期，戴村坝在京杭大运河 500 年的航运史上发挥了重要作用。中华人民共和国成立后，1959 年小汶河堵截，已失去引汶功能，但仍具有缓洪拦沙、控制河势、蓄水灌溉、旅游观光等方面的重要作用。

中国古老水利枢纽工程——戴村坝

1. 戴村石坝

该坝从北至南依次分为玲珑坝、乱石坝、滚水坝，总长 437.5 米，顶宽 3 米有余，底宽 20~30 米。北端玲珑坝，长 149.4 米，坝顶高程 51.3 米（大沽高程，下同）；中间乱石坝，长 152.5 米，坝顶高程 51.0 米（原高程 51.5 米，2002 年修复时降低了 0.5 米）；南端滚水坝，长 71.6 米，坝顶高程 51.2 米。各坝之间另有衔接渐变段，共长 64 米，顶高程 51.6~51.8 米。石坝南北裹头（坝台）顶高程分别为 55.6 米和 55.7 米，坝体横截面呈梯形。戴村石坝原长 437.5 米，修复后长度为 434.14 米。

2001 年 8 月大水冲决后，溃口处显示坝基坝身内为柏木排桩，桩长 2~3 米，直径 0.25~0.3 米；排桩纵间距（桩外沿空间距离）2~3 厘米，横间距 3~5 厘米，桩下为黏土，桩间为三合细土填筑；桩顶为油灰找平层，桩顶与坝顶砌石间隔有多层黄表纸，使桩受力均匀；坝顶部为 5 层大块条石，每块厚约 0.5 米，长 1.44~2 米，宽 0.4~1 米，俗称万斤石；以杨藤水拌三合土灌填石缝，上下层砌石间以铁铆闩相连，左右砌石间以铁锔相连，坝面砌石间以燕尾铁扣连接，燕尾铁长 16.3 厘米，宽 9.7 厘米（两端），厚 3.6 厘米，合缝处油灰锤填，就把油灰（和好）用锤子砸入缝中。上游坡砌石加工成内直外斜的梯形，自然成坡；下游坦坡为黏土基础，坦坡由厚 0.3~0.4 米的条石镶砌，条石以下依次为浆砌块石、乱石。

2. 灰土坝

该坝是用灰土填筑的溢洪堰，长 262 米，坝顶高程 52.9~53.0 米，顶宽

玲珑坝　　　乱石坝　　　滚水坝

戴村石坝

6米，上、下游边坡分别为1：1.5和1：4，两坡之旁密下排桩，内砌大石，中配三合细土，左右裹头顶高程分别为56.9米和56.0米。

该坝始建于清道光二年（1822），因为夏秋汶水巨涨，玲珑坝、乱石坝、滚水坝三坝之后堤堰势薄，不足挡汶之冲。因此，由河道总督严烺创议，于玲珑坝、乱石坝、滚水坝、三石坝沿向东北新筑三合土坝一道，由山东巡抚琦善督修告成，加上三坝名为四坝。而首尾唇齿，实则一贯，总名曰戴村坝。

该坝身以三合细土夯打，坝面由杨藤水拌土筑成，采用此种材料修筑过水溢流坝，堪称一大创举，经长期运用考验，工程质量可靠。1974—1977年全部坝面和坝坡改为浆砌条石护面，下游抛石固基，溢流坝达到稳定坚固。

3. 窦公堤

该堤是连接戴村石坝与灰土坝的隔堤，长900米，为壤土修做，顶宽2~3米，顶高程55.5~56.9米。下游边坡1：2~1：3，上游临水面修有浆砌块石重力式挡土墙，高7米，顶宽0.8米，底宽1.5米，挡土墙内侧为灰土，厚0.8米。其中，262米长于1974年改为干砌丁扣石护坡，高程53.5米，边坡1：1.5~1：2。

该堤始建于清光绪二十九年（1903）。清光绪二十七年（1901）汶、泉两河异涨大水，戴村坝灰（灰土坝）、石（玲珑坝、乱石坝和滚水坝）两坝冲揭殆尽，太皇堤全行冲决，河水夺流西行，东平一带受灾甚重。清光绪二十八年（1902）秋，山东巡抚周馥委直隶候补道窦延馨重修堤坝，窦延馨亲临督修，精量筹划，堤毁严重，势难仍旧。采取以工代赈的方式，组织人力日计万夫上工，将全行冲决的太皇堤，上垒片石，背筑黄土；灰、石两坝，一律重修整齐。自清光绪二十九年（1903）三月兴工，至清光绪三十年（1904）四月竣工。工成以后，东平从此得免水患，民沾其惠，时人念其功绩，将此添建的挡水大堤称为"窦公堤"，并立碑为念。

4. 南、北引堤

南、北引堤是戴村坝连接大汶河南堤及北堤的堤防。南引堤是戴村石坝与大清河南堤的连接堤，长450米。北引堤是灰土坝与大汶河北堤的连接堤，长70米。

戴村坝枢纽工程从南至北，依次分为南引堤、戴村坝（滚水坝、乱石坝、玲珑坝）、窦公堤、灰土坝、北引堤五部分，总长约2 120米。

（二）建设缘由

元代建都北京，所需财物"无不仰仗于江南"，故元初先后开凿济州河、会通河和通惠河，缩短隋运河从杭州至北京的距离，以减少运输成本，更好地发挥漕运的作用。至此，南北大运河全线贯通，成为名副其实的京杭大运河。为解决山东运河段水源问题，开始是筑堽城堰引汶入洸河，筑金口坝，导泗沂会洸，合出济宁天井闸南北分流，保证了运河山东段的水源。

明洪武二十四年（1391），黄河决原武黑羊山……漫入东平的安山湖，元会通河亦淤，久不治。至此，漕运迫停。

明成祖朱棣迁都北京，大规模的南粮北运又成议题。明永乐九年（1411）济宁同知潘叔正上书朝廷，言会通河四百五十里，其淤者三分之一，可浚之以通漕。但南旺至安山运段被黄河淤高，济宁分水北上困难，工部尚书宋礼考察如何解决时，采纳汶上老人白英计策。白英建议堽城堰截汶不得入洸，应该在戴村筑坝，开小汶河至南旺，南旺地势较高，可南北分流，并设置水柜，建闸节制，丰蓄枯放，以利调节。当年宋礼征集民夫16万人，疏浚南自济宁北至临清385里元会通河，为避黄冲运，把袁口以北元运河东徙30里开新河，至寿张沙湾接旧河。同时在戴村筑沙土坝，开小汶河引汶以趋南旺南北分流，北分至临清六分，南分达徐邳四分，也就是后来人们常说的"七分朝天子，三分下江南"。

为了解决元会通河通航所需水源问题，建设了戴村坝。戴村坝在不断改建过程中有效运行了半个多世纪后，每年除特大洪水漫坝流入东平湖，绝大多数水流进入小汶河，使戴村坝及小汶河屡屡出险，洪水泄入马场湖，以致济宁地区遭受严重水灾。重修堽城坝又成议题，经奏准，明成化九年（1473）工部外郎张盛主持改土为石，下移8里至青川驿处建堽城坝，此处为坚硬石质河底，对坝基稳定十分有利。于明成化十年（1474）十一月将溢流坝建成，同时建设堽城新闸，并开新河9里通原洸河。此后，堽城坝、戴村坝两坝相互调节，互补优劣，解决了上述问题，并安全运行了93年，漕运达到了空前盛世。

（三）建设维修与运用历程

戴村坝被誉为我国北方都江堰，曾有过辉煌的历史，但也出现过暗淡的经历。它的辉煌与暗淡都与其在历史发展过程中的地位和作用有关。在600多年的历史长河中，戴村坝是在不断的水毁、修复、拆除、改建中饱经沧桑岁月，历尽磨难地横卧在大汶河中，坚守着济运利漕的使命。至今，仍守着初衷，默默地调蓄着大汶河洪水的安宁，灌溉着两岸的农田。虽未有过去的喧闹，但静卧在大河之中，似乎对水运的历史贡献进行着无限的追忆。

戴村坝始建于明永乐九年（1411），初为沙土坝，长五里十三步。每遇重运聚沙为堰截水南流，伏秋任其冲刷，屡修屡圮，营费不赀。明天顺五年（1461）增筑培厚，以后连年增土以培护之，植柳以护之，多设夫以守之，将戴村坝整修得十分坚固，百余年未大动。

坝既已坚固，汶水西注无路，只能由小汶河至南旺济运；或破坎河沙坝入故道，由盐河经北清河入海。小汶河是借用原大汶河泛道开挖的，河道狭窄，小汶河由于湾多（大小湾80多个）缓流，泥沙淤积十分严重，而且坝前入小汶河口上未有控制设施，大量水沙的进入，使小汶河河床迅速淤高，大水四处漫溢，淹没农田。据《问水集》载："故老相传，成化年间，戴村坝以下河道犹未淤满，意者开导未久耳。近则者沙淤直至南旺，河皆平满矣，故水易涨溢"。入南旺之水少，则入故道之水多，坎河口的压力剧增，每汶水大发欲东注，而假道于坎河口，将坎河冲刷的口门越来越大，以致坎河东注者日渐月流，注南旺者几绝。再加上小汶河"数百里之淤沙"渗水严重，严重影响了南旺分水口的水流供应，致使粮船浅阻难以行进。

明万历元年（1573），总理河道万恭主持在土坝南段，取龙山之石，垒石为滩，石如累卵，沙流其下，筑成的石滩，博一里，袤一里，强压河根而上，崇丈余（明谢肇撰写《北河纪》《四库全书·第4卷》），以防土坝冲刷。旱则止汶以济漕，涝则泄汶以全漕。石滩前淤沙日积月累，导致河身日高，未及二年冲毁，再筑土坝。

为解决逼水南趋，大水时坝又不被冲毁，有人提议行堰城之制，在坎河口连建数闸以时蓄泄，再建成"西接戴村，东尽坎河"的滚水长石坝，以期能够自动控制引水排水量，既满足南旺所需，又保证两坝安全，无须岁修岁筑。但到明万历十七年（1589）时，总理河道潘季驯主持在北段将石滩只修了六十丈的砌石溢流坝，名曰玲珑坝，但未有建闸。水大漫坝西流，水小顺坝南趋进入小汶河。六月开工，次年三月告成，费金八千有奇。由此一来，既能实现增加南旺水量，又能保证不至于被大水冲毁，岁修劳民。

明万历二十一年（1593），汶水大发，尚书舒应龙在南端筑石堰防冲，名曰滚水坝，并在坝面铸以铁扣，以连接坝的石料，使其坚固。中间石滩泄水，名曰乱石坝。自此，形成三坝一体的拦河坝，明清时期统称戴村坝。北为玲珑坝，高七尺，长五十五丈五尺；中间为乱石坝，高六尺二寸，长四十九丈一尺；南为滚水坝，高五尺，长二十二丈二尺。

当时人们认为，汶水挟沙而行，上清下浊，伏秋涨发，水由坝面滚入盐河归海，无虑泛滥，其沙即从玲珑坝、乱石坝之洞隙随水滚注盐河，冬春水弱，则筑堰汇流济运，不致浅阻。但是收汶水之利，不受汶水之害，实难两全，实际上玲珑坝、乱石坝两坝的通沙能力并不显著。

清康熙四十三年（1704），挑浚戴村坝淤塞旧河，清康熙六十一年（1722）重筑戴村坝。康熙后期，济宁道张伯行仍建议将戴村坝改建如堰城坝之制，"除旧坝一百丈外，再筑一百丈，较旧坝再高二尺。中作斗门闸8座，视水之消长，以为启闭""仍于戴村建闸二座""若二闸不足用，甚至可以建至五闸"，再于坎河口下多建数闸，如堰城坝制，水大则泄之入海，将闸板尽启，放水北行；水小则蓄之济运。但此后，未曾建闸，却由河道总督齐苏勒将玲珑坝洞隙堵实。

清雍正四年（1726），又有内阁大学士何国宗筑石坝一道，计高七尺（比三坝高出一尺），计长一百二十八丈八尺，紧贴玲珑、乱石、滚水三坝，统建为滚水坝，高厚坚实，滴水不泄。所以，汛水涨发之时，洪涛汹涌，无处宣泄，泛滥四出，而石工横亘，既无尾闾以泄水，又无罅隙以通沙，以致水漫沙停，不但濒河地方连年被患，而汶河挟沙入运，日渐淤积，亦于运道有碍。

清雍正八年（1730），大水冲决戴村坝（清时称坎河口坝为戴村坝），河东总督田文镜奏请拆去何国宗新坝，改复玲珑旧制。清雍正九年

（1731），河道总督朱藻改造回玲珑式样，通流不足济运，乃拆石坝五十五丈，改砌涵洞 56 个，用闸板启闭，以资宣泄。又于石坝东留有土堤，秋冬堵塞，以防汶水外泄；春秋听其冲刷，名为春秋坝。不久石洞被淤，闸板亦不能启闭。清雍正九年（1731），河道总督朱藻又将三坝改修。山东巡抚陈世倌认为，这样仍然不能通沙，徒使坝底虚松，倘汶水骤涨，恐非盖面石块及数铁锭所能钳压，没有悚虞，则全汶尽注盐河，更无涓滴济运。结果朱藻所筑之涵洞矶心，逾年既被冲坏 27 洞，遂用碎石泥沙将洞内桩缝填塞，闸板坚闭。

清乾隆三年（1738），山东巡抚白钟山议停改戴村坝矶心，拆毁春秋坝。清乾隆十三年（1748），大学士高斌、漕运总督刘统勋筹办山东水利时，以坝身高耸、伏秋水发运河有涨溢之虐，奏请将玲珑坝两头亦各留五丈，中间四十九丈落低二尺五寸，并将水口堵塞；乱石坝两头亦各留五丈，中间三十九丈落低七寸，次年议准落低。清乾隆三十六年（1771），汶水伏秋盛涨，冲塌坝身八十余丈。清乾隆三十七年（1772），捕河通判章辂等重修玲珑坝，至秋，复发大水，河深十五尺，冲毁戴村坝多处，秋后修复。

清道光二年（1822），河道总督严烺建议，中丞琦善督修，在坎河（今汇河）口，将八十丈非溢流土坝改修为三合土溢流坝，坝高七尺。清光绪五至六年（1879—1880），兵部侍郎山东巡抚周恒祺主持，对玲珑、乱石、滚水三坝全面整修加固。南北各筑坝台一座，三坝之间连接处均修矶心垛一座，新修坝面均用铁闩铁锔，连榫灰浆勾抿，合缝处油灰锤炼，旧工顶面均加铁扣销链，并修缮了神龙、白公庙，新建将军庙，共用银七万四百九十两四钱一分九厘，使戴村坝和各庙宇焕然一新。

清光绪二十八年（1902），汶水涨发，戴村坝灰、石两坝冲揭殆尽，太皇堤全线冲决，河水夺流西行，东平一带受灾严重。清光绪二十九至三十年（1903—1904），由山东巡抚周馥主持，并由署直隶永定河道窦延馨督修，除修整玲珑坝、乱石坝、滚水坝三坝外，并将原土坝迎水面改建为片石大堤，取名窦公堤。窦公堤长二百七十二丈，高二丈二尺二寸，顶宽三尺五寸，底宽一丈二尺三寸八分。石堤背后填土宽六丈五尺，顶宽二丈五尺，高与石堤平。补修三合土坝长八十丈，连内外坦坡五十丈，又迎水、出水簸箕及东西雁翅，并补修玲珑各坝诸丈尺不等。共费银十一万八千一百余两。

清光绪三十四年（1908），莱芜大雨，汶水涨发，戴村玲珑坝、滚水坝、乱石坝三坝冲决不堪，南北矶心两垛亦并破坏。宣统元年（1909）春，清军府委办黄运工程许廷瑞奉令整修戴村玲珑坝等三坝，修葺坚固。

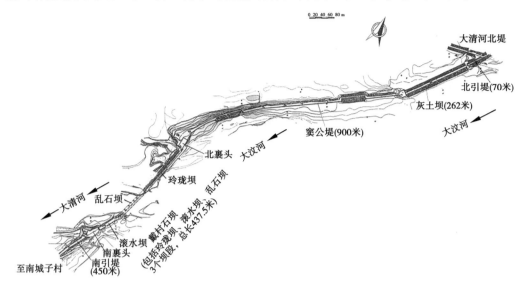

戴村坝总平面位置图

　　由于清末运河停航，戴村坝一度失修，致使风雨残蚀严重，坝之各部日见倾圮，坝基罅漏可容数人，坝坡坍塌，木桩外漏，如不维修，则汶流直泄、黄河倒漾，东平全境俱成泽国，县长史介繁深知其害，民苦无疑，力陈建议修复。民国二十一年（1932）春，经山东省建设厅批准，重修戴村坝。民国二十二年（1933），由运河工程局局长孔令瑢担任总监修工程师，于2月23日开工，6月1日竣工，除滚石坝按原样修复外，将玲珑坝和乱石坝加宽至14米，并在坝后添筑混凝土墙。混凝土墙长150米，深2米，宽0.3米，共用材料、运输人工费64 666.58元，保证了戴村坝的完整。

　　中华人民共和国成立后，国家对戴村坝进行了不断的整修，对水毁工程进行了重修。1957年，大汶河发生大洪水，小汶河沿岸汶上县境内平地撑船，受淹深重，于1959年将小汶河筑坝截堵，戴村坝失去济运作用，大汶河来水全部漫戴村坝流入大清河。为保持戴村坝的完整，继续发挥其缓流拦沙、控制汶水流向和引水灌溉的作用，至20世纪末对戴村坝先后进行了三次较大整修。1965年3月至5月15日，补修玲珑坝面残缺段50米，并做成钢筋混凝土护面，对滚水坝坝身进行了灌浆和坝面勾缝等，对窦公堤南的溢流坝整修和加固，共计完成砌石2 010立方米，抛铅丝笼护根石方1 540立方米，浇筑混凝土273立方米。1967年4—5月，对玲珑坝等进行维修勾缝。1974—1977年，将窦公堤坍塌段改修为干砌丁扣石，三合土坝全部用浆砌块石护面，并在下游抛石固基。三次大修共用土石方1.97万立方米，投资

36.37 万元。

1996 年，大汶河洪水后，戴村坝水毁较重，汛后补抛根石 1 200 立方米。1997 年，戴村坝被列为续建度汛工程，分两期进行维修，南裹头围墙拆除砌垒 99 米，平台整修 1 000 平方米。南导流墙翻修 36.5 米，窦公堤坍塌段修复 97 米，堤顶整修及挡土墙补残 900 米。三坝共抛铅丝笼护根 437.5 米，用石 3 364 立方米。北裹头坝顶砌垒围墙 135 米，平台整修砌块石 950 平方米。北裹头勾缝 1 115 平方米。1996—1997 年共完成土方 1.49 万立方米，石方 0.6 万立方米，投资 131.19 万元。

2001 年汛期，大汶河发生洪水，8 月 1 日 8 时 30 分，乱石坝段被冲决，溃口 130 余米；玲珑坝、滚水坝两端也遭到不同程度的损坏。翌年 4 月，黄河水利委员会决定修复戴村坝并列为应急度汛工程，由山东黄河东平湖管理局负责建设，山东黄河东平湖工程局承建，2002 年 4 月开工，分两期进行，2003 年 8 月竣工。此次修复，按照修旧如旧的原则，乱石坝按原貌拆除重建，顶高程由 50.3 米降至 49.8 米（黄海高程），低于滚水坝 0.2 米，低于玲珑坝 0.3 米，高于南城子闸设计水位（49.3 米）0.5 米，其坝体顶宽 4 米，上游边坡 1∶1，下游边坡 1∶2.5；外砌条石，内裹浆砌石，坝基做高压定喷防渗墙以截渗水，下游新建消力池消能防冲。滚水坝、玲珑坝坝基用高压定喷防渗墙与乱石坝连成一体，滚水坝段采取水泥灌浆处理，灌浆孔底高程为 45.0 米，玲珑坝段上游坝脚采用浆砌石结构，下部设 0.6 米厚的混凝土底板；坝体用水泥灌浆处理，玲珑坝左岸下游裂缝坝体拆除，用浆砌石回填，混凝土铺面。灰土坝下游增设消力池，窦公堤上游修浆砌石挡土墙，南北裹头及引堤亦加固加修。共用石方 2.47 万立方米，土方 2.87 万立方米，钢筋混凝土 2.29 万立方米，投资 2 427 万元。

戴村坝枢纽工程经过历代多次重建和整修加固，至 2005 年整体情况及各部位尺寸是：全坝共分五段，总长 2 119.5 米，自大汶河中游左岸（南）末端至右岸（北）依次为：南引堤 450 米，连接大清河左岸和戴村坝，戴村石坝长 437.5 米，窦公堤长 900 米，灰土坝长 262 米，北引堤长 70 米，与大汶河中游右岸（北）末端相连接。其中，戴村石坝为溢流坝，是戴村坝的主体，分为三段：南滚水坝长 71.6 米，顶高程 50.0 米（黄海高程，下同）；中乱石坝长 152.1 米，顶高程 49.8 米；北玲珑坝长 149.4 米，顶高程 50.1 米；三段之间设衔接渐变段，长 64.4 米，顶高程 50.4~50.6 米。窦公堤是自玲珑坝坝头沿大汶河中游右岸向上游延伸的挡水堤防，长 900 米，新增挡墙顶高程53.5米,顶宽0.5米,并起导流入小汶河的作用。灰土坝是北端的溢流坝段,长262米,顶高程51.7~51.8米,为非常溢洪坝,遇大汶河大洪水时分流入大清河,以减少戴村石坝的下泄流量。主坝南北裹头高程分别为55.6米和55.7米。灰土坝北边北引堤长70米,连接灰土坝和大汶河中游右岸末端。戴村坝至灰土坝共有4座坝头连接,整修后由南至北高程分别为55.6米、55.7米、56.9米、56.0米。

(四) 戴村坝的伟大与非凡

戴村坝走过了600多年的历史,风雨残蚀,水冲浪击,多次水毁后修复重建,历经磨难。特别是经过2001年大水冲毁后,按照"修旧如旧"的原则进行了精心加固、恢复原貌后,更显得固若金汤,气势磅礴,雄伟壮观。

戴村坝

从戴村坝初建,到历代维修加固、重建的历史进程中,成就了它的伟大与非凡。设计科学,独具匠心,运用精巧,精巧绝伦,为繁荣大运河,特别是山东段漕运发挥了不可替代的巨大作用,以至成为明清时期国家经济命脉的动脉。

1. 设计科学、精巧绝伦

戴村坝是一个设计科学、精巧绝伦的系统工程。从明至清,乃至今日,历朝历代对其屡加整修和重建,其设计思想和设计成果,都是在从实践到认识,再从认识到实践的不断变化中产生的。其指导思想就是引汶济运,利用地势、水势达到引汶济运之目的,其设计理念更是在认识水沙矛盾的博弈中产生的。然而，大汶河一年四季来水不均，水沙浑然一体，各时代的治理专家都以保漕为中心，一直在追求"立在用其水而去其沙，泄其余而蓄其不足"的理念中进行不断改进、重建；当用水与去沙发生矛盾时，为运道计，首先要考虑的是运河用水之需，其他次之。因此，根据不同时期来水大小，不断思索，产生了分级运用的科学思想和设计构想。这一科学思想使戴村坝在 400 多年的漫长运用中，从不足走向成熟，实则不易。

戴村坝坝面燕尾铁扣

戴村坝由南至北又分为滚水坝、乱石坝、玲珑坝。三坝长短不一，有高有低，形成拱形迎水的态势。2003年 8 月修复前，玲珑坝比滚水坝高 10 厘米，乱石坝又比玲珑坝高 20 厘米。作为济运水源，同时兼顾防洪，设计颇具匠心。随着大汶河水位的升降，三坝分级漫水，调节入运河水量。大汶河水量充足时，水位升高，刚好依次由滚水坝、玲珑坝、乱石坝漫坝向西流入大清河；大汶河水量不足时，大坝也刚好能够将水拦住，全入小汶河。特大洪水到来时，在三坝漫水的同时，三合土坝自行溢流泄洪入大清河，以保戴村石坝。窦公堤，处在石坝和三合土坝中间位置，则既能帮助三合土坝泄洪，又能正面迎水，缓流保护戴村石坝。真是配合默契，相得益彰，正如碑文所载："水高于坝，漫而西出，漕无溢也；水卑于坝，顺流而南，漕无涸也"，确实做到了引水与泄洪、拦沙与排沙的兼顾。

戴村坝屹立大汶河 600 余年，间有损毁，但工程建设精巧绝伦。河底沙层深厚，设计、建设者均展现了高超的设计、施工技能和聪明智慧。三合土坝是清道光二年增筑的，坝身全部用三合土夯打而成，坝面用杨藤熬汁与三合土拌和料筑成。1880—1967 年的 88 年间，坝顶溢洪数十次以上，揭光三批三合土，削减坝高 0.6 米，而坝身依然稳固，实属罕见。窦公堤砌石挡土墙底宽仅 1.5 米，若按现代力学理论计算，底宽均应在 3~4 米，才满足抗滑抗倾力要求，能经历百余年的流水考验，原因是在内侧有 0.8 米宽的三合灰土基础起着支撑作用。2001 年 8 月，戴村坝乱石坝被大水冲决，在此后的修复过程中，工程技术人员发现滚水坝的神奇之处，在坝底部用柏木排桩，用三合细土填筑连为一体；坝表面为五层大块石（万斤石），相邻石块间以铁铆扣相连，以杨藤水拌三合灰土灌石缝；上下左右间用铁铆闩相连，桩顶与石间隔有多层黄表纸，使桩基受力均匀；坝前有柏木桩基，呈梅花形，桩表面进行火烤防腐处理。经过 2001 年 8 月大汶河洪水才彻底发现了坝体内部结构之谜，使人们清醒地认识到古人修筑工程的设计理念之巧妙，运用力学之精准，工程标准之规范，质量要求之严格，令人赞叹。戴村坝由明至清，经过多次的重建、加固整修，大坝整体结构严谨，高低相差有序，位置顺应水势，作用相得益彰，跨河实则一贯，堪称"江北都江堰"，名不虚传。

2001 年 8 月戴村坝溃口暴露内部结构现状

民国初年，荷兰水利专家方维因说：此种工作，当十四五世纪工程学胚胎时期，必视为绝大事业。彼古人之综其事，主其谋，而遂如此完善结果者，令我后人见之，焉得不敬而日崇也。水利专家姚汉源先生说：运河非一二人之力，非一时之功……其创修则智者出其智慧，有力者挥洒其血汗，参与者当以兆亿计。心血凝聚不可以升斗量！信哉斯言！古人建设戴村坝的功绩，行在一时而及万世之功，令后人敬仰。

2. 作用非凡、意义重大

戴村坝历尽沧桑，至今存续 600 余年，原因在于它在历史上的功绩以及现实的作用。京杭大运河山东段约 300 多公里，最大的难题就是水源问题。大运河大部分为人工河，所以全赖汶、泗诸水及泰莱山泉水源补给。元代曾采用"遏汶入洸"的办法，即在汶河上筑堽城堰（闸）引汶水在济宁分流南北济运，由于黄河决口淤积会通河，南旺地势高于济宁，水小时难以北流，水枯时经常断航。戴村坝的意义就在于有效地解决了这一难题。引汶济运是巧妙地利用自然地理优势，用有限的水资源保障了运河的畅通。坝位于大汶河中，分流引河（小汶河）地势较南旺高，水非常顺利地流到南旺湖，实现南北分流，六分至临清，四分下徐邳，却被人们形容传说成"七分朝天子，三分下江南"的顺口溜。戴村坝使大运河山东段实现了 400 多年航运的好年景，功劳巨大。

元时运道"每岁之运不过数十万石"，到至顺年间由 4 万石以上增至 300 万石以上。自明代修建戴村坝后，河道加深，加之建设四大水柜，水源充盈，漕运日盛，"八百斛之舟迅流无滞"，会通河开通的第一年，通过运河输送到北京的粮食就有 646 万石。此后，常年在 400 万石左右，漕运能力 10 倍于元代。然而，运河行走山东，对山东的经济促进较大，沿河的德州、临清、聊城（东昌）、东平（州城）、济宁、枣庄（台儿庄）等处府州县，成为全国重要的经济都会，约占全国总数的三分之一。明成化八年（1472），规定年运量 400 万石，最高年份曾达 518.97 万石，这一时期正是戴村坝、堽城坝联合运用 93 年之期，使漕运达到了鼎盛黄金期。

自 1959 年堵截小汶河之前，戴村坝运用了 548 年，至今存续 600 多年。现虽不能引汶济运，但仍具有缓洪拦沙、控制河势、蓄水灌溉、旅游观光等方面的重要作用，已成为"京杭大运河世界文化遗产""国家水情教育基地""国家级重点文物保护单位""国家水利风景区""山东省科普教育基地""山东省和黄河水利委员会爱国主义教育基地""泰安市科普教育基地"等。2010 年东平县在窦公堤后面修建了戴村坝博物馆。

如今，戴村坝周边绿化为旅游景点公园、亲水观景平台及木栈道，工程景区周边柳荫花絮似锦，滩头片片绿洲，水中鱼鸟嬉戏，碧波涟涟，交相辉映，给戴村坝增添了无限风光。每逢汛期漫坝过水，声如虎啸，响震数里，激流飞瀑，长虹卧波，奇景蔚为壮观，引游人驻足观赏，流连忘返，已成为当地重要的旅游观光水利风景名胜区。

第三章　大运河治理

由于 1958 年东平湖水库的建设，大运河东平湖至济宁段，在汶上县张坝口村处被截断。为了解决航运问题，结合湖西排渗沟的开挖，由山东省交通厅规划开挖梁济运河，以解决济宁至梁山的通航问题。这里只叙述梁济运河的形成（东平湖范围内元清时期运河的形成见第一篇第四章）。

一、梁济运河的形成与治理

京杭大运河十里堡至济宁段，因建东平湖水库西徙至东平湖水库围坝外，北起梁山县国那里穿黄船闸至济宁市南四湖北湖口，长约 90 公里，统称梁济运河，控制流域面积 3 306 平方公里。

大运河济宁至东平湖段，东平湖水库建设前，从南至北原走济宁、安居、长沟、南旺、开河、袁口、张坝口、靳口、大安山、二道坡、戴庙至十里堡与黄河相交。该段大运河是明永乐九年（1411）在元会通河袁口以北运道东徙 30 里开新河（自袁口，经靳口、王仲口、大安山、戴庙、十里堡、沙湾至张秋接旧河，西距寿张，今梁山寿张集旧运道 30 余里，袁口至张秋长 120 里）的河段。清光绪三年（1877）曾在十里堡修一穿黄船闸，以控制船只渡过黄河，由张秋至临清。1958 年修建东平湖水库，在汶上县张坝口将明会通河截断，中断了济宁至东平湖的航运。

1958 年 4 月，交通部部长王首道在上海召开苏鲁两省领导参加的运河建设会议，讨论了黄河至济宁的复航问题，会后由交通部报请中央批准整治京杭运河，恢复黄河以南运河通航。新开挖运河北濒黄河，南接济宁运道，南北纵贯梁山县境，沿东平湖水库围坝西坝段外侧，南下经汶上县、嘉祥县边界至济宁，因距梁山、济宁之间，故名"梁济运河"。

该河最早源于湖西排渗沟的开挖。湖西排渗沟位于湖西围坝外侧，为 1958 年规划勘定的京航运河新航道，北起梁山县国那里穿黄船闸，向南沿围坝西坝段至司垓村附近，偏离围坝南下，穿金线岭入济宁境内至长沟经五里营，在李集西南入南阳湖。1958 年水库围坝建设，堵截了库外水系的入湖流路后，结合航运在湖西开挖排渗沟，以利库外涝水及库内渗水的排泄。该河道即定线开挖国那里至梁山港（任庄）一段长 20 公里，亦称湖西航道。航道沿围坝西侧，经 1963 年治理疏浚后，梁济运河走向未变，同时也成为湖西一带及新湖区涝水的主要排水河道。东平、汶上两县湖滨地区涝水亦分别通过湖东、湖南排渗沟及小汶河、泉河等支流汇入梁济运河。

该河始挖于 1959 年 10 月至 1960 年春，由济宁、菏泽两个专区出工 12.4 万人，开挖梁山路那里至济宁五里营北一段 78.34 公里运河，称京杭大运河梁济运河。其中，梁山境内长 47 公里，东马垓村以下，河底宽 20 米，底高程 34 米；东马垓以上河底挖至 36 米高程再下挖子河，底宽 10 米，底高程 34.6 米，河坡 1∶2。内堤距离柳长河以下 160 米、以上 133 米，堤顶宽 6 米，堤坡 1∶2.5，堤高 3 米。共完成土石方 1 823.76 立方米，投资 1 833.8 万元。

至 1960 年初，济宁五里营以下河段已按航道标准完成。1960 年施工至 6 月，五里营至赵王河口段已按航道标准竣工；赵王河口至黄河一段以修筑行洪堤为主，结合取土挖河，故仅具河形，底宽 10~30 米，尚不能满足排涝要求，更不能通航。

1962—1963 年，根据库区排泄底水及两岸排涝要求，由黄委投资疏浚梁山县柳长河口以下至济宁长沟一段长约 36 公里，亦称湖西排渗沟工程，疏浚标准按水库泄流 50 立方米每秒，排涝为三年一遇，汶上泉河口以上为 140 立方米每秒，以下为 280 立方米每秒。

1963 年冬至 1964 年春，由菏泽、济宁两专区分别施工，疏浚柳长河口至济宁长沟一段，长 36 公里。其中，梁山县境内 22 公里。同时，对柳长河口至路那里一段按除涝三年一遇的 50%、防洪 20 年一遇标准治理。菏泽专区两项共完成土方 387.6 万立方米，投资 767.28 万元。1964 年冬，梁山县组织施工疏浚任庄至柳长河口航道 7 公里，航道底宽 10 米，边坡 1∶4，底高程 35 米，完成土方 11 万立方米，投资 20 万元。

1966 年冬至 1967 年春，由梁山、郓城两县出工，按 6 级航道进行开挖疏浚，底宽 15 米，底高程郭楼以下 31.5 米、以上 33.5 米，边坡 1∶4。梁山境内 3 段，长 25.06 公里，完成土方 124.34 万立方米。1967—1970 年，相继建成梁山郭楼节制闸、郭楼船闸和国那里穿黄船闸，1970 年梁济运河梁山至济宁段开始通航。1980 年，由于流域范围包括宁阳、东平、汶上、梁山、嘉祥、郓城县和任城、济宁市中区等 8 个县（区）流域涝水常年排入，挟带大量泥沙，航道淤积严重，停止通航。

1981 年，因国那里穿黄船闸不符合黄河防洪要求，进行拆除堵复。

1989 年 11 月至 1991 年 7 月进行挖河退堤工程，梁济运河干流泄量由 400 立方米每秒提高至 1 260 立方米每秒，成为鲁西南地区的排涝河道。

1989 年冬至 1993 年春，分三期完成河道治理。治理标准为三年一遇的 50%，泄洪（司垓闸以下）1 000 立方米每秒，全部工程总土方 2 332.34 万立方米。其中，梁山县一段，由梁山、汶上、嘉祥等 9 个县（市）施工，完成土方 614.06 万立方米。梁山县负责治理张桥以上河段，长 22.4 公里，完成土方 127 万立方米。从 1989 年 11 月 1 日至 1990 年 1 月 21 日完成，梁山县施工段完成投资 1 769 万元，其中国家、省投资 1 587 万元，县投资 182 万元。梁济运河虽经几次开挖疏浚，由于航运水源短缺，几经试航但终未成功。

2002 年，梁济运河纳入南水北调东线输水干线，将原柳长河经过疏挖改造成为湖内输水航道，并新建邓楼及八里湾泵站、船闸设施，千吨级的船只能够进入东平湖。2008 年 8 月，国务院南水北调办批复梁济运河输水工程河道总长度 58.25 公里，梁山境内 17.24 公里。梁济运河输水与航运结合工程，主要是利用梁济运河进行输水与航运，输水航道从南四湖至邓楼泵站下，一期按 3 级输水航道设计，输水流量 100 立方米每秒，代表船型为 1 顶 2×1 000 吨级顶推船队。其中：湖口至长沟泵站段设计最小水深 3.3 米，设计河底高程 28.7 米，底宽 66 米，边坡 1∶3~1∶4；长沟泵站至邓楼泵站段设计最小水深 3.4 米，设计河底高程 30.8 米，底宽 45 米，边坡 1∶3~1∶4。考虑到船行波对河岸的冲刷，桩号 0+000—11+000 梁济运河现状通河段采用模袋混凝土护坡，桩号 11+000—58+252 段采用浆砌石护坡。梁济运河流域内输水结合航运沿线共新建、重建主要交叉建筑物 127 座（处），包括新建支流口控制闸 7 座，重建生产桥 14 座，加固公路桥 3 座、提排站 60 座、涵洞引排沟渠连接段处理 43 处。该工程主体工程量分别为：开挖土方 1 658.48 万立方米，土方填筑 91.49 万立方米，砌石 98.46 万立方米，混凝土及钢筋混凝土 16.3 万立方米，灌注桩 2 191 米，金属结构制安 410 吨，改进制安 1 790 吨，总投资 171 742 万元。工程于 2011 年 3 月开工，2013 年 7 月基本完工。

梁山码头至邓楼船闸梁济运河段，经过南水北调东线南四湖—东平湖段治理工程建设，已具备通航条件。梁山铁水联运项目已于 2021 年 3 月正式启动，东平县东平湖老湖及梁山县的经济贸易即可通江达海，走向世界。

梁济运河通航景象

二、穿黄闸建设与废除

自清咸丰五年（1855），黄河在铜瓦厢决口，主流向东北至张秋冲断京杭大运河，夺大清河（济水故道）至利津入海后，清代大运河与黄河相交，受其影响，穿越黄河而北上，一直是困扰航运的难题。自清代至中华人民共和国成立后，先后两次修建穿黄闸，来解决穿黄航运问题，但效果均不理想。

（一）十里堡穿黄闸修建与废除

清同治八年（1869）"河决兰阳，漫水下注，运河堤线残缺更甚"；同治十年（1871）"黄水穿运处，渐徙而南，自安山至八里庙（原属寿张，今属阳谷）55里运堤，尽被黄水冲坏，而十里堡（原属寿张，今属东平）、姜家庄及道人桥（原属寿张，今属台前）均极淤浅"。从此，湖北运道自安山镇以北已无正规河槽可循。为使运河穿黄，以保漕运，光绪三年（1877）在十里堡北黄河右岸（黄堤桩号340+853处）修建了砌石穿黄闸1座，东西槽长10米，宽8米。清光绪十五年（1889）运河南岸亦淤，迫使漕船不走船闸，由大安山或三里铺绕盐河出东阿县庞口入黄河，逆水而上至陶城铺（光绪元年运黄交汇处八里庙、张秋等处全淤，又在北岸陶城铺新开河12里，接十里堡旧河，引黄水接阿城闸而行运北上）新开河。其间，由于黄河汛期与非汛期水量悬差较大，水沙也难以控制，船闸运用困难重重，加之海运兴起，到光绪二十七年（1901），黄河以北运河漕运被迫停止，十里堡船闸遂废。

之后，黄河以南至济宁的老运河连通北五湖和南四湖，运河北段可进入

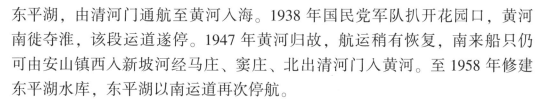

东平湖，由清河门通航至黄河入海。1938 年国民党军队扒开花园口，黄河南徙夺淮，该段运道遂停。1947 年黄河归故，航运稍有恢复，南来船只仍可由安山镇西入新坡河经马庄、窦庄、北出清河门入黄河。至 1958 年修建东平湖水库，东平湖以南运道再次停航。

（二）国那里穿黄闸建设与拆除

1958 年东平湖水库建成后，将张坝口以北老运河截入东平湖水库内，梁山至济宁段运河完全断航。由交通部报经国务院批准，整治京杭大运河，恢复运河航运，并于 1960 年开挖黄河以南至南四湖的梁济运河。

为适应航运事业的需要，1966 年冬至 1967 年春，山东省交通厅决定整治梁济运河航道，治理标准为六级航道（100 吨驳船，一拖五驳）。为使梁济运河与黄河沟通，1968 年 10 月，根据山东省革委会生产指挥部计划办公室〔1968〕计办基字第 13 号文《关于京杭大运河入黄工程设计任务书的批复》，由山东省交通厅水运设计院和交通厅航运公司派员共同设计，并经山东黄河河务局、黄河水利委员会审查后修改确定，在黄河右岸大堤桩号 336+099 处，梁山县国那里村附近动工修建穿黄船闸 1 座。穿黄闸轴线穿过黄河险工 25 号坝，与黄河水流交约 30°角，最高水位差为黄河高于运河 8 米。为避免淤积，采用清水过闸方案，即建抽水站提取下游运河清水于蓄水池内，并在蓄水池与闸室之间修建进水口及输水管，灌水时使池内存水由输水管通过闸室底部进入闸室，泄水时由下闸首对冲消能短过道泄入下游引航道。为减少上游引航道淤积，将上闸首紧邻黄河大堤，使上游引航道尽量短而窄，并考虑到防洪及施工方法的要求，上游引航道定为 75 米，底宽 20 米，边坡 1∶0.5，在距闸门 45 米处设计有防沙帷帘。公路桥设在闸上首，以闸代桥，桥面净宽 7 米，外加栏杆。桥下净空在最高通航水位以上 5.5 米，设计荷载为汽−15、拖−60。

闸室采用分离式，闸室墙为直立式闸室，全长 130 米，单孔孔高 10.7 米，底宽 12 米，水深 2.5 米，每 20～25 米为一段，段间留有沉降缝。闸室底部设有三层反滤层，并以干砌块石护底。全闸室设有系船桩 12 个，分别设置在闸室两侧墙顶各分段的中部，并分别在高程 39.0 米、41.0 米、43.0 米、45.0 米处设有系船链，每隔 12 米用系船环与闸室墙连接。设计船型按机动驳 300 吨或船队一拖三驳（单船 100 吨）。建筑物等级除闸上首为 1 级外，其他均为 3 级。上游最低通航水位为 41.5 米，下游运河分别以 41.5 米和 37.5 米为最高通航水位、最低通航水位。

黄河运河交汇处（梁山县国那里村）

该工程 1968 年 3 月开工，1969 年完成主体工程，至 1972 年基本完成。完成土方 18.3 万立方米，钢筋混凝土及混凝土 8 005 立方米，钢筋 87 吨，钢材 125 吨，砌石 16 974 立方米，完成投资 652.8 万元。

1972 年 9 月 10 日，进行首次运用试验，历时 83 分钟（为保证安全，首次使用时未按照设计速度启闭闸阀门，因而历时较长）；10 月 29 日，第二次试运行，上游水位 43.4 米，下游水位 38.5 米，双向过闸，历时 75 分钟，后经几次试用，一般单向过闸 30 分钟（不包括抽水灌蓄水池）。

之后，入黄船闸未经黄河洪峰考验，黄河管理部门未同意启用该闸。竣工后不久，发现上闸首底板出现裂缝及土石结合部有渗水现象，闸室第一节底板断裂，上闸首后面东侧挡土墙有倾斜。对此，报请省交通厅及山东黄河河务局批准，对其进行加固，1974 年 11 月 30 日加固工程竣工，1975 年 4 月 27 日验收。

由于黄河河底逐年抬高，水位逐年提高，达 50.0 米，原设计闸门工程为 48.0 米，已不适应。加之该段处于黄河险工堤段，1980 年 6 月 3 日，菏泽地区航运办事处以〔1980〕菏航工字第 6 号文《关于报送入黄船闸汛前土坝围堵工程预算的报告》上报省交通厅，同时梁山县防汛指挥部也要求对船闸进行围堵，以确保防汛安全。1980 年 6 月 11 日，山东省交通厅以〔1980〕鲁交航字第 56 号文批复，同意入黄船闸前围堵。围堵工程于 1980

年 6 月 25 日开工，9 月 5 日竣工。从此，国那里入黄船闸停用。

1987 年该闸被列为黄委十大险点之一。当年 6 月 22 日，山东省人民政府办公厅〔1987〕鲁政办函 100 号文下发《关于国那里入黄船闸防汛措施的通知》，要求迅速采取永久性闸后围堵工程措施。7 月 1 日，在菏泽黄河修防处田德本、菏泽地区航运办事处黄庆林监交下，菏泽地区航运办梁山港代表江振西等将该闸移交梁山黄河修防段管理。9 月 25 日，梁山黄河修防段组织拆除船闸，至次年 6 月，完成围堵主体工程，8 月底全部竣工。拆除背河堤身外的部分船闸工程（堤身及临黄侧船闸未拆除），修作闸后围堵工程，共拆除石料 5 758 立方米、混凝土 959 立方米，清除粗砂及弃土 9.39 万立方米，完成土方 32.86 立方米，筑围堵堤长 52 米，完成投资 430 万元。

国那里穿黄船闸自建至废历时 20 年，未发挥作用，带着遗憾走进了黄河和大运河治理的史册。

三、任庄港的建设与废止

1960 年，梁济运河初步开挖完成后，为了解决梁山河段航运船只停靠问题，1967 年经山东省交通厅批准建设梁山港，因位置在梁山城关镇任庄村，故最初称任庄港。

该港位于梁济运河西岸，隶属梁山县交通局。1973 年 5 月，改称为梁济运河办事处梁山港，隶属菏泽地区交通局。1975 年 10 月，又更名为菏泽地区航运办事处梁山港。

梁山港设计年吞吐能力 15 万吨。港口占地面积 4 万平方米，建货场 660 平方米，建浆砌块石直立挡土墙式码头 240 米，沿河水深 1.5 米，60 吨级泊位 10 个，100 吨级泊位 5 个，建仓库 432 平方米以及水塔等工程。1971 年投产，历年货源组织完成运输情况：1971 年 1.1 万吨、1972 年 1.0 万吨、1973 年 1.73 万吨。1974 年港池疏浚，1975 年因航道水浅停航，港口闲置。1989 年转卖给梁山县造纸厂。

四、南水北调东线东平湖区工程

为了解决京津冀地区严重缺水问题，1978 年水电部提出南水北调东线方案。初步规划抽长江水，沿京杭大运河北调。东平湖是南水北调东线最后两级扬水泵站站址，老湖是调水过黄河的重要枢纽工程，位山河段是江水穿黄的咽喉。山东东部沿海地区淡水严重缺乏，已成为制约经济发展的重要因素。山东规划结合东线工程，研究西水东调规划，将延伸小清河，利用东平湖与大运河连通，把黄水、江水和汶水统一储蓄而调度运用，调往济南及东部缺水城市，满足经济发展需要。因此，老湖是承接南水北调东线调江水并使其发挥最大综合效益的关键性工程。南水北调东线、西水东调工程建设势在必行。随着东平湖水库超标准运用综合治理和运用功能的提高，东平湖的优越位置和重要作用将全面凸显，不仅能改变单纯的防洪运用的现状，而且能提升多种运用功能的发挥，对促进东平湖自然资源的开发利用和经济社会的高速发展具有重大意义。

结合南水北调东线和山东西水东调，在东平湖区域需要进行新建、改建和扩挖柳长河输水与航道干线、八里湾及邓楼泵站和船闸、陈山口引水闸及济平干渠、穿黄出湖闸、穿黄枢纽段、湖区航道及港区等一大批相关工程。

（一）柳长河输水与航道开挖

柳长河自八里湾泵站至邓楼泵站，全长 20.984 公里，是南水北调东线南四湖至东平湖输水与航道（主航道 98.4 公里）结合的一部分工程。一期工程按三级输水与航道开挖，输水流量 100 立方米每秒，设计最小水深 3.2 米，设计河底高程 33.2 米，河底宽 45 米，边坡采用现浇混凝土护坡，坡度为 1：3，可通行代表船型 1 顶 2×1 000 吨级的船队。

柳长河输水航道

由于 1958 年东平湖水库建设将柳长河截断，湖内仍称柳长河（亦称流长河），湖外部分改称流畅河。湖内柳长河从八里湾提水站至张桥村西入梁济运河处，长 20 公里，流域面积 225.58 平方公里，排水流量 13 立方米每秒。

南水北调东线规划，将湖内柳长河在张桥东向南接长至邓楼，经开挖治理后，利用梁济运河从南四湖输水，至邓楼泵站抽水，沿柳长河输水至八里湾泵站抽水入东平湖老湖；从济宁通过梁济运河的船只可通过邓楼船闸进入柳长河，再通过八里湾船闸，进入东平湖老湖。

该工程于 2011 年 3 月 10 日开工建设，2013 年 11 月 9 日正式通水，实现了引长江水和千吨级的航船进入东平湖老湖。

（二）济平干渠与陈山口引水闸

该工程是南水北调东线工程胶东输水干线西段的一部分，是向胶东输水的首段工程，是在 1960 年开挖济南至平阴干渠基础上扩挖的，故称为济平干渠。

1. 济平干渠

济平干渠输水线路从东平湖陈山口至济南，流经东平、平阴、长清、槐荫 4 个县（区），区域面积 3 436 平方公里。自陈山口引水闸起，沿原有的济平干渠布置，经平阴县城区防洪堤、田山灌区沉沙池，进入孝里洼，然后沿老 220 国道布置，经长清区、槐荫区，至济南市小清河睦里庄跌水，全长 89.893 公里（其中东平境内长度 5.8 公里）。输水规模 50 立方米每秒，加大流量 60 立方米每秒。该工程于 2003 年 5 月开工建设，2005 年 12 月全部建成，工程总投资 12.56 亿元。12 月 27 日通水调试，29 日渠首闸正式开闸放水，试通水成功。

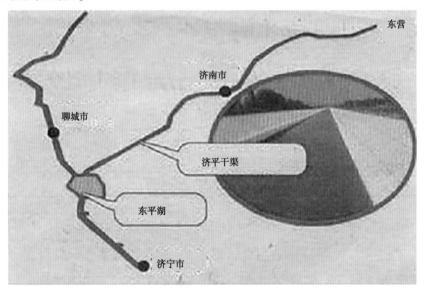

济平干渠路线示意图

2. 陈山口引水闸

陈山口引水闸位于东平县旧县乡境内，陈山口出湖闸东侧，陈山口村附近。2005 年由山东省南水北调建设管理局建设，按远期供水规模建设，设计流量为 90 立方米每秒，加大流量为 100 立方米每秒。陈山口引水闸是在原陈山口引湖闸的基础上改建而成的。陈山口引湖闸于 1967 年始建，主要是东平县旧县洼引水灌溉兼顾排涝之用，1990 年老湖大水期间严重漏水，1992 年 8 月封堵，2002 年拆堵闸首，2005 年将其拆除改建为南水北调东线西水东调济平干渠渠首闸，名为陈山口引水闸。该闸设 2 孔闸门，底高程 37.0 米，消力池长 16.5 米，闸后干渠上游引渠宽 25 米，闸前引渠长 500 米。2005 年 2 月开工，12 月竣工，投资 1 030 万元。陈山口引水闸由山东省南水北调建设管理局建设和管理。

陈山口引水闸

（三）南水北调东线穿黄枢纽段工程

南水北调东线穿黄枢纽段工程选在东平湖和黄河南岸解山穿黄洞之间，包括湖内引渠、魏河出湖闸、南岸输水渠和滩区暗管埋设工程四部分。

1. 湖内引渠开挖

湖内引渠开挖长 1.3 公里，一期开挖宽度 73 米，深 8~10 米。老湖内引河疏挖 7.7 公里，一期开挖宽度 113 米，小清河在现有基础上下挖 5~6 米。

2. 魏河出湖闸

魏河出湖闸是南水北调东线出东平湖穿黄河的出湖闸，位于东平县斑鸠店镇魏河村附近，玉斑堤桩号 2+670 处，设计 3 孔，单孔高 6 米，宽 3.5

米，闸长 50 米，设计流量 100 立方米每秒。2010 年 12 月建设。

南水北调东线魏河出湖闸

3. 黄河南岸输水渠

该渠位于东平县斑鸠店镇境内，于 2008 年开挖自玉斑堤至子路堤之间渠道，全长 2.6 公里，开挖宽度 56 米，挖深 6~7 米，渠底及两侧砌护。

4. 黄河滩区暗管埋设

黄河滩区暗管埋设自子路堤至解山穿黄隧道，长 3.8 公里，设计采用暗管输水方案。暗管直径 7.2 米，暗管轴线至地面 10.5 米。

（四）泵站建设

为了解决南水北调东线调水进入东平湖，分别在围坝和二级湖堤上建设了八里湾和邓楼泵站。

1. 八里湾泵站

该泵站位于二级湖堤桩号 15+560 处，东平县八里湾村附近，八里湾船闸与八里湾泄洪闸中间，是南水北调东线第 13 级泵站，也是最后一个抽水泵站。泵站为 I 等水利工程，设计流量 100 立方米每秒，底板高程 24.0 米，堤顶高程 47.0 米。主要建筑物由南向北依次为引水渠、清污机桥、进水池、进水闸、机组主厂房、出水闸、出水池、出水渠、公路桥。泵站有 4 台立式全调节轴流泵；每台水泵单机设计流量 33.4 立方米每秒，2 台液压调节装置；每台水泵进水流道内各设 1 套五声道超声波流量计，用以监测水泵运行时的工作流量。

八里湾泵站

　　该泵站由东平湖管理局代建，山东黄河东平湖工程局承建，主体工程于2009年9月开工建设，2013年5月建成通水。泵站主机泵设备安装4台套，液压启闭机安装8台套，自动清污设备安装8台套，主变压器安装2台套，站用变压器安装2台套，GIS设备安装3台套，高低压配电柜（屏）安装22块；架空线路全长27.8公里，全线杆塔95基，其中耐张杆塔25基，直线铁塔70基，随110千伏线路架设OPGW光缆一条；管理用房1 372平方米。完成土方开挖41.05万立方米，土方填筑57.49万立方米，水泥土换填0.92万立方米，混凝土浇筑4.52万立方米，混凝土灌注桩4 797.8米，水泥粉煤灰碎石桩13 992.4米，水泥土搅拌桩35 482.9立方米，钢筋制安3 967.04吨，完成总投资2.98亿元。泵站各参建单位于2018年荣获2017—2018年度中国水利工程优质（大禹）奖。

　　截止到2018年12月31日，向黄河北及济南、胶东累计调水33.74亿立方米。

　　2. 邓楼泵站

　　该泵站位于东平湖围坝桩号42+950、梁山县梁济运河和东平湖围坝相交处，司垓退水闸以东邓楼村附近，是南水北调东线第12级抽水泵站，山东境内第6级抽水泵站，由梁济运河提水至东平湖新湖区入柳长河，再由八里湾抽水泵站提水入东平湖老湖，以实现南水北调东线工程的梯级调水目标。泵站工程规模为大（1）型，工程等级为Ⅰ等。共5孔，每孔宽5米，高6米，底板高程33.0米，一期工程设计流量为100立方米每秒，选用4台液压全调节式3100ZLQ－4型立式轴流泵，其中备用1台，总装机容量

8 960 千瓦。邓楼泵站工程枢纽包括主厂房、副厂房、引水渠、出水渠、引水涵闸、出水涵闸、梁济运河邓楼节制闸、变电站、电站防洪围堤、办公生活福利设施等。

邓楼泵站

该泵站由山东黄河工程集团有限公司承建。工程于 2010 年 1 月开工，2013 年 6 月全部竣工。预算投资 25 723 万元，土石方开挖 80.188 万立方米，土石方填筑 49.23 万立方米，砌石 1.568 万立方米，混凝土及钢筋混凝土 6.62 万立方米，灌注桩 3 395 米，钢筋制安 3 290 吨。永久征地 401.8 亩。

（五）船闸建设

为了结合南水北调东线南四湖至东平湖段的实施，开通济宁至东平湖通航也是山东省交通厅实施的内陆水运的重点工程之一。其中包括八里湾和邓楼船闸的建设。

1. 八里湾船闸

该船闸位于二级湖堤桩号 16+269 处，东平县八里湾村附近。它是南水北调东线南四湖至东平湖段输水与航运结合工程的重要组成部分，也是京杭运河续建工程东平湖至济宁段关键的梯级船闸。船闸按照 2 级船闸标准设计，闸室有效尺度为长 230 米，坞式船闸 1 孔，宽 23 米，高 5 米，两端钢闸门，底板高程 31.0 米，设计年单向通过能力为 2 440 万吨。主要建筑物有闸室、启闭机房、引航道、锚地、桥梁和管理区等；配套建设有大堤交通桥、八里湾公路桥、跨闸人行桥、倒虹吸各 1 座；年单向通过能力为 2 440 万吨，上下游均设导航段，停泊段分别长 223 米、400 米。通航规划近期以

1 000 吨级的船队为主，远期以 2 000 吨级的船队为主。工程概算投资 5.08
亿元，规划占地 744 亩。该船闸由中建筑港集团有限公司承建，于 2012 年
12 月开工建设，2015 年 6 月底完成交工验收。船闸已正式运行。

八里湾船闸枢纽工程全貌

2. 邓楼船闸

该工程是京杭运河上的一个重要梯级航运枢纽，位于东平湖围坝桩号
43+266 处，梁山县邓楼村附近。船闸按照 2 级通航标准建设，坞式船闸，
两端钢闸门，1 孔 23.2 米，高 5 米，底板高程 29.0 米。船闸上下游引航道
按照底宽 60 米、水深 4 米的标准建造。该闸设计最大船舶吨级 2 000 吨级，
年单向货物通过能力 2 460 万吨。2012 年 5 月开工建设，至 2015 年 5 月全
部完工。累计完成土方 350 万立方米，耗费钢筋 1.76 万吨，浇筑混凝土 16
万立方米，概算总投资 51 890.1 万元。

（六）湖区航道开挖

京杭运河东平湖老湖区航道工程是《山东省内河航道与港口布局规划》
确定的京杭运河主航道。南自八里湾船闸北侧，连接泰安港东平港区老湖和
银山两个作业区，呈 Y 字形布置，采用内河三级航道标准，设计底宽 60 米，
通航水深 3.5 米，全长 15.531 公里。该项目由中建筑港集团有限公司和天
津港航局承建，于 2017 年 12 月开工建设，2019 年 4 月竣工。主要工程包含
航道疏浚、航标标牌等附属工程及弃土区整理等临时工程。施工期间累计投
入各类施工船舶 100 余艘，完成土方疏浚 288 余万立方米，完成投资 3 亿
多元。

五、东平港

随着南水北调东线进入东平湖老湖，山东省交通厅规划设计了东平湖老

邓楼船闸工程

湖区航道的开挖以及东平港的建设，东平港主要包括老湖、银山、彭集3个作业区。一期总投资3.6亿元，于2020年完成了老湖作业区的建设（银山、彭集作业区正在规划建设中）。已于2021年3月开始运营，初步具备了东平湖通江达海的能力。

东平港老湖作业区

（一）老湖作业区

东平湖老湖区航道连接的东侧作业区为老湖作业区，位于东平湖东翼东平县老湖镇代屯村以南。占地493亩，建设8个1 000吨级通用泊位（结构预留2 000吨级）、锚地及相应配套设施，泊位全长634米，锚位全长156米，设计年通过能力为477万吨。

（二）银山作业区

东平湖老湖区航道连接的西侧作业区为银山作业区，位于东平湖西翼东平县银山镇昆山村以南。占地304亩，建设4个1 000吨级通用泊位、锚地及相应配套设施，泊位全长322米，锚位全长218米，设计年通过能力为225万吨。

（三）彭集作业区

彭集作业区位于东平县彭集街道大清河左岸。占地850亩，正在规划建设彭集作业区，建设8个1 000吨级通用泊位、锚地及相应配套设施，泊位全长634米，锚位全长220米，设计年通过能力为535万吨。

六、梁山港

梁山港位于梁山县寿张集镇东南梁济运河右岸，距瓦日铁路直线距离仅1.8公里，距离黄河直线距离10公里，港区处于瓦日铁路与京杭运河的黄金交叉点上。规划寿张集作业区1处，是山东省发展铁水联运的重点港区、我国内河最大的港口，也是国家重点建设的6个运河港口之一。港区共规划港口岸线1 710米，其中新规划港口岸线1 190米、已利用岸线520米。建有8个2 000吨级泊位、3个集装箱泊位，3台移动式装船机等。货运码头主要运输煤炭、集装箱、件杂货、矿石等货种，为山西中南部铁路通道通过京杭运河中转、实现铁水联运服务、兼顾物流中心的集装箱装卸服务。年吞吐量达5 000~7 000万吨。

港口于2015年4月开工建设，坚持高标准建设，使港区各工序作业均实现自动化，多项指标达到全国第一。港区建设被列入山东省重点建设项目、煤炭应急储备基地、多式联运示范工程，项目总投资概算68亿元。一期工程全部竣工，已于2021年4月开始运营，具备1 500~2 000万吨年货物吞吐能力；二期工程正开工建设，项目整体竣工后，将具备5 000万吨吞吐能力，年可实现销售收入300亿元。

梁山港凭借京杭大运河与瓦日铁路交会的黄金点上的内河航运优势，将煤炭、钢材、粮食、化肥、铁矿石、农用物资等大宗货物沿运河进入长江，辐射江浙沪一带，连接西部煤源产地和长江三角洲经济区。近可助推山东地方经济发展，远可通江达海对接国家"一带一路"建设，发展前景广阔。

梁山港区繁忙景象

第六篇　水闸工程

　　自 1855 年黄河在铜瓦厢决口，夺大清河入海后，东平湖已成为黄河洪水自由进出的区域，区内土地常受其淹，形成了"东平州十年九不收"的苦难年景。为此，湖区群众为生计而为，自发修筑民埝和山口隔堤阻挡黄水进入。由于埝低单薄，遇洪即漫或决，漫延甚远。东平湖水库建设时，对民埝及山口隔堤进行了加高培修，将自然蓄滞洪区缩小，并修建东平湖水库，以备蓄滞洪、灌溉、发电、养鱼、航运、旅游等综合兴利之用，以减少洪水淹没范围。

　　为控制洪水无序进出东平湖，水库建成后，逐一修建了一些控制分泄洪和排灌的涵闸，根据实际运用情况并经过不断建设，东平湖走过了从自然无序蓄滞洪到人为控制有序蓄滞洪的过程。自建库以来，共建有 5 座进湖闸（已废弃 2 座）、4 座出湖闸、4 座泄水（退水）闸、6 座排灌闸、2 座引湖闸

（已废弃），另外黄堤和黄湖共用堤上还修建了 2 座引黄闸，为梁山、东平一部分农田引水灌溉，有时也为南四湖生态补水引用黄河水。

第一章 进湖闸群

一、石洼进湖闸

该闸位于东平县戴庙镇石洼村附近,水库围坝桩号 8+908—9+268 处,号称山东黄河第一闸,是唯一向东平湖新湖区分洪的大型涵闸。该闸修建在国那里险工 34 号坝至十里堡险工 39 号坝之间,临河接近大溜,分洪较为方便。自建至今未运用而改建了两次。

1967 年建成的石洼进湖闸

1960 年东平湖蓄湖运用后,因湖堤存在重大问题,水电部明确指出,东平湖近期以黄河防洪为主,暂不蓄水兴利。1963 年,黄委编制了《东平湖水库运用规划》。1966 年 6 月 10 日,国务院批转水电部《关于 1966 年黄河下游防汛及保护油田问题的报告》中提出,东平湖现有进湖能力不足,为增大进湖能力拟在石洼增建东平湖进湖闸,并及早兴办。1967 年,水电部决定新增东平湖进湖闸,分两处兴建,分别进入新湖和老湖,石洼闸进新湖,进湖能力为 5 000 立方米每秒;林辛闸进老湖,进湖能力为 1 500 立方米每秒。

石洼进湖闸初定泄量指标为 5 500 立方米每秒,兴建时因部分泄量指标安排结合灌溉用水修作了国那里引黄闸,该闸设计改为 5 000 立方米每秒。全闸共 49 孔,每孔宽 6 米,孔高 4 米,闸室总宽 342 米,顺水纵长 173 米,底板高程 40 米。基础地质系河相冲积层,砂土、壤土间层分布,土质松软,持力层自28米高程以上为薄弱土层，承载力差、压缩性大，故采用桩基处理，闸室结构为分立式闸墩，每墩下设基桩9根。闸门采用钢筋网水泥拱板及钢筋混凝土框架结构的定轮直升闸门，采用7台2×40吨双吊点移动式启闭机启闭。该闸为黄河下游第一座桩基开敞式水闸。于1966年3月开工建设，至1967年12月完成，完成土方54万立方米，石方8.43万立方米，混凝土2.03万立方米，投资617.98万元。

由于黄河河道不断淤积，河床逐渐抬高等原因，该闸虽未运用一次，但也必须进行改建。1976年10月至1979年6月进行第一次改建。闸室向下游面帮接6米，增设基桩799根，底板加修驼峰抬高至高程42.5米（大沽高程），下游增设2级消力池，防冲段加长至119.1米，设计泄量5 000立方米每秒，校核泄量6 000立方米每秒。该闸为钢筋混凝土结构，属1级水工建筑物。钢筋混凝土平面闸门，增建启闭机房，固定式启闭机，一门一机简易数字自动控制启闭。完成土方26.99万立方米，石方4.9万立方米，混凝土3.74万立方米，投资1 106.55万元。

石洼进湖闸（1976—1979年改建）

2017年2月20日至2019年3月20日又进行第二次改建，仍维持原工程规模进行除险加固，对闸室段进行护面、减载及加固、胸墙加固处理；拆除重建机架桥、公路桥、启闭机房及桥头堡；更新闸门及启闭设备和电气设备；修复测压管；新设综合自动化启闭系统；拆除重建管理房等。土建部分由山东黄河东平湖工程局承建，金属部分由黄委黄河机械厂承建安装。共完成拆除工程7 497.27立方米，混凝土浇筑6 603.99立方米，钢筋制安892.6

吨，新建桥头堡启闭机房 2 188.54 平方米，完成投资 8 669 万元，征地及移民安置补偿投资 23 万元。

石洼进湖闸（2017—2019 年改建）

二、林辛进湖闸

该闸位于东平湖水库围坝桩号 8+068—8+200 处林辛村（已外迁至梁山县信楼乡）附近、十里堡险工 44~47 号坝之间，是分黄河水入老湖的主要进湖闸。

原闸规划与石洼进湖闸同期，为增大进湖能力分水入老湖区而建，设计分洪流量 1 500 立方米每秒，共 15 孔，每孔宽 6 米，孔高 4 米，闸室总长104 米，顺水纵长 164.8 米，底板高程 40.0 米，分离式闸墩，下设基桩。钢筋混凝土闸门，半自动控制启闭。基础地质为河相冲积层，土质多黏土及沙壤土，质地松软。该闸初建于 1967 年 6 月至 1968 年 7 月。完成土方 15.25万立方米，石方 2.76 万立方米，混凝土 0.64 万立方米，投资 176.06 万元。

由于黄河淤积，于 1977 年 11 月至 1980 年 12 月首次进行改建。闸室向上游面帮接 5.5 米，增设基桩，底板抬高至 42.0 米高程，防冲段加长至125.1 米，设计泄量 1 500 立方米每秒，校核泄量 1 800 立方米每秒。该闸为钢筋混凝土结构，属 1 级水工建筑物。完成土方 7.94 万立方米，石方 2.1万立方米，混凝土 1.04 万立方米，投资 341.55 万元。

1982 年 8 月 6—9 日，首次进行分洪运用，历时 72 小时，最大泄量1 350 立方米每秒，造成闸后淤积，抬高地面 1.5~2 米，沙化土地约700 亩。

于 2017 年 2 月 14 日至 2019 年 3 月 27 日进行第二次改建，保持原设计

林辛进湖闸（1977—1980 年改建）

规模进行除险加固。对闸室段进行护面、减载处理；拆除重建机架桥、公路桥、启闭机房及桥头堡；防冲槽加固；更新闸门及启闭设备和电气设备；测压管修复等。该工程土建（含水保、环保）由山东安澜工程建设有限公司（原聊城黄河工程局）承建，金属结构由葛洲坝集团机械船舶有限公司承建。完成清淤 31 305 立方米，土方开挖回填 9 012 立方米，拆除工程量 2 677 立方米，混凝土浇筑 1 877.42 立方米，钢筋制安 402.24 吨，完成工程投资 4 113 万元，征地及移民安置投资 15 万元。

林辛进湖闸（2017—2019 年改建）

三、十里堡进湖闸

该闸位于东平县戴庙镇十里堡村附近东平湖水库围坝桩号 6+823—6+

968 处，为黄河洪水进入老湖的主要进湖闸。

原闸规划指标，泄量 3 000 立方米每秒，最大泄量 4 000 立方米每秒，兴建时修改为 2 000 立方米每秒。共 10 孔，每孔净宽 9.7 米，孔高 4 米，闸室总宽 115.5 米，两端设岸箱过渡与大堤联结，顺水总长 290 米，2 级消力池，闸底高程 39.75 米。钢筋混凝土结构，桩基开敞式水闸，钢制弧形闸门，半自动控制启闭。基础地质为第四系河流冲积层，有深厚的黏土及亚沙土层，为防止基础液化，底板下四周打板桩封闭深约 6 米。该闸建于 1960 年 2—8 月，完成土方 78.34 万立方米，石方 5.57 万立方米，混凝土 3.05 万立方米，投资 577.49 万元。

原闸建成后曾两次进行加固，1962 年加固下游防冲槽抛填铅丝笼 5 000 个，1963 年加固灌填一、二级消力池底板裂缝。

1978 年 12 月至 1981 年 8 月首次进行改建，闸室向上游面接长 17 米，设基桩 450 根，底板高程改为 42.5 米，仍为 10 孔，每孔净宽 9.7 米，孔高 4 米，钢制平板闸门，改建后设计泄量为 2 000 立方米每秒，属 1 级水工建筑物。完成土方 9 万立方米，石方 0.88 万立方米，混凝土 1.28 万立方米，投资 439.5 万元。

十里堡进湖闸（1978—1981 年改建）

有计划地分水两次，1960 年 9—10 月，断续东平湖蓄水分流 22 天，最大泄量 835 立方米每秒。1982 年 8 月 7—9 日，东平湖老湖分洪运用 60 小时，最大泄量 1 336 立方米每秒。此外，于 1965 年、1983 年、1984 年曾 3 次为抗旱或淤改进行过小流量放水，造成较多的淤积。1989 年上游翼墙改建加固。1996 年闸下游一级消力池右导墙发生裂缝，经清淤检查发现右导墙裂缝下部底板上有一贯穿横缝，长 2 米，宽 0.5~2 毫米，横缝中有面积 0.3 米×0.1 米的损坏 1 处，后进行了加固处理。

2017 年 2 月 16 日至 2019 年 3 月 20 日进行第二次改建，保持原设计规模进行除险加固，设计防洪水位 49.79 米（黄海高程，下同），校核防洪水位 50.79 米，对该闸进行闸室段护面处理；拆除重建机架桥、公路桥、启闭机房及桥头堡；更新闸门、启闭设备和电气设备；新设测压管等。该工程土建（含水保、环保）由菏泽黄河工程局承建，金属结构由黄委黄河机械厂承建。完成拆除工程量 1 334 立方米，混凝土浇筑 1 214.84 立方米，钢筋制安 237.5 吨。完成工程投资 3 462 万元，征地及移民安置投资 15 万元。

十里堡进湖闸（2017—2019 年改建）

四、徐庄、耿山口进（出）湖闸

徐庄和耿山进（出）湖闸地处原位山枢纽上游右岸，位居徐庄和耿山口村附近，东平湖水库围坝起点 0+000 处，为一处两闸，中隔一小山丘，南闸为徐庄闸，北闸为耿山口闸，同用一条引河输水。始建于 1959 年，为老湖区辅助分洪闸。

原闸规划为溢洪道形式，以便分凌，兴修时改建为闸。两闸地处山坳劈山建成，前后左右均为坚硬的寒武纪石灰岩，裂隙很少，透水性低，无底板及前后防冲工程，可兼作反向吐水运用，又名徐耿进（出）湖闸。

两闸共 11 孔，每孔宽 10 米。徐庄闸 5 孔，总宽 57.2 米，底高程 38.74 米；耿山口闸 6 孔，总宽 69 米，底板高程 37.74 米。钢架弧形木面板闸门，钢筋混凝土及砌石混合结构，Ⅰ 等 2 级水工建筑物。1973 年改木面板闸门为钢丝网水泥薄壳面板闸门，1977年加高门底坎1米。

该闸于1960年7—9月东平湖试蓄运用一次，历时41天，最大泄量徐庄闸为785立方米每秒，耿山口闸为472立方米每秒，分水后引河淤积较重，以后未再疏浚治理。1995年徐庄、耿山口两分洪闸因防洪标准低，工程严重老化被黄委列为险点，1999年拆除，按黄堤1级堤防标准改建修为两段山口隔堤，长度分别为103米和71米。

徐庄闸于1959年10月开工，至1960年4月完工，完成土方1.3万立方米，石方5.09万立方米，混凝土0.28万立方米，投资165.22万元。1999年7月至2000年12月拆除堵复，完成土方5.37万立方米，石方0.05万立方米，混凝土0.027万立方米，投资155.21万元（含拆除修堤）。

耿山口闸于1959年10月开工，至1960年5月完工，完成土方3.03万立方米，石方11.24万立方米，混凝土0.35万立方米，投资203.01万元。于1999年7月至2000年12月拆除堵复，完成土方6.43万立方米，石方0.066万立方米，混凝土0.035万立方米，投资202.6万元（含拆除修堤）。

第二章　出湖闸群

一、陈山口出湖闸

该闸位于两闸隔堤桩号0+625处，东平湖水库北出口，东平县旧县乡陈山口村附近。1958年11月至1959年10月建成，当时为位山枢纽工程唯一的一座泄洪建筑物。

该闸为开敞式水闸，共7孔，孔宽9米，孔高5.5米，闸身总宽85.8米。设计流量1 200立方米每秒，底板高程37.79米，闸顶高程48.69米。

陈山口出湖闸（1958—1959年建成）

原闸规划，正常泄量620立方米每秒，最大泄量3 000立方米每秒。位山工程改建后，由于黄水顶托及出湖河道淤积的影响，又加运用条件的变化，经1968年重新演算确定泄洪流量为1 200立方米每秒。岩基开敞式涵闸，共7孔，每孔宽10米，闸室总宽80.8米。基础地质，为中生代寒武纪中厚层石灰岩，纹密坚硬。因地处山坳，四周皆岩石，上下游均未作防护工程。闸室为钢筋混凝土结构，钢制弧形闸门，属1级水工建筑物。于1958年11月至1959年10月建设，完成土方3.03万立方米，石方3.50万立方米，混凝土0.56万立方米，投资234.45万元。

该闸建成后，由于大汶河常年来水，经常运用。1964年最大泄量曾达866立方米每秒，下游出湖河道与黄河沟通，经常淤塞。1990年进行过水下爆破疏浚，1991 年进行机械和人工疏挖，2001 年亦进行了水下爆破及采用机械、挖泥船进行疏挖，2002 年和 2003 年分别进行了闸下、闸上引河开挖。5 次疏挖土方 232.32 万立方米，投资 4 146.04 万元。

　　由于黄河逐年淤积，水位抬高，该闸存在反向挡水标准不足问题，1995 年被列为黄委在册险点。1998 年 2 月进行改建，11 月 30 日竣工。保留原闸公路桥、机架桥、工作桥、胸墙、闸墩和底板，将闸底槛高程 37.0 米抬高至 39.0 米，设计流量不变，改建为平板钢闸门，每孔配备 2×63 吨固定卷扬式启闭机，拆除旧启闭机机房并新建。完成土方 16.23 万立方米，石方 0.26 万立方米，混凝土 0.27 万立方米，投资 1 520 万元。2000 年 6 月经黄委组织验收，工程质量优良。1998 年 8 月下旬老湖高水位期，陈山口闸下游右导流堤出现一处漏洞险情，采用背河月堤法进行抢护，汛后用高喷截渗墙法进行加固处理。该闸每年泄水运用机遇较多。

陈山口出湖闸（1998 年改建）

　　陈山口闸公路桥作为 220 国道的公路桥，使用多年经车辆碾压已成危桥。根据 2016 年 4 月《国家发改委关于黄河东平湖蓄滞洪区防洪工程可行性研究报告的批复》及 2016 年 12 月《水利部关于黄河东平湖蓄滞洪区防洪工程初步设计报告的批复》，该闸公路桥被列为 "2017—2019 黄河东平湖蓄滞洪区防洪工程建设项目" 进行改建，作为应急度汛工程于 2016 年 7 月提前开工，2016 年 10 月完工，按照 1 级建筑物、抗震烈度Ⅶ度设计，双向两车道二级公路，桥面宽 8.9 米，桥面横坡 1.5%（双向），设计汽车荷载–1 级对公路桥进行了全面改建。

二、清河门出湖闸

该闸位于斑清堤桩号 2+310 处，东平湖水库末端原大清河道堵复处，东距陈山口闸约 650 米，两闸同用一出湖河道排泄东平湖水入黄河。1968 年修建，为东平湖水库主要泄水闸。

该闸共 15 孔，每孔宽 6 米，孔高 5.5 米，闸身总宽 144.8 米。底板高程 37.79 米，闸顶高程 48.69 米。设计流量 1 300 立方米每秒。

该闸的兴建是黄河位山枢纽改建工程的排水方案之一。原先是破口排水，排完水，黄河水一来再行堵复，实在难以控制。至 1967 年再次论证确定建闸，设计泄量为 1 300 立方米每秒。桩基开敞式涵闸，共 15 孔，每孔宽 6 米，闸室总宽 105.4 米；顺水长 149.7 米，底板高程 36.5 米，下设基桩 332 根。钢筋混凝土结构，预制混凝土平板闸门，属 1 级水工建筑物，移动式启闭机。1968 年 3—8 月建成，完成土方 21.46 万立方米，石方 2.37 万立方米，混凝土 0.89 万立方米，投资 266.37 万元。

建成后配合陈山口出湖闸常年泄水运用，最大泄量 1970 年曾达到 610 立方米每秒。基础地质为第四系全新统河流冲积层，其下为湖积洪积层，土层自上而下多为壤土、沙土（细沙及中沙）。

1992 年汛前检查，发现 15 个闸门下页有 6 个破损严重，裂缝发展密集已呈破碎状态，其中第 5 孔闸门混凝土面板已局部碎裂脱落，形成面积约 0.5 平方米的洞口，水位变化区闸墩部位有密集裂缝，表皮脱落露出钢筋。1993 年首先更换钢筋混凝土平板闸门。1996 年 12 月至 1998 年 5 月对该闸进行第一次改建，考虑黄河河床的抬高淤积等因素，闸底板由 36.5 米抬高至 39.0 米，设计流量不变，保留原闸室灌注桩、闸墩、闸门、公路桥、防渗铺盖及消力防冲设施，并在临湖侧接长底板 5.8 米，接高闸墩，加修机房。完成土方 12.88 万立方米，石方 0.56 万立方米，混凝土 0.507 万立方米，投资 1 292.85 万元。1998 年 5 月竣工，2000 年 6 月经黄委验收合格。

根据 2016 年 4 月《国家发改委关于黄河东平湖蓄滞洪区防洪工程可行性研究报告的批复》及 2016 年 12 月《水利部关于黄河东平湖蓄滞洪区防洪工程初步设计报告的批复》，清河门闸被列为"2017—2019 年黄河东平湖蓄

清河门出湖闸（1996—1998 年改建）

滞洪区防洪工程建设项目"进行改建，按照主要建筑物 1 级，次要建筑物 3 级，抗震烈度Ⅷ度进行改建；原设计流量 1 300 立方米每秒不变，设防水位临湖侧 44.72 米，临黄侧 45.12 米，闸底板高程为 35.22 米，闸孔 15 孔，单孔净宽 6 米，闸门改建为平板钢闸门，把移动式启闭机改为固定卷扬式启闭机。

清河门出湖（西）闸（2017—2019 年改建）

三、庞口防倒灌（西）闸

庞口防倒灌（西）闸位于东平县斑鸠店镇庞口村东，陈山口、清河门两闸北排入黄出湖河道末端围堰上。其作用是配合陈山口、清河门两出湖闸向黄河泄水，在黄河高水位时关闭该闸，防止黄水倒灌淤积出湖河道，东平湖大水时利用该闸和爆破东侧围堰共同泄洪。由于黄河常年倒灌淤积出湖河道，1991年和2001年两次动用解放军和舟桥部队进行水下爆破，并进行人工和机械清淤。

为彻底解决黄河倒灌淤积问题，2002年4月黄委批准该闸初步设计，山东河务局批复施工详图设计。主要建筑物等级为3级，抗震烈度Ⅶ度，涵闸结构为桩基开敞式，设桩基62根，共9孔，单孔宽6米，高3米；平面钢闸门，配备9台固定螺杆式2×25吨启闭机。设计流量（老湖水位43米、黄河水位41.9米时）450立方米每秒，加大流量740立方米每秒；闸身总宽64.8米，顺水纵长94米，公路桥设计荷载汽-10，履带-50验算，公路桥面宽4米。闸室与东侧围堰爆破口门（宽135米）间修做灰土隔墙防护，闸后消能采用综合式消力池。该闸为钢筋混凝土结构，机房为轻型结构，型钢骨架，彩钢夹心板围护。于2003年3月开工建设，至8月主体工程完工，完成土方8.65万立方米，石方0.76万立方米，混凝土0.26万立方米，投资1 022.02万元。

该闸在2003—2005年汛期泄洪运用中效果较好，但在闸、堰同时过流运用后，堵复不及时，出湖河道仍然淤积，该闸很有必要扩建，达到不破围堰排水，以防倒灌淤积。

为解决闸堰运用带来的倒灌淤积问题，对闸进行了扩建。扩建后的防倒灌闸位于庞口防倒灌闸东原围堰上，始称东闸，该闸即称西闸。

庞口防倒灌（西）闸（2003年建设）

四、庞口防倒灌（东）闸

2003 年庞口防倒灌（西）闸建成后，在处理 2004 年、2005 年特别是 2007 年汶河洪水中暴露出一些问题，如围堰破口概率大，若堵复不及时，遇黄河中常洪水就会淤积出湖河道。如遇到黄、汶交替来水，围堰破堵交替进行，很难把控实施，且围堰破口后口门宽度发展很难预测，2007 年破口口门由 15 米扩展到 85 米，深度由 2.5 米冲刷至 13 米，极易出险，破堵费用难以估算（2007 年花费 1 100 万元）。实践证明，闸堰结合方案不能适应东平湖泄洪出湖运用要求。为此，于 2011 年 12 月将庞口闸扩建任务纳入《黄河下游近期防洪工程建设可行性研究报告》中，经国家发改委批复实施。主要运用方式是变围堰破口为闸门控制退水，避免黄、汶较大来水造成围堰频繁破堵和退水入黄河道淤积的问题。

庞口防倒灌闸（右为西闸，左为东闸）

因此，庞口防倒灌闸扩建工程规模应满足老湖单独处理大汶河 20 年一遇以下洪水，遭遇黄河中常洪水时，老湖水位不超过 44.79 米。同时，庞口防倒灌闸扩建后总过流能力应与退水入黄河道、两出湖闸的过流能力相适应，以充分发挥退水入黄河道及两出湖闸的泄流能力。拟定庞口闸扩建规模为：汶河发生 20 年一遇洪水、遭遇黄河中常洪水时，控制老湖最高水位不超过 44.79 米，扩建后设计流量为 1 400 立方米每秒。

新建庞口东闸共 9 孔，单孔净宽 6 米，孔高 3.5 米；闸室总宽 64.8 米，顺水总长 139.6 米（闸室长 9 米），闸底板高程 38.3 米，闸墩顶部高程 43.8 米，上部布置交通桥和管理房 149.53 平方米。平板钢闸门 9 扇，2×

250 千牛顿螺杆式启闭机 9 台，100 千伏安变压器 1 台，10 千伏高压线路 700 米；基础为钢筋混凝土灌注桩基，接长西闸临黄侧格宾网石笼和抛石槽 15 米。建筑物级别为 3 级，主体建筑物级别为 3 级。设计地震烈度为Ⅶ度，闸上水位 43.45 米，闸下水位 43.23 米，挡黄河水位 43.49 米，淤沙高程为 41.49 米，设计闸顶高程 43.8 米。

该闸由山东黄河河务局建设中心建设，山东黄河勘测设计院设计，河南立信工程咨询监理有限公司监理，山东黄河工程集团有限公司施工。2012 年 11 月 29 日开工，2013 年 6 月 30 日主体工程完工，2015 年 7 月 5 日全部完工。完成土方 11.06 万立方米，石方 1.82 万立方米，混凝土 0.29 万立方米，概算投资 2 121.33 万元，变更增加投资 337.35 万元，共计投资 2 498.68 万元。

第三章　泄洪（水）闸

一、八里湾泄洪闸

八里湾泄洪闸是由原八里湾引水闸拆除改建而成的，位于二级湖堤桩号15+056处，东平县商老庄乡八里湾村附近。

原八里湾引水闸

原八里湾引水闸为1965年由山东省交通厅运河航运局投资修建，位于二级湖堤桩号15+175处，主要为梁济运河航运补水兼新湖排水灌溉之用。钢筋混凝土箱式涵洞2孔，孔口尺寸高2.5米，宽2.15米，底高程37.0米，设计引水流量28立方米每秒。当时由梁山县水利局管理。

由于二级湖堤加高后，该闸高程不足，于2002年12月拆除改建，至2003年8月竣工。设计指标为老湖侧防洪水位46.0米，相应新湖水位38.0米，设计泄洪流量450立方米每秒，校核流量800立方米每秒；灌溉引水流量25立方米每秒，排涝流量18.82立方米每秒；桩基开敞式水闸，钢筋混凝土结构，共7孔，孔口高×宽为8米×3.5米（低孔8米×3米），平板钢闸门，每孔配备2×25吨（中间低孔2×40吨）固定卷扬式启闭机，闸底板高程41.51米（低孔39.01米），闸身总宽85.68米，闸顶高程48.51米，设2级消力池；抗震烈度Ⅶ度。2003年8月完成启闭机安装，2004年完成启闭机房及桥头堡工程。完成土方 21.67 万立方米，石方 1.29 万立方米，混凝土 0.64 万立方米，投资 2 214.13 万元。

八里湾泄洪闸（2004 年改建）

八里湾闸拆除改建后，由东平湖管理局东平管理局管理，并保留排灌功能，增加老湖南排能力，一般情况下老湖向新湖分洪不破（原定破二道坡和黑虎庙两处分洪口）二级湖堤。

二、司垓退水闸

司垓退水闸位于东平湖围坝桩号 42+694—42+805 处，梁山县韩岗镇司垓村附近。

司垓退水闸

1975年淮河"75·8"大水后，为防御黄河发生特大洪水，超标准运用东平湖，需加固和提升东平湖的蓄滞洪能力。加固围坝堤防并增建司垓退水闸，为蓄滞洪期间紧急泄水和后期排水腾库，泄出的洪水通过梁济运河退入南四湖。

该闸设计泄量1 000立方米每秒，校核流量1 500立方米每秒。共9孔，高孔8孔，孔口尺寸宽8米、高3.6米；底孔1孔，孔口尺寸宽8米、高3米。闸室总长111.30米，顺水纵长212.11米，设四级消力池；闸顶高程49.5米，闸底板高程高孔39.5米，低孔35.0米；钢筋混凝土结构，预制钢筋混凝土平板闸门，属1级水工建筑物；桩基开敞式水闸，设基桩256根；基础地质上部系河流冲积层，为沙土质壤土及粉沙土；高程32.0米以下为湖积层，粉质黏土，质地坚硬不透水；抗震烈度Ⅶ度。1987年10月兴建，1988年12月完成。完成土方33.77万立方米，石方2.49万立方米，混凝土1.43万立方米，投资1 131.13万元。建成后尚未运用。

1988年和1991年在闸下游至梁济运河之间分别修筑了西、东两段导流堤，长度分别为181米、621米；1999年按过流500立方米每秒的标准开挖了闸下至梁济运河的泄水河道，运河堤未挖通。上游引渠结合南水北调东线柳长河输水航道南端分别与司垓退水闸、邓楼泵站、邓楼船闸三股相连接。

三、码头泄水闸

码头泄水闸位于水库围坝桩号25+283处，梁山县梁山街道后码头村附近。1973年7月修建，是排泄新湖区西部雨涝积水和引黄淤临、灌溉尾水通过戴码河入梁济运河的控制闸。钢筋混凝土箱式涵洞2孔，洞身高5.5米、宽4.5米，洞身总宽11.4米，洞身分两节，总长36米，底高程36.2米，设计流量50立方米每秒，校核流量150立方米每秒，属1级建筑物。钢筋混凝土平板闸门，固定卷扬式启闭机，启闭能力2×25吨。

2014年按设计标准、规模及主要技术经济指标，对码头泄水闸进行除险加固。该闸主要建筑物为1级水工建筑物，抗震设防烈度Ⅶ度。设计防洪水位45.0米，校核防洪水位46.0米，下游常水位37.5米。水闸型式为箱式涵洞，闸孔数2孔，单孔净宽4.5米，净高5.5米，长度16米；设计泄水流量50立方米每秒，加大泄水流量150立方米每秒；闸门型式为潜孔式平面钢闸门，启闭机型式为双吊点固定卷扬式，容量2×400千牛顿，扬程8米；启闭机房顶高程56.8米，闸底板高程36.2米。

码头泄水闸（1973年）

除险加固主要内容为：修复补强闸墩、涵洞内壁、涵洞出口处混凝土缺陷；拆除重建机架桥、启闭机房、桥头堡、围护栏杆；修复闸室与上游铺盖及涵洞、涵洞与涵洞间沉降缝止水；凿除更换门槽预埋件，更换工作闸门及其固定卷扬式启闭机；扩容动力电源，更换电气设备；新设渗压观测设施；对码头泄水闸管理区进行景观绿化。

该工程由东平湖工程局承建，2014年8月8日开工，12月1日主体工程完成，2015年7月2日全部完工。完成土方开挖4 242.83立方米，回填土方2 675.78立方米，石方233.21立方米，混凝土324.68立方米，钢筋制安27.16吨。完成投资710万元，征地补偿及移民安置投资20.25万元。

码头泄水闸（2015年）

1989 年、1993 年、2002 年、2014 年曾配合国那里引黄闸向南四湖补水。

四、流长河泄水闸

流长河泄水闸位于围坝桩号 37+996 处，原柳长河堵截处。建于 1963 年 9 月，钢筋混凝土箱式涵洞 8 孔，单孔高 2.5 米、宽 2.15 米（洞口 2.5 米×2.35 米），洞身分 3 节，总长 37.5 米，底高程 36.0 米，钢筋混凝土平板闸门。设计泄量 50 立方米每秒，校核泄量 100 立方米每秒，属 1 级建筑物。配备 8 台固定卷扬式启闭机，启闭能力 2×7.5 吨。

流长河泄水闸（1963 年）

该闸的兴建源于 1960 年蓄水后排水种麦规划，对当时排除库区积水发挥了很大作用，最大泄量曾达 84.7 立方米每秒。之后承担新湖区西南部雨涝积水及灌溉尾水的排泄任务。

2014 年对流长河泄水闸进行除险加固。其设计标准、规模及主要技术经济指标：设计防洪水位 46.0 米，下游常水位 37.5 米；工程级别 1 级；水闸为钢筋混凝土箱式涵洞，闸孔 2 联，每联 4 孔，涵洞高 2.5 米、宽 2.35 米，涵洞节数 2 节，单节长度 12.5 米；启闭机房顶高程 52.4 米，闸底板高程 36.0 米；设计泄水流量 50 立方米每秒，加大泄水流量 100 立方米每秒；闸门型式为潜孔式平面钢闸门；启闭机型式为单吊点固定卷扬式，容量 400 千牛顿，扬程 8 米；抗震烈度Ⅷ度。主要建设内容为：拆除上游护坡裂缝处部分浆砌石，按沉降缝处理缝面并恢复护坡；凿除重新浇筑上游有较宽裂缝混凝土铺盖；修复补强闸墩、涵洞内壁、涵洞出口处混凝土缺陷；拆除重建机架桥、启闭机房、桥头堡、围护栏杆；更换闸室与涵洞、涵洞与涵洞之间的止水；凿除更换门槽预埋件，更换工作闸门 8 扇及其固定卷扬式启闭机 8 台；扩容动力电源，更换电气设备；新设渗压观测设施 6 套；对流长河泄水闸管理区进行景观绿化。

　　该闸除险加固由东平湖工程局承建，2014 年 8 月 8 日开工，2015 年 5 月 22 日完成主体工程，2015 年 10 月 22 日全部完成。完成土方回填 1 336.85 立方米，石方 878.37 立方米，混凝土 454.67 立方米，钢筋制安 16.42 吨，完成投资 1 047 万元，征地补偿及移民安置投资 26.43 万元。

流长河泄水闸（2015 年）

第四章 排灌闸

一、王台排水闸

王台排水闸位于大清河右岸桩号 17+515 处,东平县老湖镇王台村附近。1965 年 6 月初建,混凝土和砌石混合结构,胸墙开敞式水闸,共 2 孔,每孔宽 3.5 米,高 4 米;平面铸钢闸门,配备 2 台 2×10 吨固定螺杆式手摇启闭机;底板高程 38.5 米,设计排涝能力 50 立方米每秒,属 3 级水工建筑物。1988 年为提高管理水平,自筹资金增建机房。该闸曾为稻屯洼蓄洪后的主要排水闸,现在只有排水闸北区域内涝积水。

王台排水闸

2014 年对该闸进行除险加固,设计防洪水位 45.87 米,校核防洪水位 46.87 米,排涝水位临河侧 40.92 米,设计排涝水位背河侧 41.2 米;闸孔 1 联 2 孔,孔口尺寸高、宽分别为 3.5 米、3.5 米,闸底板高程 37.9 米;设计排涝流量 50 立方米每秒;闸门型式为平面滑动式钢闸门;启闭机型式为固定卷扬式,容量 2×400 千牛顿,扬程 12 米;抗震烈度 Ⅵ 度。

按原功能、原规模拆除重建。重建闸为 2 孔钢筋混凝土胸墙开敞式水闸,包括 25.01 米上游连接段、长 37 米下游连接段、长 18 米闸室段,2 扇工作闸门，临、背河各设检修闸门 1 道，闸门均为平面滑动钢闸门；2 台固定卷扬式启闭机，2 台电动葫芦，管理房 1 处等。

该工程由东平湖工程局承建，2014 年 8 月 8 日开工，2015 年 11 月 10 日完成。完成土方开挖 1.73 万立方米，回填土方 3.74 万立方米，石方 0.31 万立方米，混凝土 3 023.68 立方米，高压旋喷连续墙 2 395 平方米，钢筋制安 152.66 吨，完成投资 1 582 万元，征地补偿和移民安置资金 76.37 万元。

二、宋金河排灌闸

宋金河排灌闸位于二级湖堤桩号 3+910，宋金河与二级湖堤交接处，始建于 1954 年。该闸原来 3 孔，高 3.1 米，宽 3 米。1970 年第一次改建为 2 孔，高 2.6 米，宽 2 米，底板高程 38.7 米，流量 1.5 立方米每秒。

由于二级湖堤防洪水位由 44.5 米提高到 46.0 米，该闸设防标准不足。1998 年进行第二次改建，改建后老湖侧设计防洪水位 46.0 米，相应新湖侧水位 38.7 米，底板高程 39.91 米，堤顶高程为 48.0 米，单孔箱式涵洞，混凝土结构，孔高 2.2 米，宽 3 米，为 2 级建筑物，铸铁平板闸门，配备手动螺杆式启闭设备。设计灌溉流量 1.5 立方米每秒，排涝 12 立方米每秒。1998 年 11 月开工，1999 年 9 月竣工。完成开挖土方 15 248 立方米，回填土方 25 574 立方米，混凝土 427.4 立方米，浆砌石 996 立方米，干砌石 511 立方米，投资 182.84 万元。

三、刘口排灌闸

该闸位于二级湖堤桩号 21+840 处，东平县新湖乡刘口村附近。始建于 1975 年 3 月，1 孔，孔口高、宽均为 2 米，底板高程 38 米，设计流量 10 立方米每秒。铸铁平板闸门，配备螺杆式启闭机，启闭能力 15 吨。

由于二级湖堤防洪水位由 44.5 米提高到 46.0 米，刘口闸原设计标准不足，黄委 1997 年批复初步设计，老湖侧设计防洪水位 46.0 米，相应新湖侧水位 38.0 米，堤顶高程 48.0 米，2 级建筑物，设计灌溉流量 10 立方米每秒，排涝流量 3 立方米每秒。1999 年 2 月开工，9 月竣工。完成混凝土 136 立方米，石方 1 596 立方米，黏土回填 746 立方米，大堤及房台回填土 1.8 万立方米，投资 230.26 万元。该闸由东平县水利部门管理。

四、辘轳吊排灌闸

该闸位于二级湖堤桩号 25+900 处，东平县新湖乡辘轳吊村附近。始建于 1966 年 5 月，2 孔，孔口高、宽均为 2 米，底板高程 38.0 米，设计流量 10 立方米每秒。1971 年，在新湖侧涵洞出口处建设一座设计流量 10 立方米每秒的电力排灌站。

因设防标准不足,1997 年黄委批复改建。设计老湖侧防洪水位 46.0米,相应新湖侧水位 38.0 米,设计流量 10 立方米每秒,孔口尺寸和底板高程不变,堤顶高程 48.0 米,2 级建筑物,钢筋混凝土平板闸门,螺杆式启闭方式,启闭能力 2×8 吨。主要改建项目有洞身接长加固、改建排涝涵洞、闸室及上下游连接,更换闸门及启闭机等。1999 年 2 月改建,11 月 10 日竣工。完成混凝土 713.65 立方米,浆砌石 376.9 立方米,干砌石 2 704 立方米,开挖土方 1.68 万立方米,回填土方 4.95 万立方米,投资 400.54 万元。该闸由东平县水利部门管理。

五、马口排灌闸

马口排灌闸位于围坝桩号 79+300 处,东平县州城街道马口村附近。始建于 1966 年 7 月,1989 年改建。1 孔,高、宽均为 2 米,设计防洪水位44.5 米,堤顶高程 48.5 米,底板高程 38.0 米,设计灌溉流量 4 立方米每秒,加大灌溉流量 5 立方米每秒,排涝流量 3 立方米每秒。

按照《国家发改委关于黄河东平湖蓄滞洪区防洪工程可行性研究报告的批复》及《水利部关于黄河东平湖蓄滞洪区防洪工程初步设计报告的批复》的要求,马口闸被列为"2017—2019 年黄河东平湖蓄滞洪区防洪工程建设项目"进行拆除重建。原设计引水流量不变,排涝流量改为 10 立方米每秒,主要建筑物为 1 级,次要建筑物和临时性建筑物为 3 级。

第五章　引水灌溉

　　梁山、东平引水灌溉始于 1956 年，最初由倒虹吸管在黄河大堤上引水浇灌农田，发展到修建扬水站和引黄闸引水。东平湖水库建成后，在湖堤上也逐渐修建了一些引水闸、电灌站和扬水站。引水灌溉工程的建设为梁山县、东平的沿黄、湖和沿大清河的农业灌溉提供了保障，改变了当地农业生产靠天等雨的局面。

一、引黄工程

　　引黄工程包括 20 世纪 50 年代建设的倒虹吸（现全部废弃拆除）及引黄涵闸与滩区扬水站工程。

（一）引黄涵闸

　　东平湖管理局所辖工程范围内有两处引黄闸，为梁山县、东平县农业灌溉用水作出了巨大贡献。据统计，1965—2020 年引水 79.8 亿立方米，也为济宁南四湖生态补水提供了有力支撑，1993 年、2002 年、2003 年、2014 年 4 次补水 6.84 亿立方米。

1. 陈垓引黄闸

　　陈垓引黄闸位于黄堤桩号 316+800 处，梁山县黑虎庙镇陈垓村附近。始建于 1959 年冬，1977 年改建，按 1 级建筑物设计，钢筋混凝土箱式涵洞，一联 3 孔，孔高、宽均为 2.5 米，改建后底板高程由 42.5 米改为 40.45 米，堤顶高程 55.09 米；螺杆式启闭机，启闭能力 3×30 吨；洞身长 68.5 米，分 8 节，洞身总宽 9.3 米；引水水位 46.3 米，设计引水流量 30 立方米每秒，灌溉面积 50 万亩。1994 年 2 月清淤检查发现涵洞有混凝土裂缝 23 条，新老涵洞止水普遍存在渗水和漏水现象，因老涵洞裂缝较窄暂未处理，对渗水砂眼孔洞、渗水止水橡皮和老闸检修门槽分别进行了水泥压力灌浆及止水橡皮更换，对原混凝土损坏部分重新浇筑。1996 年，该闸被山东河务局评为涵闸闸门及启闭机设备一类单位工程。至 2002 年 11 月，该闸已实现引水远程监控系统。

陈垓引黄闸

2014 年对陈垓闸进行了除险加固，主要是上游翼墙浆砌石护坡勾缝补强、局部拆除重建；启闭机房拆除重建、更换门槽金属构件、更换闸门为钢闸门、更换启闭机、更换洞节暗止水；混凝土表面老化病害处理；拆除后三节涵洞、新建四节涵洞；电气设备更换；行人便桥板及栏杆拆除恢复；右侧连接梁拆除后重建。该工程由东平湖工程局承建，于 2014 年 8 月 23 日开工，12 月 21 日主体工程完工，2015 年 5 月 18 日全部完成。完成土方开挖 3 万立方米、回填 2.85 万立方米，石方 0.34 万立方米，混凝土 706.58 立方米，钢筋制作安装 36.3 吨，完成投资 901 万元，征地补偿及移民安置投资 71.96 万元。

据统计，自 1965 年引水开始，至 2020 年共引黄河水 63.13 亿立方米。

2. 国那里引黄闸

国那里引黄闸位于围坝桩号 9+700（黄堤桩号 337+127）处，梁山县小路口镇国那里村附近。建于 1966—1967 年，1975 年第一次加固改建为 1 级建筑物，设计正常灌溉引水流量 46.5 立方米每秒，可配合石洼进湖闸分洪 357 立方米每秒。因防洪标准低，渗径不足，未修作养水盆（抬高下游水位，降低上、下游水位差），汛期下游出现管涌等险情，1995 年被列为黄委在册险点。2000 年 2 月，按照 2030 年设计平水年水位进行第二次改建加固，当年 12 月竣工。该闸设计正常灌溉流量 45 立方米每秒，3 孔钢筋混凝土箱式涵洞，孔高 3 米，孔宽 4.25 米，洞身分 9 节，总长 87.3 米，底板高程 38.8 米，堤顶高程 52.68 米，采用钢筋混凝土预制平板闸门，配备 3 台 1×63 吨固定卷扬式启门机，设计灌溉面积 51 万亩。据统计，1985—2020 年引水 16.67 亿立方米。

该闸原规划为石洼分洪闸的一部分，兼顾灌溉，并先行施工以作石洼分

国那里引黄闸

洪闸施工前的试验项目。后改为以灌溉任务为主，取消了分洪任务。自1975年和2000年两次改建后，成为湖内灌区常年引水和兼顾向南四湖补水的引黄闸。该闸于2002年11月已实现引水远程监控系统。

据统计，1985—2020年累计引水18.06亿立方米。

（二）滩区扬水站

1972—1992年梁山、东平两县相继建设黄河滩区扬水站，至今已有蔡楼等20座，设计引水能力22.91立方米每秒，设计灌溉面积3 339.5公顷，有效灌溉面积2 694.2公顷。其中，梁山黄河滩区扬水站5处，设计引水能力7.27立方米每秒，设计灌溉面积2 238公顷，有效灌溉面积1 666公顷。东平县黄河滩区建有固定扬水站15座，设计引水能力15.64立方米每秒，设计灌溉面积1 101.5公顷，有效灌溉面积1 028.2公顷。

梁山县扬水站工程

二、引黄灌溉

引黄灌溉包括农业灌溉和向南四湖补水。

（一）农业灌溉

引黄灌溉主要是农业引用黄河水灌溉，涉及梁山县 2 个灌区。陈垓灌区始建于 1959 年，1962 年停灌，1965 年复灌。灌区总控制面积 544.2 平方公里，灌溉面积 55.18 万亩。国那里灌区始建于 1967 年，灌区总控制面积 366 平方公里，灌溉面积 31 万亩。

1982 年以前主要是支援农业灌溉，一般是无偿用水，对于水量调度和收取水费没有约束力。1983—1989 年引黄灌溉执行《黄河下游引黄渠首工程水费收缴和管理办法》水电部〔1982〕53 号文，由于农业生产不稳定等各种原因，执行起来十分困难。1990 年按"以粮定价，货币结算"的规定，但核定粮食生产数量和粮食价格也非易事。1992 年开始试行引水签票和预交水费制度，1993 年实行协议供水制度，2001 年实行供水订单制度，引黄灌溉管理与水费收缴一步步走向正轨。

2002 年为了加强水资源的统一管理，东平湖管理局成立供水处，有一名副局长兼任主任，并将梁山县黄河河务局管理的陈垓引黄闸和梁山县东平湖管理局管理的国那里引黄闸及管理人员划归供水处统一管理。2003 年根据《中华人民共和国水法》及上级有关规定，对协议供水制度进行了修订，重申了供需双方的责任与权利，用水单位在用水之前必须与引黄涵闸签订供水协议书，明确城乡生活、工业和农业用水量、水价、水费额，并报山东河务局备案。为加强水量的统一调度，随之又实行了水量调度通知单制度，从而保证了水量调度的公开、公正、公平。2006 年根据对黄河水资源的管理和调度，根据山东河务局鲁黄办〔2006〕22 号文件要求实施了水利工程管理体制改革，供水处改为山东黄河河务局供水局东平湖供水分局，编制 16 人，分局机关 5 人，闸管所 3 人，陈垓引黄闸、国那里各 4 人。水费收缴由山东黄河河务局统一管理。2016 年 3 月 7 日，根据鲁黄人劳〔2016〕17 号文件，将供水分局更名为东平湖管理局供水局至今。

1965—2020 年共引黄河水 81.19 亿立方米（不含滩区引水），年均引水 1.48 亿立方米，最大为 4.47 亿立方米（1993 年），最小为 0.35 亿立方米（2000 年），保障了梁山县、东平县 100 万亩土地的农业用水和南四湖生态补水。

（二）向南四湖补水

1985 年曾向南四湖生态补水 1 亿立方米。1991—2020 年有 4 次向南四湖引黄补湖供水 6.84 亿立方米，其他年份均为梁山县引黄灌溉尾水自流补水约 2.5 亿立方米，缓解了济宁市及南四湖地区水资源紧缺状况。1993 年济宁市严重干旱，南四湖蓄水量不能满足滨湖地区农业灌溉、湖区生态用水及航运需要。应济宁市政府要求，开启陈垓、国那里两座引黄闸供水，途经引黄干渠、梁济运河进入南四湖，全年引黄补水 3.5 亿立方米。2002 年济宁市遭遇百年不遇特大干旱，1—8 月降雨量仅 254 毫米，是正常年份的40%，南四湖上级湖干枯，水生物濒临死亡。济宁市政府于 4 月和 7 月两次申请，要求从黄河引水浇灌农田及抢救南四湖生态环境。第一次供水从 4 月25 日开始至 6 月 27 日止，引水 0.84 亿立方米，第二次从 8 月 3 日开始至 10月 24 日结束，引水 1.43 亿立方米，全年引黄补湖水量 2.27 亿立方米。2002 年大旱，造成 2003 年春季南四湖蓄水量不能满足滨湖地区农业灌溉用水需要，应济宁市要求，于 2003 年 5 月 31 日开启国那里、陈垓两座引黄闸向南四湖供水，至 6 月 23 日结束，供水 7 707 万立方米。2014 年向南四湖生态补水 3 000 万立方米。

三、引湖（清）工程

引湖（清）工程主要包括新、老湖和大清河引水工程。

（一）张坝口引水闸

该闸位于汶上县郭楼镇张坝口村附近，围坝桩号 56+410—56+490 处。1959—1960 年修建，钢筋混凝土结构，箱式涵洞 5 孔，洞口高、宽均为 2.5米，洞身分 3 段，总长 35.5 米，底板高程 38.5 米，堤顶高程 48.5 米，设计引水流量 50 立方米每秒，为 1 级水工建筑物。

1959 年 2 月 28 日开工，1960 年 7 月完成。由汶上县和汶上湖堤修防段负责施工，土方由汶上县民工完成，主体工程由山东省水利厅第四安装队修做，完成土方 232 614 立方米，石方 3 598 立方米，混凝土 1 634 立方米，投资 821 648 元。

该闸建成后，由济宁地区张坝口引水闸管理局管理。1961 年 3 月张坝口引水闸管理局被撤销，改为闸管所。1962 年闸管所被撤销，交由汶上湖堤修防段管理。

该闸原规划水库蓄水时引湖灌溉济宁以北地区农田百万亩，建成后，1960 年 8 月东平湖蓄水，1961 年 2 月 28 日启闸放水，3 月 1 日测流 51.8 立方米每秒，因放水渠道出险，迅速关闸。1962 年国务院批准东平湖水库近期以防洪为主，暂不蓄水灌溉。因此，该闸用途不大，1967 年经批准闸前修筑围埝圈堵报废。于 2004 年全部拆除，当年在亚行贷款项目中安排按围坝标准复堤，完成土方开挖 6 万立方米，回填土方 1.75 万立方米，干砌块石拆除 0.36 万立方米，浆砌块石拆除 0.16 万立方米。

（二）八里湾引水闸

八里湾引水闸位于二级湖堤桩号 15+175 处，东平县商老庄乡八里湾村附近，始建于1965年。钢筋混凝土箱式涵洞2孔，高2.5米，宽2.15米，底高程37.0米，设计引水流量28立方米每秒。原规划为引湖水接济梁济运河航运，由于梁山段尚未通航，一直未能发挥效益；只配合八里湾排灌站承担新湖区部分土地的排灌任务，对抗旱排涝尚起效用。2002年12月至2003年8月改建为八里湾泄洪闸。

（三）陈山口引水闸

陈山口引水闸原为陈山口引湖闸，位于陈山口出湖闸东侧，东平县旧县乡陈山口村附近。始建于1967年8月，原名引湖闸，主要是用于平阴县旧县洼引用湖水灌溉，同时兼顾排涝。1990年老湖大水期间严重漏水，1992年8月封堵。2002年拆堵闸首。

2005年全部拆除改建为南水北调东线、西水东调线，济平干渠渠首闸仍使用原名。设计流量90立方米每秒，加大流量100立方米每秒，设2孔闸门，底高程37.31米，消力池长16.5米，顶高程36.51米，闸后干渠上游引渠宽25米。2005年2月开工，当年12月竣工，投资1 030万元。由山东省南水北调建设管理局建设和管理。

（四）引湖（清）排灌与扬水站

东平湖老湖及大清河周边建有宋金河等13座排灌涵闸，灌排能力243.3立方米每秒，设计灌溉面积2.989万公顷。沿老湖和大清河建有二十里铺等20多座扬水站，多为国家补助、自建自管的小型扬水站。较大型的有9座，其中最大为二十里铺电灌总站，设计灌溉面积7 666.6公顷。

四、引湖（清）灌溉

东平湖老湖及大清河建有八里湾、辘轳吊、刘口、马口、南城子等5个引湖（清）灌区，涉及东平县商老庄、新湖、州城、老湖、彭集5个乡镇，灌溉面积2.087万公顷。其中，八里湾灌区建于1965年5月，主要灌溉商老庄乡农田并兼顾梁山县新湖区小安山、馆驿、韩岗三乡镇部分农田灌溉，控制面积236.54平方公里，耕地2.365万公顷，人口18.32万。灌区未成立管理机构。至2005年，八里湾、辘轳吊、刘口3闸的渠首工程部分已由黄河部门投资改建，除八里湾闸改建后交由黄河部门管理外，其他闸仍由地方水利部门管理。至2005年，未进行引湖（清）引水计量、水费征收工作。

沿老湖和大清河建有扬水站灌溉干渠总长25公里，支渠14条，长64.4公里。沿渠建有卢山、园林、石河王东沟流、小山后、刘庄、范山等21座二级扬水站，灌溉老湖镇、梯门乡西部山区土地。

第七篇　位山枢纽工程

　　黄河位山水利枢纽工程始建于 1958 年，是在黄河下游干流上山东东阿位山附近筑坝截流修建的控制性建筑物。其作用是通过改建利用东平湖自然蓄滞洪区工程调蓄运用，以解决山东黄河防洪以及两岸广大地区工农业发展所需的水资源。总体布局分为"拦河枢纽工程、北岸引黄灌区、东平湖调节水库"三大部分，原规划还有京杭运河复航部分（因故暂停）。该工程自 1958 年 5 月开工，至 1963 年 12 月破坝，历时 5 年有余。整个工程建设共计完成土方 6 257.64 万立方米，石方 190.51 万立方米，混凝土 9.66 万立方米，用工 5 842 万个，投资 1.45 亿元。

第一章　兴建缘由与运用

在漫长的历史长河中，黄河以其伟岸的身躯孕育了古老的华夏文明，造就了滋养中华儿女的丰厚沃土，被称为中华民族的母亲河。但也曾以其"善淤、善决、善徙"的特性给华夏子民带来了一次又一次的灾难和伤痛，成为"中华之忧患"。

人民治黄以来，为让这条桀骜不驯的河流变害为利，并逐步成为造福人民的幸福河，在中华人民共和国成立初期，就开始对黄河进行统一规划、综合治理。位山枢纽就是综合治理当中的一项重要工程。

一、兴建缘由

位山枢纽兴建，源于黄河梯级开发。中华人民共和国成立后，党和国家将治理黄河水患列入国家重要议事日程，立即开始黄河防洪规划建设工作。1952年，"要把黄河的事情办好"的伟大号召，无疑给黄河治理增添了无穷动力，进而加快了黄河综合治理规划的进程。1955年7月30日，第一届全国人大第二次会议审议通过了国务院7月18日《关于根治黄河水害和开发黄河水利的综合规划的报告》。该规划提出了黄河梯级开发方案，山东黄河河段位山一带被选定为待开发的梯级之一，并改建东平湖自然蓄滞洪区为反调节水库。从此，山东黄河开启了"根治黄河水患，开发黄河水利"的综合治理与开发的新征程。

当时，位山枢纽工程是黄河综合治理规划中修建的46级水利枢纽之一，被列为远期目标。位山枢纽河段北岸属海河流域，黄河开发利用与海河流域治理密切相关。因此，1957年4月水利部北京勘察设计院首先编制完成了《海河流域规划要点报告（初稿）》，针对黄河下游治理开发问题，提出了兴建位山水利枢纽和东平湖反调节水库的具体方案，并比较论证了枢纽坝址和建库指标。同年11月3日，水利部《关于三门峡水库枢纽问题》向国务院的报告中提出，在三门峡水库第一期工程完成后，位山枢纽工程安排在1962年开始修建，1963年完成。

二、提前开工建设

20世纪50年代，正值中华人民共和国成立初期，山东人民也同全国人民一样，建设新中国的热情异常高涨，各项事业发展迅速，沿黄工农业生产蒸蒸日上。中共山东省委、省人民委员会根据 1955—1957 年沿黄工农业发展的需要，组织有关部门多次研究，认为位山枢纽工程是解决山东黄河河段防凌、防洪和灌溉问题的关键工程，应提前修建。

因此，中共山东省委、省人民委员会于 1957 年底、1958 年初，一再向中央提出提前修建位山枢纽的报告。1958 年 4 月 12 日，国家计委、经委批复同意将其列入第二个五年计划（草案），提前修建。

据此，山东省人委迅速行动，组织力量，筹建班子。于 1958 年 4 月 14 日公布建立山东省黄河位山工程局，任命山东黄河河务局王国华为局长，刘传朋、刘习斌、李克胜为副局长，办公地点设在东阿县关山村。位山工程局按照"边勘探、边设计、边施工"的原则要求，积极投入第一期工程的施工准备工作。

1958 年 5 月 1 日，先行修建北岸位山渠首引黄闸及灌区，进行无坝引水以扩大灌溉面积，增加农业生产。同年 4 月 12 日，国家计委批复同意将位山枢纽工程列入第二个五年计划，将位山引黄闸及灌区工程列入 1958 年水利建设第二本账。5 月 1 日，开始修建北岸引黄闸及灌区工程。自此，位山枢纽工程建设热火朝天、如火如荼地开展起来。

当时设想，枢纽工程建成后，将基本解决黄河洪水和凌汛对山东黄河下游堤防的威胁，还能灌溉山东黄河两岸几千万亩土地，恢复京杭大运河通航，并为工农业生产提供丰富的水资源，使其成为防汛、防凌、灌溉、航运、发电、渔业等综合性蓄水、调水、用水任务的兴利型水利枢纽工程。

拦河大坝与北岸引黄闸工程于 1959 年完成，并投入引水灌溉运用；东平湖水库改建于 1960 年汛期基本完成，也进行试蓄水运用。

三、运用出现问题

位山枢纽经控制运用四年，出现诸多影响安全的问题，不得不研究改建。1958 年汛期，黄河大水后，为尽早解决特大洪水对下游堤防的威胁，山东省于 1958 年 7 月 26 日，又向国务院报送《为争取防御黄河 29 000 立方米每秒洪水，提前修建东平湖水库工程规划和施工意见》，进一步加快建设位山枢纽工程步伐。经批准后，于 8 月 5 日开工修建东平湖水库围坝。在"边设计、边施工"的原则指导下，枢纽建筑物及其他各项建设亦于 11 月上旬陆续开工，到 1960 年初，主体工程大部分完成，随即投入运用。

　　黄河北岸于 1958 年 10 月 1 日建成位山引黄闸，并进行无坝引水灌溉，由于灌区配套工程不够完善，出现次生盐碱化现象。东平湖水库于 1960 年 7 月 26 日，第一次为抗旱灌溉试蓄水运用，到 9 月中旬水位达到 43.5 米时，蓄水 24.5 亿立方米，围坝渗水段长度达到 48.6 公里，占围坝总长度的 50%，出现管涌 12 922 个（东坝段最为严重），漏洞 4 处 9 孔，坝身纵横裂缝累计长度 11 088 米，石护坡坍塌面积 48 420 平方米。经过组织强有力的人防和及时抢护，未造成大的灾害和危及水库运用安全。

　　自 1959 年底位山枢纽大坝截流后，通过 4 年的控制运用检验，位山枢纽和东平湖水库工程均暴露出一些问题。首先，由于对黄河近期洪水泥沙认识不足，对三门峡水库工程的作用和上中游治理规划设想过于乐观，以至于枢纽工程设计能力偏低，又加拦河壅水运用后，回水区河道急剧淤积，排水能力降低，与近期可能发生的洪水很不适应，严重威胁下游防洪安全。其次，水库围坝在蓄水运用后，出现坝基渗流变形，坝身裂缝、渗水、漏洞、石护坡坍塌等险情，达不到原设计蓄水标准，并危及水库安全运用。再次，原规划兴利相应配套工程项目未能同时兴建，蓄水后不仅未能发挥水资源的综合效益，还带来了 27.8 万移民生产生活安置问题和滨湖地区 20 多万亩耕地发生沼泽化盐碱化。北岸灌区管理不善，造成了大面积的次生盐碱化，产量下降，被迫停灌。由此，国务院在批转黄河防总《关于 1962 年黄河防汛问题的报告》中指示："东平湖水库，近期以防洪为主，暂不蓄水兴利"，并责成有关部门进一步研究位山枢纽改建意见。因此，位山枢纽工程建设除部署库区和滨湖区排水治理外，其他工程暂时停建，并开始酝酿研究枢纽工程改建方案。

第二章　拦河枢纽工程

　　拦河枢纽工程共有拦河土坝、拦河闸、防沙闸、顺黄船闸、引河工程、其他工程 6 项。1958—1962 年，拦河枢纽工程建设完成，累计完成土方 1 614.52 万立方米，石方 30.98 万立方米，混凝土 2.78 万立方米，人工 1 469.33 万个，投资 3 209.67 万元。

一、拦河土坝

　　包括第一、第二拦河坝，均为土筑。第一拦河坝，自黄庄至陶城铺长 1 457 米，顶高 48.8 米，宽 10 米，其中河槽段长 407 米，用黄河传统秸埽进占法合龙堵截。另加戗堤，高程 43.0 米，宽 10 米。第二拦河坝，自位山至解山，长 440 米，顶高 47.0 米，宽 10 米。1963 年后均已破除。

拦河土坝

　　拦河土坝于 1959—1960 年建设，完成土方 275.86 万立方米，石方 2.83 万立方米，投资 334.70 万元。

二、拦河闸

　　拦河闸位于百墓山与黄名山之间，钢筋混凝土结构，共 16 孔，每孔宽 10 米，底板高程 36.0 米，设计水位 44.5 米，泄量 6 000 立方米每秒，校核水位 46 米，泄流 8 000 立方米每秒。已封堵废置。

　　拦河闸于 1958—1959 年建设，完成土方 13.15 万立方米，石方 17.5 万立方米，投资 568.1 万元。

位山枢纽拦河闸

三、防沙闸

防沙闸位于拦河闸上游左侧，百墓山与老山之间。钢筋混凝土及砌石混合结构，20 孔，每孔宽 4 米，底板高程 39.0 米，设计水位 44.0 米，校核水位 46.5 米，最大引水流量 1 400 立方米每秒。已扒除无残存。

防沙闸于 1959—1960 年建设，完成土方 25.35 万立方米，石方 2.99 万立方米，投资 293.79 万元。

四、顺黄船闸

顺黄船闸位于拦河闸南子路山旁侧，钢筋混凝土及砌石混合结构，闸室长 160 米，宽 12.4 米，底板高程 34.0 米，通航水位上游 44.0 米，下游 37.0 米，通航标准能力为 500 吨级货轮。已废弃尚有残存。

顺黄船闸建设于 1959—1962 年，完成土方 21.29 万立方米，石方 5.72 万立方米，投资 384.15 万元。

五、引河工程

引河工程包括拦河闸引河，上游长 2.5 公里，下游长 2.9 公里，河宽 314~422 米，底高程 38.0~39.0 米，未挖至标准。已围堵，尚有残形。防沙闸引河长 2 公里，宽 50 米，底高程 38.0 米，已垦殖。船闸引河，上下游总长 3 850 米，宽 27.0~32.0 米，底板高程 37.0~38.0 米。已废除，用作排水渠道。

引河工程于 1958—1960 年建设，完成土方 865.83 万立方米，石方 1.94 万立方米，投资 1 166.19 万元。

六、其他工程

其他工程包括输沙闸基槽，位于船闸左侧，已挖基础，因故未修，已无存；拦河坝上两岸回水堤，现改建为黄河堤防以及其他工程建设。

其他工程建设于 1958—1962 年完成，完成土方 413.04 万立方米，投资 462.74 万元。

第三章　北岸引黄工程

北岸引黄工程包括位山引黄闸、大店子分水闸、周店分水闸、前后引水渠、东西沉沙池等 5 项建筑，1958—1960 年建设完成，完成土方 909.56 万立方米，石方 6.54 万立方米，混凝土 2.38 万立方米，人工 504.41 万个，投资 827.63 万元。

一、位山引黄闸

位山引黄闸位于黄河北（左）岸，第一、二拦河坝之间，钢筋混凝土结构，10 孔，每孔净宽 10 米，底板高程 36.5 米，设计水位 41.1 米，引水流量 1 200 立方米每秒。

位山引黄闸于 1958 年建设完成，完成土方 9.75 万立方米，石方 3.26 万立方米，混凝土 2.05 万立方米，投资 288.21 万元。

二、大店子分水闸

大店子分水闸位于东沉沙池末端，砌石结构，24 孔，每孔宽 3 米，底板高程 35.3 米，设计水位 38.5 米，流量 240 立方米每秒。

大店子分水闸于 1958 年建设完成，完成土方 11.65 万立方米，石方 1.04 万立方米，混凝土 0.27 万立方米，投资 67.19 万元。

三、周店分水闸

周店分水闸位于西沉沙池末端，砌石结构，24 孔，每孔宽 3 米，底板高程 34.5 米，设计水位 37.56 米，流量 240 立方米每秒。

周店分水闸于 1960 年完成，完成土方 5.89 万立方米，石方 0.83 万立方米，混凝土 0.06 万立方米，投资 126.6 万元。

四、前后引水渠

前后引水渠位于闸上，自闸前至河边，两岸筑堤，东、西长分别为 240 米和 760 米，河宽 110~280 米，闸下自闸后至北金堤长 3 620 米，渠宽 150~75 米，供东沉沙池引水。1960 年该渠淤积，又在西侧另挖引水渠长 3 400 米，渠宽 84 米，复式河槽，专供西沉沙池引水。

前后引水渠建于 1958 年，完成土方 148.83 万立方米，石方 1.41 万立方米，投资 62.14 万元。

五、东、西沉沙池

东沉沙池自进口至出口长 15 公里，分筑南、北、中三片轮淤区，围堤总长 44.45 公里。西沉沙池总长 14.2 公里，修筑围堤总长 28.38 公里。

东、西沉沙池建于 1958—1960 年，完成土方 733.64 万立方米，投资 283.49 万元。

以上工程，自 1963 年位山枢纽破坝改建后，分别移交聊城地区水利局和聊城黄河修防处（今聊城黄河河务局）管理。经停灌一直到 1965 年以后经过加固改造，才恢复引黄灌溉。现为聊城市的重要黄河灌区，并数次向京、津地区送水，为农业灌溉抗旱、城市工业和生活用水发挥了重要作用。

第四章　东平湖水库建设与加固

东平湖水库是位山枢纽的重要组成部分，也是兴利项目得以具体体现的关键性工程。由于位山枢纽和东平湖水库运用后暴露了很多问题，位山枢纽于 1963 年破除，三项主要工程只保留北岸引黄工程和东平湖水库。北岸引黄停灌，直到 1965 年以后加固改造，才陆续恢复引黄灌溉。东平湖水库改建为"有洪蓄洪，无洪生产，分级运用"的蓄滞洪区。

一、建设与改建

东平湖水库于 1958 年 8 月 5 日开始建设，随着位山枢纽破坝和东平湖水库运用方式的改变，又进行了改建，直至 1974 年基本完成。

1958 年 7 月黄河大水后，于 7 月 26 日，山东省人委向国务院报送《山东省关于防御 29 000 立方米每秒洪水，提前修建东平湖水库工程规划要点和施工意见的报告》。国务院研究决定：同意结合提前修建位山枢纽，将东平湖自然蓄滞洪区扩建成能控制泄洪的反调节水库，以综合解决山东黄河防汛、防凌、灌溉、航运、发电、渔业等综合性蓄水调水用水任务。

山东省人委于 8 月 5 日组织动员济宁、聊城、泰安、菏泽 4 个专区 21 个县的 24.5 万民工，雨季突击抢修东平湖水库围坝，于 10 月 25 日基本完成。从路那里引水闸至武家漫新修围坝，长 76.3 公里，完成土方 1 761.42 万立方米，后又延至徐庄至武家漫，长 88.3 公里。该工程是在自然蓄滞洪区原有堤防基础上经过加高加固而成的，1959 年又将山口隔堤逐一进行加修，同时修筑了围坝石护坡，使水库面积达到 632 平方公里。

自 1958 年建设开始，至 1963 年破坝为止，水库建设共完成土方 3 691.38 万立方米，石方 151.64 万立方米，混凝土 4.55 万立方米，投资 1.05 亿元。

由于位山枢纽破坝后，水库改变为"以黄河防洪为主，暂不蓄水兴利，分级运用"的蓄滞洪区。自此，东平湖水库开始了 1964—1975 年改建加固期的治理历程。早在审查论证位山枢纽改建方案时，黄委于 1962 年 11 月和 1963 年 5 月曾两次编制《东平湖水库运用规划》作为附件随同上报，规划中提出了分级运用的方案和蓄水指标。1963 年 10 月，国务院在批复破坝方

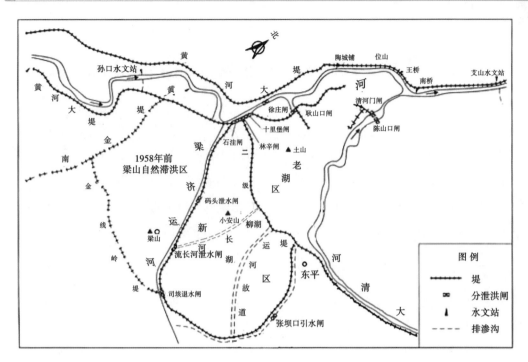

东平湖水库工程图

案文件中同时批示：同意东平湖采用二级运用，最高蓄滞洪水位为 44.5 米，隔堤高程 46.0 米。同年 11 月，国务院又以〔1963〕水电字第 788 号文《关于黄河下游防洪问题的几项决定》中批示：继续整修和加固东平湖水库的围堤，东平湖目前防洪运用水位按海拔 44.0 米，争取 44.5 米，整修加固后运用水位提高至 44.5 米。据此，自 1963 年冬至 1965 年首先安排完成了围坝重点段加固工程、二级湖堤加修工程，以及返库移民安置工程等。

1966 年 6 月 10 日，国务院批转水利电力部《关于 1966 年黄河下游防汛及保护油田问题的报告》中提出：东平湖现有进湖工程的进湖能力不足，为增大进湖能力拟在石洼增建东平湖进湖闸，并提出：可以及早兴办，所需投资拟在我部 1967 基建计划内安排。设计、施工由山东省负责。据此，山东河务局于同年 10 月 8 日提出《东平湖水库石洼进湖闸初步设计》报部审批。1967 年 1 月 31 日至 2 月 2 日，水电部在京召集了黄委会及山东河务局有关人员开会讨论建闸问题，最后确定：新、老湖各建一闸为宜，老湖闸（即以后修建的林辛闸）进湖能力为 1 500 立方米每秒，新湖闸（即指石洼闸）进湖能力为 5 000 立方米每秒。又决定：同意在陈山口再建一座出湖闸（即以后修建的清河门闸）。并同时指出：设计、施工由山东河务局负责、黄委会审查。

山东河务局及所属位山工程局先于 1966 年冬作为试点完成了国那里引水闸（后改为专用引黄灌溉闸）。此后，连续 3 年相继完成了石洼、林辛进湖闸及清河门出湖闸，使东平湖水库的运用条件得到了改善和提高。1970年后除完成国那里新堤段围坝加高外，重点对水库围坝进行了普遍锥探灌浆加固，1973 年增建码头泄水闸及调整湖区内的排水系统，增建部分小型涵闸；1975 年开始挖泥船淤背工程以增强二级湖堤的抗洪能力，并为今后二级湖堤加高加固储备土源。

至此，东平湖水库改建自 1964 年至 1975 年，共完成土方 566.31 万立方米，石方 39.22 万立方米，混凝土 3.87 万立方米，投资 4 002.56 万元。

二、后续除险加固

1975 年，受淮河"75·8"大水的影响，黄委专门成立班子对黄河下游的防洪问题重新进行了研究规划。水电部及河南、山东两省于 1975 年 12 月在郑州召开黄河下游防洪座谈会，会后向国务院报送《关于防御黄河下游特大洪水的意见的报告》，报告中提出：改建北金堤滞洪区，加固东平湖水库，增加两岸分滞能力，是处理黄河洪水的重要措施。东平湖水库因围坝存在渗水、管涌等问题，1963 年经国务院批准改为防洪运用，处理加固后蓄水位为 44.5 米，相应库容 30 亿立方米。为防御特大洪水，要考虑超标准运用，按蓄水位 46.0 米研究进一步加固措施。湖内有耕地 50 万亩，人口 13 万多人，超标准运用时，需要组织群众撤退，做好抢护工作。为保证安全运用，还拟修建司垓退水闸，入梁（山）济（宁）运河，将东平湖水相机退入南四湖。国务院以国发〔1976〕41 号文对两省一部的报告作了批复：原则同意你们提出的《关于防御黄河下游特大洪水的报告》，可即对各项防洪重大工程进行规划……。黄委为了落实各项加固改建措施，于 1976 年 7 月 15 日以黄革字〔1976〕第 38 号文下达《提高东平湖水库蓄洪运用水位的具体措施及实施意见》，提出了围坝加固、涵闸改建、增建司垓闸及库区群众避水、撤离等项工程。1979 年 12 月，山东河务局编报了《对东平湖水库工程超标准运用的规划意见》，规划投资 7 887.4 万元，土方 2 403.5 万立方米，石方55.8 万立方米，混凝土 9.1 万立方米。1976 年开始施工，到 1980 年完成石洼、林辛、十里堡 3 座进湖闸的改建及湖东坝段的基础加固工程；1981—1983 年相继修筑了围坝部分坝段的后戗及移民搬迁公路，同时又对围坝普遍进行密锥灌浆加固和二级湖堤的淤背固堤。1988 年增建了司垓退水闸。

1984 年 9 月，黄委根据近期治理情况和下游防洪现状向水电部报送《黄河下游第四期堤防加固河道整治可行性报告》，经水电部于 1985 年 9 月下达审批意见后，黄委据此意见于 1986 年 12 月又编报《黄河下游第四期堤防加固河道整治设计任务书》（1986—1995 年），其中东平湖水库加固改建部分附报了《东平湖水库围坝加固方案的研究》及《东平湖围坝边坡稳定分析》两个专题研究报告。本规划设计中要求围坝及二级湖堤的防洪水位均为 46.0 米，在黄、汶水不相遇的情况下，达到花园口 20 年一遇以下洪水不运用新湖区蓄滞洪区以减少淹没损失，并相应编制了所需修建的加固工程项目，计划投资约需 1.3 亿元。对库区避水迁安措施和水利建设辅助工程，自 1986 年开始又另行安排单列了移民生产扶持经费，1989 年山东黄河河务局编报了《东平湖水库移民处理规划》，经水利部核实批准国家补助投资 1.26 亿元。两项规划并行实施到 1990 年底。由于国家投资所限，从 1980 年到 1990 年底仅完成超标准运用规划的 48.9%。

东平湖水库工程的超标准运用加固工程自 1976 年始至 1990 年底，共完成各类土方 502.04 万立方米，石方 15.45 万立方米，混凝土 9.07 万立方米，投资 9 372.52 万元。1991—1995 年继续进行超标准运用加固项目，如固脚工程、灌浆工程、部分石护坡修复等，完成土方 602.83 万立方米，石方 3.59 万立方米，混凝土 0.02 万立方米，完成投资 4 656.97 万元。1996—2000 年按照《黄河下游 1996—2000 年防洪工程可行性研究报告》（九五可研），共完成防洪工程建设土方 1 022.86 万立方米，石方 36.55 万立方米，混凝土 2.38 万立方米，完成投资 3.3 亿元。2000 年，根据黄委《亚行贷款项目——黄河下游防洪工程建设可行性研究报告》和《东平湖水库除险加固治理发展规划》（项目建议书）；规划加固土方 1 090.56 万立方米，石方 95 万立方米，截渗墙 5 万立方米，总投资 15.05 亿元。2001—2005 年对东平湖水库进行除险加固治理，完成土方 760.63 万立方米，石方 8.18 万立方米，混凝土 9.2 万立方米，完成投资 3.66 亿元，约占规划的 24.3%。

三、综合利用建设

东平湖水库由于 1963 年以后改变了运用方式，实行二级运用，已成为处理黄河下游洪水的重点蓄滞洪区，自 2006 年起，结合南水北调东线的实施，进行了一系列综合利用工程建设，使东平湖蓄滞洪区综合利用功能得到提高。2006—2020 年，按照《黄河流域防洪规划》近期（2001—2010）规划及批准的项目，对提升东平湖蓄滞洪区的防洪功能进行综合治理。先后完成了二级湖堤加高加固（新建栅栏板混凝土护坡）、庞口闸扩建（新建庞口东闸）、进湖闸群除险加固（石洼、十里堡、林辛闸改建）以及黄河东平湖蓄滞洪区防洪工程综合治理等。共完成各类工程拆除 1.15 亿立方米，开挖回填土方 4.07 亿立方米，石方 15.35 万立方米，混凝土 11.58 万立方米，钢筋制安 0.15 万吨，投资 9.06 亿元，征地补偿及移民安置费 0.54 亿元。以上工程的实施对东平湖水库进行全面综合治理，并结合南水北调东线调水，进行了提升防洪和多功能运用工程建设。加之南水北调东线管理单位相继建设了八里湾、邓楼泵站与八里湾、邓楼船闸，疏挖了柳长河及相关工程，改建了陈山口引水闸，新建了魏河出湖闸以及湖区航道开挖等，东平湖蓄滞洪区现已是既具有解决山东黄河下游堤防防洪安全的能力，又具有多功能运用的兴利型蓄滞洪区。

第五章　大河截流

位山枢纽工程是黄河梯级开发的重点工程之一，是山东省开发利用黄河的关键性工程。1958 年开始建设，1959 年 11 月，位山枢纽大坝合龙开始。大坝合龙是黄河截流的关键性战役。为了打好这场战役，中共山东省委、省人民委员会要求，此战"只准成功，不准失败"。截流施工指挥部为了取得这场关键性战斗的胜利，精心筹划，认真准备。

一、誓师动员

誓师大会动员，千名河工冲锋在前。1959 年 11 月 25 日，截流工程开工誓师大会在陶城铺黄庄滩头隆重举行。主席台两侧"根治黄河水害，开发黄河水利"12 个大字非常醒目，彰显了山东人民治理黄河的豪迈气势和战之必胜的信心。会场上红旗招展，遮天蔽日，大河两岸人潮涌动，会场上是人山人海。一阵惊天动地的礼炮声响过后，宣布大河截流誓师大会开幕。

截流大军中，来自山东黄河上下 40 多位富有抢险经验且年过半百的老河工坐在前排，其后是山东黄河各修防处精心挑选的 550 名治河工匠精英和河南支援的 200 名河工能手，后边还有来自寿张、聊城、临清等县（市）的 16 500 名民工组成的截流大军。

截流指挥部副指挥、位山工程局局长王国华发布开工令后，第一支截流先锋队冲上阵地的最前沿，这就是来自山东黄河上下的工匠精英，他们有丰富的治河抢险的勇气和经验，有几十年与黄河摸爬滚打、身经百战的胆识与经历，他们既是这次战斗的参谋，又是冲锋陷阵的战士。他们穿梭工地矫健的身影、娴熟的技术动作，彰显着打赢这场大河截流攻坚战的必胜信心。

二、大坝合龙

大坝合龙，开创了历史上埽工截流之先河。大坝合龙十分惊险，占压河中把黄河拦腰斩断，是一场惊心动魄的战斗。1959 年 11 月 25 日上午 10 时整，大坝截流开工命令下达后，工地上指挥员、战斗员人潮沸腾，个个精神抖擞地投入激烈的战斗。运料队川流不息，人来车往；捆枕队舞动柳枝，尘土飞扬；送土队铁锹飞舞，车轮滚滚；打桩大汉挥舞大锤，铿锵有力，扶桩小伙双手紧握桩体，蹲步如钟；捆厢船任凭风雨波涛冲击，水中占位摇摆不移；拴绳拉揽工匠，手法老练，操作娴熟，纵横套扣，如织天网一般。一派忙而不乱的战斗场面，无不令人赞叹，就这样，"腰斩黄河"的战斗有条不紊、紧张有序地打响了。

巨大的龙衣滚上了龙门口

看，第一支截流先锋队冲上去了，正坝坝头上参战的就是600人组成的秸料运输队，将一捆捆秸料推向波涛汹涌的黄河；供土队紧接着把一筐筐泥土压向占体。经过20个小时的激战，第一个长19.6米、宽21米、高9.6米，共3951立方米的庞大占体沉压进了黄河激流中。

这种秸料截流是用于黄河抢险的传统进占法，其优点是就地取材、经济、体积大、施工快、易闭合。整个截流工程分为正坝、边坝、土柜、后戗四部分，正坝共分七个占子和一个金门占子。正、边坝用层料层土与木桩、麻绳间隔相作而成；土柜、后戗用土堆筑，作为埽体阻水与安全的依靠。截流之时，大河流量800立方米每秒，流速为5米每秒。黄河埽工历来都是用于抢险、堵口，采用此法腰斩黄河还是头一次。

截流施工风雨无阻，昼夜不停，白天红旗招展，夜晚灯火辉煌，从指挥员到战斗员个个生龙活虎，你追我赶，争分夺秒。在截流的第七天，天气突变，乌云密布，凛冽的寒风吹得旌旗呼啦啦响，霎时，大雨飞泼而下，这时河水却更加凶猛，发出疯狂的咆哮声，似乎要把大坝和这些雄兵骁将一同吞没。工地上风雨交织，白茫茫一片，咫尺难辨。坚守在捆厢船上的12名山东大汉，在组长李保福的率领下，任凭风吹雨打，我自岿然不动。他们紧紧

拦河坝截流河中抛枕现场

盯住船上的各路用绳，上下操作，稳扎稳打。他们的棉衣、鞋袜湿透了，粘在了身上，硬是坚持了五天四夜。民工带队干部刘永其曾在上甘岭战斗过，战斗中身负9处重伤，手术去掉了3个叶肺5根肋骨，这次截流照样和同志们一起坚持了6小时。

夜幕降临了，万盏灯火通明，把截流工地变成了不夜城。一盏盏聚光灯映照着15只架缆船牵拽着200余米的钢丝缆，把正坝和边坝的两只巨大的捆厢船扯在中央，护卫着埽坝的迅速进占。运输土料的四路大军像长龙一样在灯光下来回穿梭，彻夜不停。指挥室里也是灯火通明，施工图纸、各种报表等资料散乱地摊在用木板支起的简易案桌上，屋里却空无一人，但空气中还散发着呛人的烟叶味，显然是施工调度会刚刚结束，指挥员又都去了各自的岗位继续夜战。副指挥、副局长刘习斌和其他指挥员连续奋战了四天四夜，依然不下火线。

大坝合龙的关键时刻就要到了，一根根"龙筋"（合龙大绳）活扣在龙门两厢金门占的24棵粗壮的"龙牙"（合龙桩）上，巨大"龙衣"（绳网）已凌空系在合龙大缆上。通过正坝龙门口的滚滚黄河河水，嘶叫着从"龙衣"下面奔腾而过，被束窄的水流好像黄色瀑布，激流直下，似万马奔腾，势不可挡，要降住它并非易事。这时听到坝边一声令下，合龙开始！霎时，只见一位年轻的河工飞燕式跃上龙衣，跟随其后的七八个小伙子也凌空上去，紧接着一团团秸料翻江倒海般拥上"龙衣"。

12月9日16时50分，在合龙的关键时刻，78岁的老治河工匠薛九龄方显身手，他不顾年迈，依然跃上悬空的"合龙占"上，威风凛凛地喊起了一起操作的号令，指挥着合龙。随着三声锣响，庞大的"龙门占"稳稳地沉入河底。顷刻间，一片喊声震天："大坝合龙了！截流胜利了!"，这时，24响礼炮和万头鞭炮齐鸣，响彻山河，军号唢呐联奏凯乐，欢天喜地。坝两边的截流大军随着刘副指挥长举起的拳头，拥上大坝顶会师，欢呼跳跃，相互拥抱一团，沉浸在胜利、喜悦的海洋里，久久不愿离去。

老治河工匠薛九龄（78岁）越上悬空的"合龙占"上喊号子

三、庆功祝捷

12月22日，位山枢纽大坝合龙成功祝捷大会在工地召开。中共山东省委第一书记舒同亲自参加并致贺词，还即兴题词大加称赞。

位山枢纽截流经过各方的精诚团结和参战勇士的奋力拼搏，仅仅用了14天的时间，就在黄河激流中筑起一道长366米、宽58米的水上拦河大坝，成就了黄河"埽工"也能"腰斩"黄河的伟大历史创举，使黄河天堑也能变通途。

拦河大坝合龙共用秸料397万公斤，柳枝92万多公斤，块石8 700立方米，土料27万立方米，抛枕362个，草袋400万个。整个施工期间未发生任何事故，难能可贵，可喜可贺。

大坝合龙，"腰斩"黄河，是山东省的一件大喜事。参加庆祝大会的有中共山东省委第一书记舒同，省人民委员会晁哲甫、李澄之、余修副省长，济南军区、中央农业部、水电部有关领导，黄委副主任赵明甫，以及内蒙古、甘肃、河南、上海等十几个省（市）和水利设计单位、重点工程的来宾，新闻、文学艺术界人士，机关干部、工人、农民、学生等参加了大会。省委第一书记、著名书法家舒同为大坝通行剪彩，并对大河截流成功无比欣慰和感动，欣然挥毫写下称赞的题词：腰斩黄河的位山枢纽截流工程的胜利完成，充分显示了党建设社会主义总路线的威力，显示了广大建设者们的无穷智慧和冲天干劲，我们必须再接再厉，乘胜前进，为全部完成位山枢纽工程，为及早实现水利化规划而继续努力。《大众日报》为截流成功发表了《祝腰斩黄河的伟大胜利》的社论，新华社发了消息……，数万人为截流的成功奔走相告，传颂着喜讯。

位山枢纽大河截流工地全景

第六章　位山枢纽工程破除

　　位山枢纽工程的建设是"根治黄河水害，开发黄河水利"的需要，也是黄河综合治理规划中梯级开发的重要工程之一，更是山东人民翘首企盼的兴利工程。

　　自 1958 年 5 月 1 日，位山枢纽工程正式开工建设，到 1959 年 12 月大坝截流后，经过数十万名建设者的抢时间、争速度、努力工作和艰辛劳动，所有关键工程于 1960 年 7 月前相继竣工。仅仅用了两年多的时间，已满足了向东平湖水库放水的要求。但由于对黄河泥沙规律认识不够，工程经试用发现了不少问题，经过多方面科学论证，报国务院批准对大坝进行破除。

一、出现问题停用

　　位山枢纽工程，自 1959 年截流至 1963 年，历时 4 年的控制运用，经过实践检验发现诸多问题。一是位山枢纽工程处理洪水的能力偏低，不能满足近期防洪需要；二是长期壅水运用，又加上拦河枢纽底板偏高无排沙条件，致使回水河段淤积严重，降低了排洪能力；三是东平湖水库围坝未按水库土坝规范设计，雨季突击施工，围坝施工质量不能满足防渗要求，致使蓄水后出现普遍渗水、管涌，难以保证安全运用，且导致了库周大面积的土地沼泽、盐碱化；四是北岸引黄灌区管理不善，造成了大面积次生盐碱化，使产量下降，被迫停灌；五是大量外迁移民没有得到妥善安置，部分群众陆续返库，迫切要求进库生产。特别是 1960 年东平湖水库蓄水后，出现了 50% 的堤段渗水、大量管涌、漏洞及石护坡坍塌险情，对水库安全运用形成了严重威胁。通过实践，位山枢纽工程暴露出的一系列问题，引起了各方面的重视和关注。上级要求，除加速东平湖排水工程建设外，其他工程暂停。

二、充分论证破坝

　　1962 年 3 月 17 日，在范县会议上，水电部及有关领导认为位山枢纽改建是一个值得慎重研究的问题，责令黄委和北京水利水电科学研究院进一步调查研究，提出枢纽度汛方案和改建意见。决定停止北岸引黄灌溉，彻底拆除阻水工程，积极采取东平湖水库排水措施，以防止土地大面积盐碱化。4

月 28 日，水电部党组提出《关于黄河位山枢纽工程的意见》，送山东省委、黄委。《关于黄河位山枢纽工程的意见》首次提出破坝，恢复老河道自然泄水的改建方案。随之黄委、北科院、山东省有关部门多次调查勘测、分析论证，由黄委编制了《位山枢纽改建方案报告》，经过对几个不同方案分析对比与充分论证，推荐了破坝方案。

1963 年 2 月，水电部及有关专家和领导，对改建方案进行了认真讨论研究，并于 3 月 26 日向国务院报送了关于位山枢纽改建方案和 1963 年度汛问题的报告，报告中明确提出了先按破坝方案准备的意见。

水电部在 5 月 21 日至 6 月 1 日于北京召开位山枢纽问题技术讨论会，有关单位的专家、教授和领导共 50 多人参加会议，最后倾向于破坝和破防沙闸开泄流道两个方案。会后，水电部根据讨论情况，报送了《关于黄河位山枢纽问题讨论情况的报告》。8 月下旬，水电部技术委员会又邀请有关单位的专家和领导对黄委编写的方案设计和补充材料进行了审查、讨论，大多数与会人员同意破坝方案。9 月 26 日，水电部以〔1963〕水电技字第 254 号文报请国务院审批。10 月 21 日，国务院以〔1963〕国计字第 699 号文批示同意破坝方案，同意东平湖水库采用二级运用。11 月 8 日，水电部以〔1963〕水电技字 289 号文批准位山枢纽改建的破坝方案。位山工程局于 11 月 16 日建立破坝施工指挥部，由梁山县出民工 8 000 人，寿张县出民工 7 500 人承担破坝施工任务，22 日全部人员到位，开始施工，12 月 5 日基本完成。采用一次爆破的方法破除第一拦河坝，12 月 6 日恢复老河道行洪。

位山枢纽工程是对黄河治理的探索与追求，由于对黄河自然规律的认识不足，枢纽工程建成运用 4 年，暴露了一些不易解决的问题，未达到预期的效果，但为了黄河安全，民生福祉，不得不进行破除。经过艰难的实践探索和总结认识，积累了丰富的治黄经验，为新时期治黄工作提供了借鉴，尤其是大河截流中敢为人先的精神将鼓舞今后治黄工作者的斗志，大河截流的伟大创举和业绩将永载史册。

三、水库二级运用

位山枢纽工程破坝后，拦河枢纽建筑已失去效用，遂即封堵废置；北岸引黄工程亦因不再依靠壅水引灌，而脱离位山工程体系。停灌后自 1964 年起另成引黄系统独立管理。经国务院批准，确定了东平湖水库进行改建，形成二级运用方式的运行格局。

由于东平湖水库的改建，位山枢纽主要工程都转移到黄河以南东平湖地区。黄委于 1963 年 12 月 13 日决定将位山工程局与东平湖修防处合并为山东省黄河位山工程局，机关也于 1964 年 4 月由黄河北岸的东阿县关山村，迁到梁山县城关（原东平湖修防处驻地）办公。遂即着手对东平湖水库进行改建的一系列工作，把东平湖水库改建成为蓄滞黄河洪水和接纳大汶河常年来水的重要蓄滞洪工程。

早在审查论证位山枢纽改建方案时，黄委就于 1962 年 11 月和 1963 年 5 月曾两次编制了《东平湖水库运用规划》作为附件上报，规划中提出了分级运用的方案和蓄水指标。1964 年 10 月，国务院在批复破坝方案文件中同时批示：同意东平湖采用二级运用，最高蓄洪水位 44.5 米，隔堤（二级湖堤）高程 46.0 米，继续完成流（柳）长河上游引河以及其他排水工程尾工。同年 11 月，国务院又以〔1963〕水电字第 788 号文《关于黄河下游防洪问题的几项决定》中批示：继续整修和加固东平湖水库的围堤。东平湖目前防洪运用水位按海拔 44.0 米设计，争取 44.5 米，整修加固后运用水位提高至 44.5 米。据此，自 1963 年冬至 1965 年首先安排完成了围坝重点段加固工程、二级湖堤加修工程，以及返库移民安置工程等。

为使东平湖水库成为"老湖常年蓄水，新湖有洪蓄洪，无洪生产的蓄滞洪区"，主要精力转到改建加固东平湖水库围坝、加修二级湖堤、增建进出湖闸等工程上来。从 1964 年开始，一直治理到 1975 年，按照上述蓄洪标准两次编制了围坝加固设计，但因争议较多，认识不同，未能全面实施。自 1976 年开始，至 1990 年按超标准运用东平湖水库蓄水 46.0 米的要求，对围坝坝基和薄弱堤段进行加固治理。进入 21 世纪，结合南水北调东线调水，提升防洪和蓄水多功能运用工程建设，按照《黄河下游防洪工程规划》，经过多年的综合治理，防洪工程体系逐步完善，使其成为既常年调蓄大汶河来水，又蓄滞黄河洪水，还能承担南水北调东线的输送水和航运的综合枢纽工程，在半个多世纪的治理和管理运行中，为确保黄河的岁岁安澜作出了重要贡献。

参 考 文 献

[1] 山东省地方史志编纂委员会. 山东省志·黄河志（1986—2005）［M］. 济南：山东人民出版社，2012.

[2] 山东省地方史志编纂委员会. 山东省志·泰山志（始发—1990 年）［M］. 北京：中华书局，1993.

[3] 山东黄河位山工程局东平湖志编纂委员会. 东平湖志［M］. 济南：山东大学出版社，1993.

[4] 东平湖管理局. 东平湖志（1991—2005）［M］. 郑州：黄河水利出版社，2014.

[5] 张新斌. 济水与河济文明［M］. 郑州：河南人民出版社，2007.

[6] 李国英. 治理黄河思辨与践行［M］. 北京：中国水利电力出版社；郑州：黄河水利出版社，2003.

[7] 李国英. 维持黄河健康生命［M］. 郑州：黄河水利出版社，2005.

[8] 尤宝良，武士国. 东平湖治理与运用［M］. 郑州：黄河水利出版社，1990.

[9] 山东黄河河务局. 山东黄河大事记［M］. 郑州：黄河水利出版社，2006.

[10] 泰安市大汶河志编纂委员会. 大汶河志［M］. 北京：方志出版社，2016.

[11] 黄河水利委员会《黄河水利史述要》编写组. 黄河水利史述要［M］. 北京：水利出版社，1982.

[12] 杨明. 极简黄河史［M］. 桂林：漓江出版社，2016.

[13] 侯全亮，魏世祥. 天生一条黄河［M］. 郑州：黄河水利出版社，2003.

[14] 齐兆庆. 齐鲁黄河劳模风采录［M］. 郑州：黄河水利出版社，2005.

[15] 赵炜，曹金刚，曹为民，等. 长河惊鸿——黄河历史与文化［M］. 郑州：河南科学技术出版社，2007.

[16] 泰安市地方志编纂委员会. 泰安历史文化遗迹志［M］. 北京：方志出版社，2011.

[17] 《大河丰碑》编辑组. 大河丰碑［M］. 济南：齐鲁书社，2007.

[18] 张学信. 黄河纪事［M］. 郑州：黄河水利出版社，2000.

[19] 《黄河记忆》编委会. 黄河记忆［M］. 郑州：黄河水利出版社，2016.

[20] 尤宝良，邓红. 东平湖与黄河文化［M］. 郑州：黄河水利出版社，2009.

[21] 尤宝良. 东原问水录［M］. 北京：新世界出版社，2006.

[22] 黄河水利委员会. 人民治黄六十年［M］. 郑州：黄河水利出版社，2006.

[23] 梁山县志编纂委员会. 梁山县志［M］. 北京：新华出版社，1997.

[24] 梁山县地方志编纂委员会. 梁山县志（1994—2013）［M］. 北京：方志出版社，

2018.

［25］东平县地方志编纂委员会. 东平县志（1986—2003）［M］. 北京：中华书局，
2006.

［26］陈丕虎. 黄河下游治理的思考与实践［M］. 北京：中国言实出版社，2012.

［27］东平县东平湖移民志编委会. 东平县东平湖移民志［M］. 北京：中国文化出版
社，2013.

［28］《梁山黄河志》资料长编编委会.《梁山黄河志》资料长编（1986—2005）［M］.
北京：中国文化出版社，2015.

［29］梁山管理局. 梁山东平湖志稿（1986—2005）［M］. 北京：中国文化出版社，
2016.

［30］东平管理局. 东平湖东平管理局志（1986—2005）［M］. 香港：中国国际文化出
版社，2017.

［31］汶上管理局. 汶上东平湖志稿（1950—2005）［M］. 北京：中国文化出版社，
2016.

［32］菏泽黄河河务局. 菏泽黄河大事记（1946—2005）［M］. 北京：中国水利水电出
版社，2006.

［33］李孟雷. 大义梁山［M］. 北京：中国文化出版社，2014.

［34］李孟雷. 梁山志［M］. 北京：线装书局出版社，2015.

［35］李雪主. 史话梁山［M］. 北京：中国文史出版社，2008.

［36］李雪主. 梁山与水浒传［M］. 北京：中国文史出版社，2007.

［37］李孟雷. 梁山之水［M］. 北京：中国戏剧出版社，2011.

［38］梁山县志办公室. 梁山今古揽翠［M］. 济宁：济宁市新闻出版局，1990.

［39］济宁市航运管理局，济宁航运志编纂委员会. 济宁航运志［M］. 北京：中国出版
社，2005.

［40］中共东平县委党史研究中心，东平县地方史志研究中心. 东平通志［M］. 北京：
中国文史出版社，2020.

后 记

2021 年，按照黄河文化建设工作要求，为全面贯彻落实习近平总书记在黄河流域生态保护和高质量发展座谈会上的讲话精神，讲好黄河故事，延续历史文脉，坚定文化自信，实现中华民族伟大复兴的中国梦凝聚精神力量。中共东平湖管理局党组研究决定，除提升"黄河东银铁路文化展馆"外，拟组织编写有关东平湖历史演变的书，以此来展现东平湖历史发展变化，突出历史文化特色，讲好黄河故事，激励黄河人，秉承初心，铭记历史，砥砺前行，永续并发扬光大东平湖精神，治理开发与保护好东平湖，使其造福于人民。

局办公室举荐我承担此任，当时刚完成"东银铁路文化展馆"提升建设任务，本想休息一段时间，我表示难当此任。东平湖形成年代久远，历史文化深厚，水系变化繁杂，特别是近代治理与运用多变，梳理成书，难度太大。然而，回想起了在东平湖工作 36 年之久，对东平湖情有独钟，能书写东平湖的前世今生也是非常荣幸的事，应该接受，才不失缱绻之情，而又欣然应允。

编撰一部东平湖历史书籍，说起来容易，做起来难。纵观全局，无论是过去还是当下，尚属首次。对此还是忐忑不安，唯恐达不到领导的要求。既然接受了任务，哪有退却的道理，一种书写东平湖的情愫油然而生。我带着问题导向，把握历史发展的脉络，坚持纵述历史、横写史事的原则和方法，理出了篇章结构框架，初定书名为《东平湖变迁》，共设区域水系变迁等 7 篇，由局办公室组织召开了有关人员的座谈讨论会，一致认为篇章结构符合东平湖的历史和现实。

编写纲目初定后，即着手收集资料，我深知资料是成书的关键，大量翻阅《东平湖志》《大汶河志》《黄河水利史述要》《东原考古录》及有关县志等 60 余本史料，做足功课。在编写期间，遇到诸多困难和困惑，史料繁杂，不能拿来即用，要把相关的资料堆积在一起，顺藤摸瓜，抽其所需，剔除无用，细细编纂，既做到史事实事实记，又突出历史文化特色，使之不呆板，不枯燥，做到历史与现实文化的融合。根据收集和编写内容，将书名改为《东平湖历史演变与文化传承》，分设区域水系变迁、东平湖历史演变、东平湖蓄滞洪区治理、东平湖蓄滞洪区运用、人民治河、水闸工程、位山枢纽工程等 7 篇。

一种信念，决定一种目标，明确的目标就像一座灯塔，照耀着前进的方向，更是助推行动的力量。编写自然是不用扬鞭自奋蹄，不分昼夜，认真思考、编写、修改、佐证……。虽历经艰辛，但初心牢固，前行无阻，虽未有舟车劳顿之累，但感觉是夜不能寐的劳神费脑之急。

有耕耘就有收获，经过 1 年有余的劳作，书稿终于完成。该书于 2022 年经评审获得黄委治黄著作出版资金资助。

书稿完成得益于领导和有关部门的支持，党组书记、局长李遵栋和分管领导都非常关心、经常过问，办公室主任岳修庆给予全面协调支持。在图片收集过程中得到诸多同志的帮助，如李衍青、张越、刘静、薛兴常、程平、毛明辉、郭庆森、宋涛、夏海芳、毕玉磊、潘利民、王珊、张丽、李秀云、邓瑶瑶、张璐璐、王琴琴等；在资料收集方面，工会主席李树荣，副总工李新立，人劳处长黄宜更、丁涛，防办副主任宋庆华、工程管理处科长薛健波以及朱霞、张鲁豫、尹庆龙、纪怀兴、王日强、刘伟、王田田、张军等；退休干部董文玲同志将自己珍藏多年的《梁山进湖闸管理所资料长编》贡献出来，给予了很大帮助；在编写大汶河治理时，上游治理部分资料缺失，在济南市水利局副局长尚泽军、牟汶河管理服务中心原主任李晓军、泰安市大汶河管理服务中心科员张伯瀚等同志的帮助下丰富了内容。局办公室主任张玉国、秘书科科长刘性泉和孙涵哲等同志进行了认真修改校正。书稿采纳了黄河志总编室（黄河年鉴社）主任（社长）、编审王梅枝、新闻宣传出版中心高级记者秦素娟提出的修改意见。

凡是过往，皆有所获，通过这次著书，使我又一次加深了对"众人拾柴火焰高"道理的理解。在这里对关注、支持、帮助过我的所有人表示衷心的感谢！由于作者涉猎史书较少，写作水平有限，错误和遗漏之处在所难免，恳请广大读者批评指正。

作　者
2023 年 1 月